高等职业教育教学改革与创新系列教材

电子技术基础

第 3 版

主　编　熊建云
副主编　贾正松
参　编　吴晓艳　杨　军

机械工业出版社

本书包括常用半导体器件、基本放大电路、负反馈放大电路、集成运算放大器、正弦波振荡器、功率放大电路、直流稳压电源、数制及逻辑代数、逻辑门电路、组合逻辑电路、触发器、时序逻辑电路、数－模和模－数转换电路等知识。

本书内容充分考虑了高职教育培养目标要求，深入浅出、通俗易懂，重视基础性、体现工程性、注重实践性、突出应用性，并将科学素养、创新意识、工匠精神等素质教育元素融入教材，使得素质目标与知识目标、能力目标并举。

本书可作为高等职业院校电子信息类和机电类专业的教材，也可供相关工程技术人员及电子爱好者参考。

为方便教学，本书配有免费电子课件、习题答案、单元测试、模拟试卷及答案等教学资源，凡选用本书作为授课教材的教师，可登录 www.cmpedu.com 网站，注册后免费下载。

图书在版编目（CIP）数据

电子技术基础／熊建云主编 . -- 3 版 . -- 北京：机械工业出版社，2024. 12. --（高等职业教育教学改革与创新系列教材）. -- ISBN 978-7-111-77049-7

Ⅰ. TN

中国国家版本馆 CIP 数据核字第 2024ZA2247 号

机械工业出版社（北京市百万庄大街 22 号　邮政编码 100037）
策划编辑：于　宁　　　　　　　责任编辑：于　宁　赵晓峰
责任校对：张　薇　丁梦卓　　　封面设计：马精明
责任印制：任维东
天津嘉恒印务有限公司印刷
2025 年 1 月第 3 版第 1 次印刷
184mm×260mm · 14.5 印张 · 359 千字
标准书号：ISBN 978-7-111-77049-7
定价：45.50 元

电话服务　　　　　　　网络服务
客服电话：010-88361066　机 工 官 网：www.cmpbook.com
　　　　　010-88379833　机 工 官 博：weibo.com/cmp1952
　　　　　010-68326294　金 书 网：www.golden-book.com
封底无防伪标均为盗版　机工教育服务网：www.cmpedu.com

前　言

　　"电子技术基础"是高等职业教育电子信息类和机电类各专业的一门重要技术基础课，它是培养学生学习现代电子技术理论和实践知识的入门性课程，也是从理论体系比较严谨的基础课向工程性比较强的专业课过渡的一门搭桥性课程。

　　为了适应高等职业教育人才培养模式和教学内容体系改革的需要，并结合部分使用师生的意见，我们对教材进行动态修订，修订版保留了第2版教材的基本体系和风格。为贯彻落实党的二十大精神，加强教材建设，编者对本教材内容进行全面梳理，修订过程中力求深入浅出、通俗易懂，坚持立德树人、重视基础性、体现工程性、注重实践性、突出应用性，通过"课题引入""小知识""想一想""练一练""技能训练""习题"等模块，把科学素养、创新意识、工匠精神等素质教育元素融入教材，使得知识目标、能力目标和素质目标并举。在各章节部分知识点之处嵌入了相关二维码视频，读者扫码可以打开对应的资源，拓展了读者的知识面。

　　本书由成都工业职业技术学院熊建云任主编，四川信息职业技术学院贾正松任副主编，成都工业职业技术学院吴晓艳、四川信息职业技术学院杨军参与编写。具体分工为：熊建云编写第1、2、3、7、13章及附录，贾正松编写第4、5、6章，吴晓艳编写第8、11、12章，杨军编写第9、10章。在编写过程中，零八一电子集团有限公司李奉义高级工程师提出了不少修改建议，在此表示由衷的感谢。

　　本书教学参考学时为80学时，其中标有"*"号的内容供不同专业选用。

　　由于编者水平有限，书中难免还存在错误和不妥之处，殷切希望广大读者批评指正。

编　者

二维码索引

名称	图形	页码	名称	图形	页码
两种载流子		2	基本放大电路的组成		28
PN 结的形成		4	放大电路的放大作用		33
PN 结的单向导电性		4	图解法分析放大电路		33
晶体管内载流子的运动		12	微变等效电路法		34
共射输出特性		14	分压式偏置放大电路		36
N 沟道 JFET 的结构		19	共集放大电路分析		38
N 沟道 JFET 的工作原理		20	差动放大电路的输入		44
N 沟道 MOSFET 的结构		20	瞬时极性法		53

（续）

（续）

名称	图形	页码	名称	图形	页码
555 定时器		208	ADC		218
DAC		214			

目　　录

第 1 章

常用半导体器件

☑ 本章导读

半导体器件是现代电子技术的重要组成部分，由于它具有体积小、质量小、使用寿命长和功率高等优点而被广泛应用。本章首先介绍本征半导体和杂质半导体的导电性及由两种杂质半导体构成 PN 结的导电性，然后从结构、工作原理、伏安特性等方面，介绍用半导体制造的二极管、三极管等常用元器件。

☑ 学习目标

知识目标：掌握 PN 结的单向导电性；了解 PN 结的形成过程；掌握二极管和三极管的结构、符号、特性及主要参数；掌握三极管的伏安特性。

能力目标：会识别二极管、三极管；能应用万用表判别二极管的极性并合理选用；能应用万用表判别三极管的类型、引脚及优劣。

素质目标：引导学生了解电子技术行业发展现状，培养科学素养；启发学生发现电子技术在生活中的应用，激发自主研究精神。

☑ 课题引入

电视机为什么能将距离非常遥远的现场表演画面和声音展现出来？手机为什么能接收到千万里之外朋友打来的电话？电冰箱为什么能自动控制其内部的温度？

☑ 提 示

因为这些装置内部有用各种各样的电子元器件组成的电路，而组成这样电路的元器件除以前学习过的电阻、电容、电感和电源等之外，还有一类用半导体材料制造的元器件，如二极管、三极管和运算放大器等。

1.1 半导体的基本知识

1.1.1 本征半导体

1. 导体、半导体和绝缘体

根据导电能力（电阻率）的不同，物质可划分为导体、半导体和绝缘体。

半导体的电阻率在 $10^{-6} \sim 10^{6}\Omega \cdot m$ 范围内，介于导体和绝缘体之间，典型的半导体有硅（Si）、锗（Ge）以及砷化镓（GaAs）等。

2. 本征半导体

化学成分纯净的半导体称为本征半导体。本征半导体材料的纯度要达到 99.9999999%，常称为"九个9"。它在物理结构上呈单晶体形态。

（1）本征半导体的共价键结构　硅和锗都是四价元素，在原子最外层轨道上的四个电子称为价电子。它们分别与周围的四个原子的价电子形成共价键。共价键中的价电子为这些原子所共有，并为它们所束缚，在空间形成排列有序的晶体。这种结构的立体和平面示意如图1-1所示。

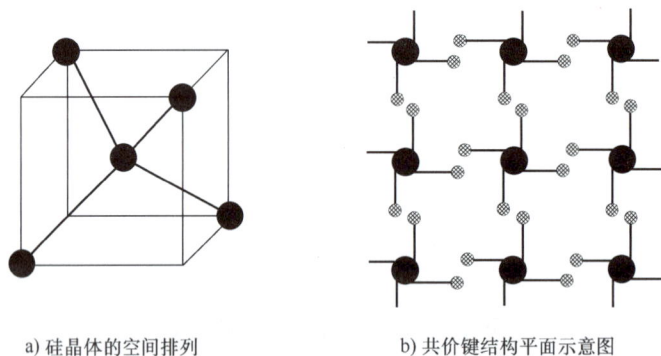

a) 硅晶体的空间排列　　　　　b) 共价键结构平面示意图

图1-1　硅原子空间排列及共价键结构平面示意图

（2）电子空穴对　当半导体处于热力学温度0K（-273.15℃）时，半导体中没有自由电子。当温度升高或受到光的照射时，价电子能量增大，有的价电子可以挣脱共价键的束缚而成为自由电子参与导电，这一现象称为本征激发（也称热激发）。

自由电子产生的同时，在其原来的共价键中就出现空位，原子的电中性被破坏，呈现出正电性，其正电量与电子的负电量相等，常称呈现正电性的这个空位为空穴。可见因热激发而出现的自由电子和空穴是同时成对出现的，称为电子空穴对。游离的部分自由电子也可能回到空穴中去，称为复合，如图1-2所示。本征激发和复合在一定温度下会达到动态平衡。

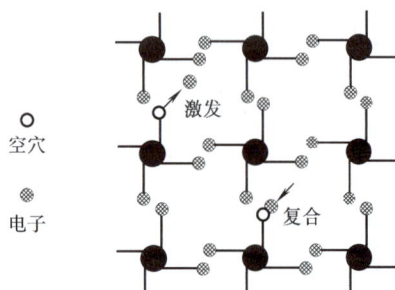

图1-2　本征激发和复合

（3）空穴的移动　自由电子的定向运动形成电子电流，空穴的定向运动也可形成空穴电流。它们的方向相反，只不过空穴的运动是靠相邻共价键中的价电子依次充填空穴来实现的。

1.1.2　杂质半导体

在本征半导体中掺入某些微量元素作为杂质，可使半导体的导电性发生显著变化。掺入的杂质主要是三价或五价元素。掺入杂质的本征半导体称为杂质半导体。

1. N型半导体

在本征半导体中掺入五价杂质元素，例如磷，可形成N型半导体，也称为电子型半导体。

五价杂质原子中只有四个价电子能与周围四个半导体原子中的价电子形成共价键，而多余的一个价电子因无共价键束缚而很容易形成自由电子。N型半导体中自由电子是多数载流子，主要由杂质原子提供；空穴是少数载流子，由热激发形成。

提供自由电子的五价杂质原子因带正电荷而成为正离子，因此五价杂质原子也称为施主。N型半导体的结构示意如图1-3所示。

2. P型半导体

在本征半导体中掺入三价杂质元素，如硼、镓、铟等，可形成P型半导体，也称为空穴型半导体。

三价杂质原子在与硅原子形成共价键时，缺少一个价电子而在共价键中留下一个空穴。P型半导体中空穴是多数载流子，主要由杂质原子提供；电子是少数载流子，由热激发形成。

空穴很容易俘获电子使杂质原子成为负离子，三价杂质原子因而也称为受主。P型半导体的结构示意如图1-4所示。

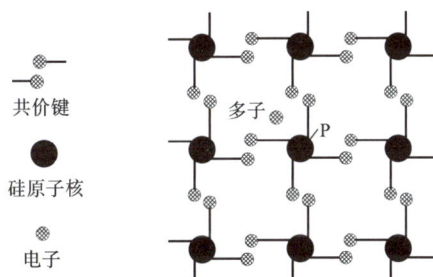

图1-3 N型半导体的结构示意图 　　　　图1-4 P型半导体的结构示意图

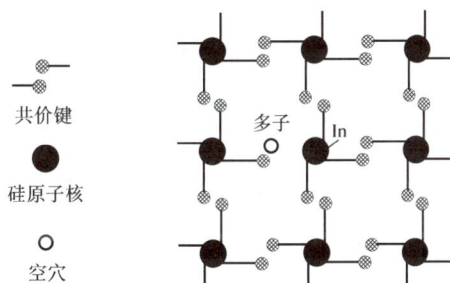

3. 杂质对半导体导电性的影响

掺入杂质对本征半导体的导电性有很大的影响。在 $T = 300K$ 的室温下，原子浓度为 $4.96 \times 10^{22}/cm^3$ 的本征硅中电子和空穴的浓度为 $1.4 \times 10^{10}/cm^3$，掺入百万分之一的五价杂质元素，N型半导体中的自由电子浓度变为 $5 \times 10^{16}/cm^3$。

可见在本征半导体中掺入微量杂质元素，就可使半导体的导电性大大提高。

想一想

为什么可以将空穴视为一种载流子？

P型半导体和N型半导体有哪些不同点？

1.1.3 PN结的形成及其特性

1. PN结

在一块本征半导体的两侧通过扩散的方法掺入不同的杂质，分别形成N型半导体和P

型半导体。此时将在 N 型半导体和 P 型半导体的结合面上产生如下物理过程：

$$\begin{array}{ccccc}
\text{电子、空穴} & \to & \text{多子的扩} & \to & \text{由杂质离子形} & \to & \text{空间电荷区} & \to \begin{cases} \to\text{内电场促进少子漂移} \\ \to\text{内电场阻止多子扩散} \end{cases} \\
\text{的浓度差} & & \text{散运动} & & \text{成空间电荷区} & & \text{形成内电场} &
\end{array}$$

最后，多子的扩散和少子的漂移达到动态平衡。对于 P 型半导体和 N 型半导体的结合面，由离子薄层形成的空间电荷区称为 PN 结。在空间电荷区，由于缺少多子，所以也称耗尽层。PN 结形成的过程如图 1-5 所示。

2. PN 结的单向导电性

PN 结具有单向导电性，若外加电压使 PN 结 P 区的电位高于 N 区的电位，则称为加正向电压，简称正偏。电流从 P 区流向 N 区，PN 结呈低阻性，正向电流大，此时 PN 结导通；反之外加电压使 PN 结 P 区的电位低于 N 区的电位，则称为加反向电压，简称反偏。PN 结呈高阻性，反向电流很小，此时 PN 结截止。

（1）PN 结加正向电压时的导电情况　PN 结加正向电压时的导电情况如图 1-6 所示。

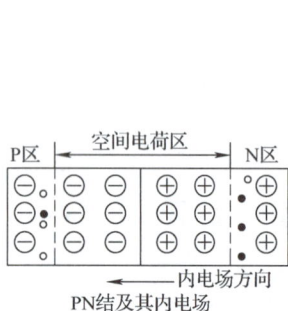

图 1-5　PN 结形成的过程

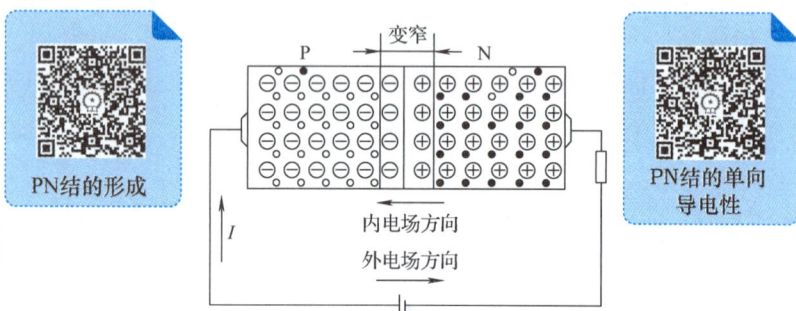

图 1-6　PN 结加正向电压时的导电情况

外加的正向电压有一部分降落在 PN 结区，方向与 PN 结内电场的方向相反，削弱了内电场。于是，内电场对多子扩散运动的阻碍作用减弱，扩散电流加大。由于扩散电流远大于漂移电流，所以可忽略漂移电流的影响，PN 结呈现低阻性，称为导通。

（2）PN 结加反向电压时的导电情况　PN 结加反向电压时的导电情况如图 1-7 所示。

外加的反向电压有一部分降落在 PN 结区，方向与 PN 结内电场的方向相同，加强了内电场。内电场对多子扩散运动的阻碍增强，扩散电流大大减小。此时 PN 结区的少子在内电场作用下形成的漂移电流大于扩散电流，可忽略扩散电流，PN 结呈现高阻性，称为截止。

在一定的温度条件下，由本征激发决定的少子浓度是一定的，故少子形成的漂移电流是恒定的，基本上与所加反向电压的高低无关，这个电流也称为反向饱和电流。

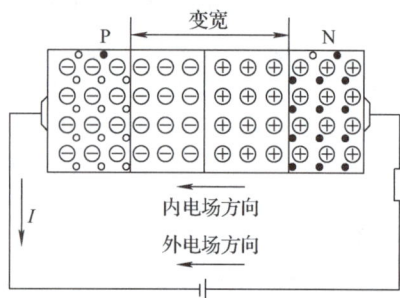

图 1-7　PN 结加反向电压时的导电情况

综上所述，PN 结正偏时导通，呈现很小的电阻，形成较大的正向电流；PN 结反偏时截止，呈现很大的电阻，反向电流近似为零。把这种只允许一个方向电流顺利通过的特性，称为单向导电性。

3. PN 结的电容效应

PN 结具有一定的电容效应，它表现为两种电容：一是势垒电容 C_B；二是扩散电容 C_D。

（1）势垒电容 C_B　势垒电容是由空间电荷区的离子薄层形成的。当外加电压使 PN 结上的压降发生变化时，离子薄层的厚度也相应地随之改变，这相当于 PN 结中存储的电荷量也随之变化，犹如电容的充放电。势垒电容的形成及其与电压的关系如图 1-8 所示。

（2）扩散电容 C_D　扩散电容是由多子扩散后，在 PN 结的另一侧积累而形成的。PN 结正偏时，由 N 区扩散到 P 区的电子，与外电源提供的空穴相复合，形成正向电流。刚扩散过来的电子就堆积在 P 区内紧靠 PN 结的附近，形成一定的多子浓度梯度分布曲线。反之，由 P 区扩散到 N 区的空穴，在 N 区内也形成类似的浓度梯度分布曲线。扩散电容的示意如图 1-9 所示。

当外加正向电压不同时，扩散电流即外电路电流的大小也就不同。所以 PN 结两侧堆积的多子的浓度梯度分布也不同，这就相当电容的充放电过程。势垒电容和扩散电容均是非线性电容。

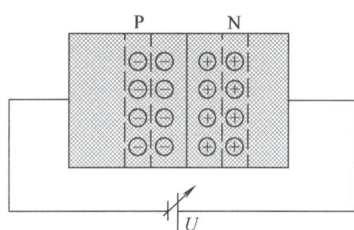

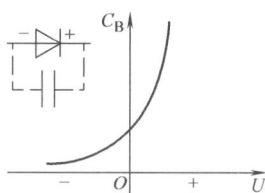

a) 势垒电容的形成　　　　b) 势垒电容与电压的关系

图 1-8　势垒电容示意图

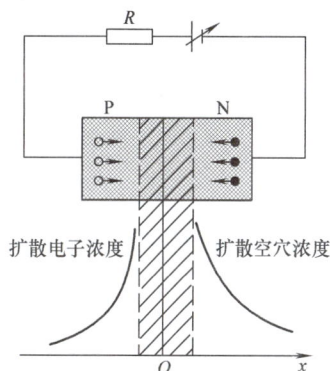

图 1-9　扩散电容示意图

想一想

当 PN 结未加外部电压时，有无电流流过？有无载流子通过？

PN 结有哪些重要的特性？

1.2　二极管

1.2.1　二极管的结构和类型

二极管是由 PN 结加上相应的电极引线和管壳封装而成的，按结构可分为点接触型、面接触型和平面型三大类，它们的结构示意图和图形符号如图 1-10 所示，文字符号为 VD。

点接触型二极管 PN 结面积小，结电容小，主要用于检波和变频等高频电路。

面接触型二极管 PN 结面积大，主要用于工频大电流整流电路。

平面型二极管往往用于集成电路制造工艺中。PN 结面积可大可小，主要用于高频整流

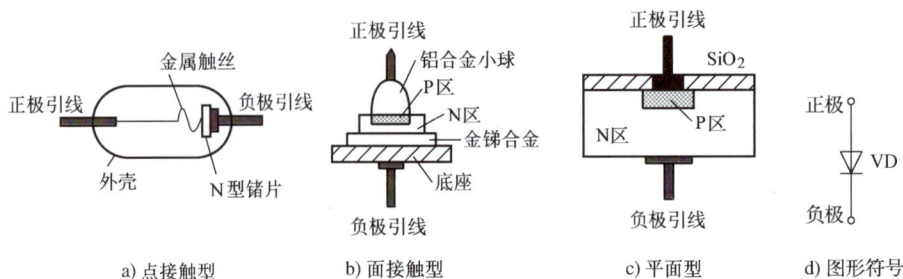

| a) 点接触型 | b) 面接触型 | c) 平面型 | d) 图形符号 |

图 1-10　二极管的结构示意图和图形符号

和开关电路中。

二极管的种类很多，按半导体材料不同可分为硅管和锗管；按功能不同可分为普通二极管和特殊二极管。普通二极管有整流、检波和开关二极管等；特殊二极管有稳压、光电、发光和变容二极管等。

提　示

普通二极管反向击穿后，反向击穿电流将导致二极管热击穿而损坏。二极管被击穿后，一般不能恢复性能，所以在使用普通二极管时，反向电压一定要低于反向击穿电压。

1.2.2　二极管的伏安特性

二极管是由一个 PN 结构成的，它具有单向导电特性。在外加于二极管两端的电压 U 的作用下，二极管电流 I 的变化规律如图 1-11 所示，它称为二极管的伏安特性曲线。其数学表达式为

$$I = I_S(e^{\frac{U}{U_T}} - 1) \qquad (1-1)$$

式中，I_S 为反向饱和电流；U 为二极管两端的电压；U_T 为温度的电压当量，$U_T = kT/q$，其中 k 为玻耳兹曼常数，q 为电子电荷量，T 为热力学温度。对于室温（相当 $T = 300K$），则有 $U_T = 26mV$。

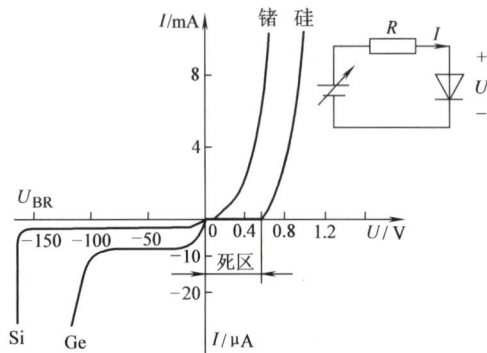

图 1-11　二极管的伏安特性曲线

1. 正向特性

当 $U > 0$ 时，处于正向特性区域。正向区又分为两段：

1）当 $0 < U < U_{th}$ 时，正向电流为零；U_{th} 称为死区电压或开启电压。

2）当 $U > U_{th}$ 时，开始出现正向电流，并按指数规律增长。

硅二极管的 $U_{th} \approx 0.5V$；锗二极管的 $U_{th} \approx 0.1V$。

2. 反向特性

当 $U < 0$ 时，处于反向特性区域。反向区也分为两段：

1）当 $U_{BR} < U < 0$ 时，反向电流很小，且基本不随反向电压的变化而变化，此时的反向

电流称为反向饱和电流 I_S。

2）当 $U \geqslant U_{BR}$ 时，反向电流急剧增加，U_{BR} 称为反向击穿电压。

在反向区，硅二极管和锗二极管的特性有所不同。硅二极管的反向击穿特性比较硬、比较陡，反向饱和电流也很小；锗二极管的反向击穿特性比较软、过渡比较圆滑，反向饱和电流较大。

例 1-1 求图 1-12 所示电路中电压 U_{ao}（设各二极管正向压降为 0.6V）。各二极管工作于什么状态？

解： 以 o 点为参考点，假定电路在电源接通的瞬间，电阻和各二极管中均无电流流过，这时电路中的 a 点、VD_2 阴极与 VD_1、VD_3 的阳极连接点电位均为 0V。在 4V 电源作用下，VD_2 阳极电位高于阴极电位，所以 VD_2 导通，导通后其阴极电位为 3.4V。在此电位作用下，VD_3 阳极电位高于阴极电位，所以 VD_3 导通，导通后其阴极电位为 2.8V。在此电位作用下，1kΩ 电阻中将有电流流过，VD_3 阴极电位也就是 a 点电位。而

图 1-12 例 1-1 图

VD_1 阴极电位为 10V，阳极电位为 3.4V，则 VD_1 截止。所以 $U_{ao} = 2.8V$。VD_1 工作于截止状态，而 VD_2、VD_3 工作于导通状态。

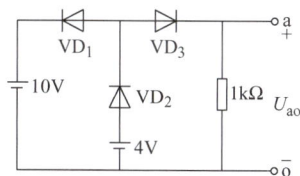

1.2.3 二极管的主要参数

二极管的参数包括最大整流电流 I_F、反向击穿电压 U_{BR}、最大反向工作电压 U_{RM}、反向电流 I_R、正向压降 U_F、动态电阻 r_d、最高工作频率 f_{max} 和结电容 C_j 等。几个主要的参数介绍如下。

（1）最大整流电流 I_F 二极管长期连续工作时，允许通过二极管的最大整流电流的平均值。

（2）反向击穿电压 U_{BR} 和最大反向工作电压 U_{RM} 二极管反向电流急剧增加时对应的反向电压值称为反向击穿电压 U_{BR}。为安全考虑，在实际工作时，最大反向工作电压 U_{RM} 一般只按反向击穿电压 U_{BR} 的一半计算。

（3）反向电流 I_R 在室温下，在规定的反向电压下，为最大反向工作电压下的反向电流值。硅二极管的反向电流一般在纳安培级，锗二极管在微安培级。

（4）正向压降 U_F U_F 是指在规定的正向电流下，二极管能够导通的正向最低电压。小电流硅二极管的 $U_F = 0.6 \sim 0.8V$；锗二极管的 $U_F = 0.2 \sim 0.3V$。

（5）动态电阻 r_d 反映了二极管正向特性曲线斜率的倒数。显然，r_d 与工作电流的大小有关，即

$$r_d = \Delta U_F / \Delta I_F \tag{1-2}$$

1.2.4 特殊二极管

1. 稳压二极管

稳压二极管是应用在反向击穿区的特殊硅二极管，它的伏安特性曲线与硅二极管的伏安特性曲线完全一样。稳压二极管的图形符号、伏安特性曲线和典型应用电路如图 1-13 所示。

从稳压二极管的伏安特性曲线上可以确定稳压二极管的参数。

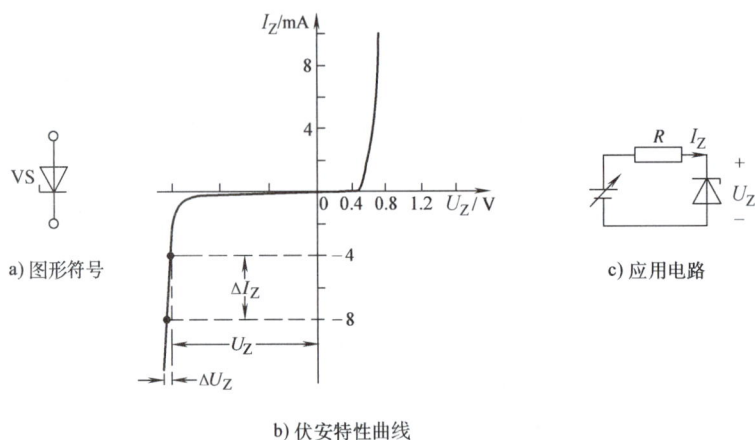

图1-13　稳压二极管的图形符号、伏安特性曲线和应用电路

（1）稳定电压 U_Z　在规定的稳压管反向工作电流 I_Z 下，所对应的反向工作电压。

（2）动态电阻 r_Z　其概念与一般二极管的动态电阻相同，只不过稳压二极管的动态电阻是从它的反向特性上求取的。r_Z 越小，反映稳压管的击穿特性越陡，即

$$r_Z = \Delta U_Z / \Delta I_Z \qquad (1-3)$$

（3）最大损耗功率 P_{ZM}　稳压管的最大功率损耗取决于 PN 结的面积和散热等条件。反向工作时，PN 结的功率损耗为 $P_Z = U_Z I_Z$，由 P_{ZM} 和 U_Z 可以决定 I_{Zmax}。

（4）最大稳定工作电流 I_{Zmax} 和最小稳定工作电流 I_{Zmin}　稳压管的最大稳定工作电流取决于最大损耗功率，即 $P_{ZM} = U_Z I_{Zmax}$。而 I_{Zmin} 对应 U_{Zmin}，若 $I_Z < I_{Zmin}$，则不能稳压。

（5）稳定电压温度系数 α_{Uz}　温度的变化将使 U_z 改变。在稳压管中，当 $|U_z| > 7V$ 时，U_z 具有正温度系数；当 $|U_z| < 4V$ 时，U_z 具有负温度系数；当 $4V \leqslant |U_z| \leqslant 7V$ 时，稳压管可以获得接近于零的温度系数，这样的稳压二极管可以作为标准稳压管使用。

稳压二极管在工作时应反接，并串入限流电阻。限流电阻一是起限流作用，以保护稳压管；二是当输入电压或负载电流变化时，通过该电阻上电压降的变化取出误差信号，以调节稳压管的工作电流，从而起到稳压的作用。

例1-2　用两个稳定电压 U_Z 为 6V、正向压降为 0.6V 的稳压二极管和限流电阻可以组成几种输出电压不同的稳压电路？

解：可以组成 3 种输出电压不同的稳压电路。各电路如图1-14 所示。

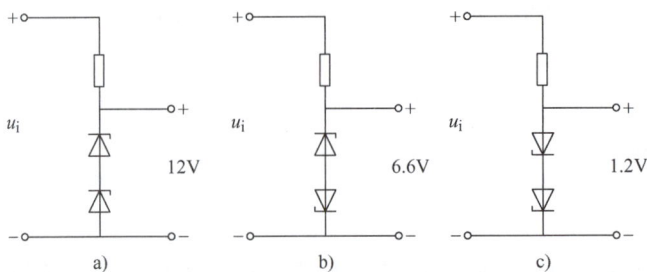

图1-14　例1-2解图

2. 光电二极管

光电二极管是利用半导体的光电特性制成的。当光线照射 PN 结时，它的反向电流随光照强度 E 的增加而增加。光电二极管工作时应加反向电压，其图形符号和伏安特性曲线如图 1-15 所示。

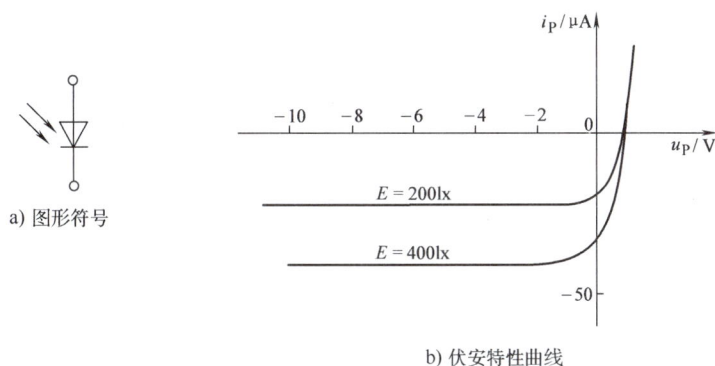

a) 图形符号

b) 伏安特性曲线

图 1-15　光电二极管的图形符号和伏安特性曲线

光电二极管可用来作为光控器件，也可用于光的测量。

3. 发光二极管

发光二极管简称 LED，是将电能转变为光能的器件。当 PN 结由磷、砷和镓等化合物半导体材料制成时，载流子在运动过程中复合并释放光能，发光强度与电流大小成正比，发光的颜色取决于制造时所用的材料。发光二极管工作时应加正向电压，其图形符号和伏安特性曲线如图 1-16 所示。

a) 图形符号

b) 伏安特性曲线

图 1-16　发光二极管的图形符号和伏安特性曲线

发光二极管在实际应用中主要作为显示器件。

4. 变容二极管

变容二极管是利用 PN 结的电容效应，采用特殊工艺制成的。当二极管反偏时，结电容作用显著，可以看成一个比较理想的电容器件，其电容量的大小与反向电压的大小有关。变容二极管的图形符号和伏安特性曲线如图 1-17 所示。

变容二极管常用于高频电路，例如调谐电路和自动频率控制电路等。

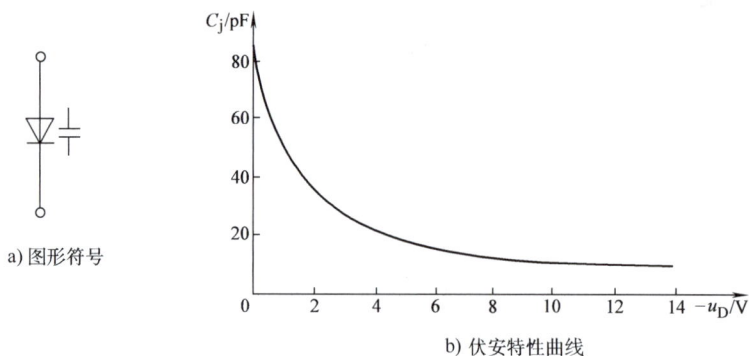

图 1-17　变容二极管的图形符号和伏安特性曲线

想一想

稳压二极管和普通二极管能互换使用吗？为什么？

1.2.5　二极管的选用与检测

1. 二极管的选用

根据设备及电路技术要求，查阅半导体元器件手册，选用参数满足要求的二极管，在挑选过程中，应尽量选用经济、通用、市场容易买到的二极管。具体选用时应注意以下几点：

1）查阅手册时应注意二极管的离散性以及参数测试条件，同型号二极管的实际参数可能有较大的差别，当工作条件发生较大变化时，参数值也可能有较大的改变，所以选用时要考虑留有一定的裕量。

2）根据使用场合来确定二极管的型号，若用于整流电路，应选用整流二极管；若用于高频检波电路，应选用点接触型锗管；若用于高速开关电路，应选用开关二极管；若用于稳压电路，应选用稳压二极管；若用于电路状态指示，应选用发光二极管。

3）所选用二极管的极限参数应大于实际可能产生的最大值，并留有足够的裕量。特别注意，二极管的实际工作值不要超过最大工作电流（或最大功耗）和最高反向工作电压。

4）尽量选用反向电流小、正向压降小的二极管。

2. 二极管的识别与检测

（1）观察法识别二极管极性　使用二极管时正、负极性不可以接反，否则有可能造成二极管的损坏。通常二极管外壳上有一些符号标记，一般有箭头、色环和色点三种方式，箭头所指方向或靠近色环的一端为二极管的负极（K），另一端为正极（A）；有色点的一端为正极（A），另一端为负极（K）；对于发光二极管、变容二极管等，引脚线较长的为正极，引脚线较短的为负极。

若不能由标记（如标记不清）来判断二极管的正、负极，则可用万用表来检测和判断。

（2）用指针式万用表检测二极管　将指针式万用表置于 R×1k 或 R×100 档位，如图 1-18 所示，调零后用红、黑表笔分别与二极管的两引脚相连，测量正反电阻值并记录；然后将红、黑表笔位置互换，测量阻值并记录。正常情况下，两次测量中应分别读得较大和较小两个电阻值，其中较小电阻值为二极管的正向电阻，此时与黑表笔相接的引脚是二极管的正极，与红表笔所接端为二极管负极；较大电阻值的为二极管的反向电阻，与黑表笔相接的引脚是二极管的负极，与红表笔所接端为二极管的正极。若正向电阻为几十欧到几百欧，则为锗管；若正向电阻为几千欧，则为硅管。

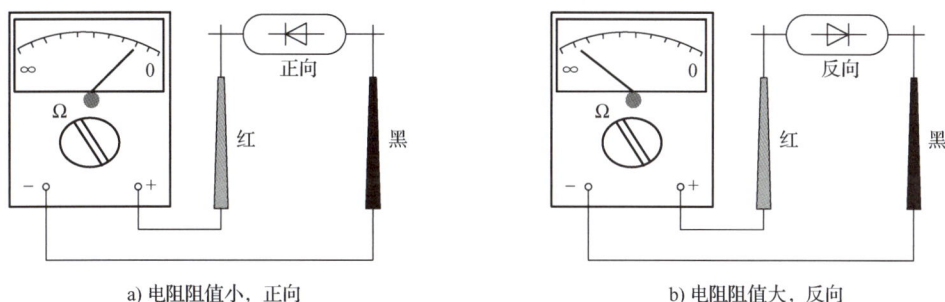

a) 电阻阻值小，正向　　　　　　　　　　b) 电阻阻值大，反向

图 1-18　二极管的检测方法

若正、反向电阻阻值相差不大，则为劣质管；若正、反向电阻阻值都很小，则表明二极管内部已短路；若正、反向电阻阻值都非常大，则表明二极管内部已断路。

（3）用数字式万用表检测二极管　用数字式万用表检测二极管时，万用表应置于二极管档，两表笔分别接二极管两引脚并读取表面显示 0.2 ~ 0.7V 范围内的某数值或显示超量程；然后互换两笔位置，若表面显示 0.2 ~ 0.7V，则是二极管的正向压降，此时红表笔所接引脚为二极管正极，黑表笔所接为二极管的负极（示值为 0.2V 左右的是锗管，示值为 0.5 ~ 0.7V 的是硅管）；若两次测量都显示超量程，则说明二极管内部已断路；若两次测量都是显示为 0，则二极管内部已短路。

一般不用数字万用表的电阻档检测二极管。

注意：数字式万用表的表笔接法与指针式万用表接法刚好相反。

✍ 练一练

　　用指针式万用表或数字式万用表来检测二极管。

1.3　晶体管

半导体三极管有两大类型：一是双极型晶体管，二是场效应晶体管。

双极型晶体管简称晶体管，是由两种载流子参与导电的半导体器件，由两个 PN 结组合而成，是一种电流控制器件。它按照制造材料不同，分为硅管和锗管；按照结构不同，分为 NPN 型管和 PNP 型管。

1.3.1　晶体管的结构和分类

晶体管有两种类型：NPN 型和 PNP 型，其结构如图 1-19 所示。从结构上可将晶体管分为三个区：中间部分称为基区，相连的电极称为基极，用 B 或 b 表示；一侧称为发射区，相连的电极称为发射极，用 E 或 e 表示；另一侧称为集电区，相连的电极称为集电极，用 C 或 c 表示。E-B 间的 PN 结称为发射结（Je），C-B 间的 PN 结称为集电结（Jc）。

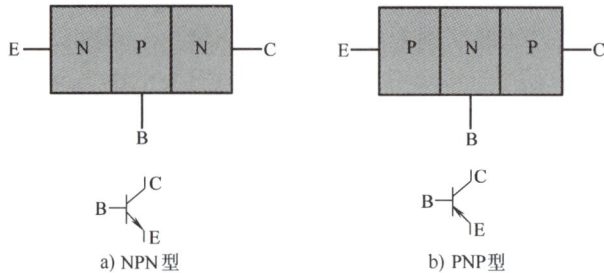

a) NPN 型　　　　　　　　　　b) PNP 型

图 1-19　两种极性的双极型晶体管结构及电气图形符号

晶体管的图形符号在图 1-19 的下方给出，发射极的箭头代表发射极电流的实际方向。从外表上看两个 N 区（或两个 P 区）是对称的，实际上发射区的掺杂浓度高，集电结面积较大；基区掺杂很低，制造得很薄，其厚度一般在几微米至几十微米之间。

1.3.2　晶体管的电流放大作用

1. 晶体管的电流分配关系

晶体管在工作时一定要加上适当的直流偏置电压。当晶体管工作在放大工作状态时，必须保证发射结加正向电压，集电结加反向电压。现以 NPN 型晶体管的放大状态为例，说明晶体管内部的电流关系，如图 1-20 所示。图中 U_{BE} 能够保证发射结正偏，U_{CB} 保证集电结反偏。

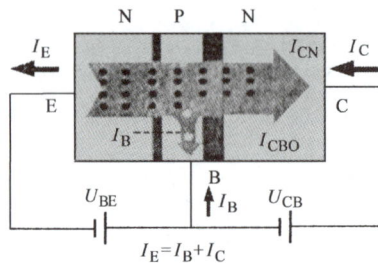

晶体管内载流子的运动

图 1-20　双极型晶体管的电流传输关系

发射结正偏时，从发射区将有大量的电子向基区扩散，形成的电流为 I_{EN}。从基区向发射区也有空穴的扩散运动，但因为发射区的掺杂浓度远大于基区的掺杂浓度，形成的电流数量很小，可忽略不计，故发射极电流 $I_E \approx I_{EN}$。

进入基区的电子有很少一部分要与基区中的空穴复合，形成电流 I_{BN}，同时外电源不断从基区拉走电子，于是形成了基极电流 I_B。

因基区的空穴浓度低，被复合的机会较少。又因基区很薄，在集电结反偏电压的作用下，绝大多数电子在基区停留的时间很短，很快就运动到了集电结的边上，进入集电结的结电场区域，被集电区所收集，形成电流 I_{CN}。同时，因集电结反偏，使集电结区的少子形成漂移电流 I_{CBO}。此外，外电源不断从集电区拉走电子，于是形成了集电极电流 I_C，则 $I_C = I_{CN} + I_{CBO}$。

显然可得

$$I_E = I_C + I_B \qquad (1\text{-}4)$$

由以上分析可知，在晶体管的三个电极电流中，I_E 最大、I_C 次之、I_B 最小、$I_E \approx I_C$。此外，由于 I_{CBO} 很小，故常可忽略。

2. 晶体管的电流放大系数

对于集电极电流 I_C 和发射极电流 I_E 之间的关系可以用系数来说明。定义

$$\overline{\alpha} = I_{CN}/I_E \qquad (1\text{-}5)$$

$\overline{\alpha}$ 称为共基极直流电流放大系数，表示最后达到集电极的电子电流 I_{CN} 与总发射极电流 I_E 的比值。$\overline{\alpha}$ 的值小于 1，但接近 1。由此可得

$$I_C = I_{CN} + I_{CBO} = \overline{\alpha}I_E + I_{CBO} = \overline{\alpha}(I_C + I_B) + I_{CBO}$$

$$I_C = \frac{\overline{\alpha}I_B}{1 - \overline{\alpha}} + \frac{I_{CBO}}{1 - \overline{\alpha}}$$

定义

$$\overline{\beta} = I_C/I_B \qquad (1\text{-}6)$$

$\overline{\beta}$ 称为共发射极直流电流放大系数。于是

$$\overline{\beta} = \frac{I_C}{I_B} = \left(\frac{\overline{\alpha}I_B}{1 - \overline{\alpha}} + \frac{I_{CBO}}{1 - \overline{\alpha}} \right) \frac{1}{I_B} \approx \left(\frac{\overline{\alpha}I_B}{1 - \overline{\alpha}} \right) \frac{1}{I_B} = \frac{\overline{\alpha}}{1 - \overline{\alpha}}$$

因 $\overline{\alpha} \approx 1$，故 $\overline{\beta} \gg 1$。由于 $\overline{\alpha}$ 和 $\overline{\beta}$ 在 I_C 的一个相当大的范围内为恒定值，由上述关系可知 I_E 或 I_B 可控制 I_C，这体现了晶体管的电流控制作用。因 $I_C = \overline{\beta}I_B$，所以若基极电流 I_B 有一个微小的变化，将会导致集电极电流 I_C 发生更大的变化，这就是晶体管的电流放大作用。

提　示

1）晶体管的电流放大作用需要一定的外部条件，即：发射结加正向偏置电压，集电结加反向偏置电压，对 NPN 型管，应使 $U_C > U_B > U_E$（如果是 PNP 型管，则为 $U_C < U_B < U_E$）。

2）晶体管的电流放大作用，实际是用较小的基极电流信号去控制集电极的大电流信号，是以小控大的作用，而不是能量的放大。

1.3.3　晶体管的共射特性曲线

晶体管的特性曲线是描述晶体管各个电极之间电压与电流关系的曲线，是晶体管内部载流子运动规律在晶体管外部的表现。晶体管的特性曲线反映了晶体管的技术性能，是分析放大电路技术指标的重要依据。晶体管特性曲线可在晶体管图示仪上直观地显示出来，也可从手册上查到某一型号晶体管的典型曲线。

晶体管共射极放大电路的特性曲线有输入特性曲线和输出特性曲线两种，下面以 NPN 型晶体管为例，讨论晶体管的共射特性曲线。

1. 输入特性曲线

输入特性曲线是描述晶体管在管压降 U_{CE} 保持不变的前提下，基极电流 i_B 和发射结压降 u_{BE} 之间的函数关系，即

$$i_B = f(u_{BE}) |_{U_{CE} = \text{const}} \qquad (1\text{-}7)$$

晶体管的输入特性曲线如图 1-21 所示。由图 1-21 可见，NPN 型晶体管共射极输入特性曲线的特点如下。

1）在输入特性曲线上也有一个开启电压，在开启电压内，u_{BE} 虽已大于零，但 i_B 几乎仍为零，只有当 u_{BE} 的值大于开启电压后，i_B 的值才大于零并随 u_{BE} 的增加按指数规律增大。硅晶体管的开启电压约为 0.5V，发射结导通电压 U_{on} 为 0.6 ~ 0.7V；锗晶体管的开启电压约为 0.1V，发射结导通电压 U_{on} 为 0.2 ~ 0.3V。

2）三条曲线分别为 $U_{CE} = 0V$、$U_{CE} = 0.5V$

图 1-21　晶体管的输入特性曲线

和 $U_{CE} = 1V$ 的情况。当 $U_{CE} = 0V$ 时，相当于集电极和发射极短路，即集电结和发射结并联，输入特性曲线和 PN 结的正向特性曲线相类似。当 $U_{CE} = 1V$ 时，集电结已处在反向偏置，晶体管工作在放大区，集电极收集基区扩散过来的电子，使在相同 u_{BE} 值的情况下，流向基极的电流 i_B 减小，输入特性随着 U_{CE} 的增大而右移。当 $U_{CE} > 1V$ 以后，输入特性几乎与 $U_{CE} = 1V$ 时的特性曲线重合，这是因为 $U_{CE} > 1V$ 后，集电极已将发射区发射过来的电子几乎全部收集走，对基区电子与空穴的复合影响不大，i_B 的改变也不明显。因晶体管工作在放大状态时，集电结要反偏，U_{CE} 必须超过 1V，所以，只要给出 $U_{CE} = 1V$ 时的输入特性就可以了。

2. 输出特性曲线

输出特性曲线是描述晶体管在输入电流 I_B 保持不变的前提下，集电极电流 i_C 和管压降 u_{CE} 之间的函数关系，即

$$i_C = f(u_{CE})\big|_{I_B = \text{const}} \tag{1-8}$$

晶体管的输出特性曲线如图 1-22 所示。由图 1-22 可见，当 I_B 改变时，i_C 和 u_{CE} 的关系是一组曲线族，并有截止、饱和和放大三个工作区。

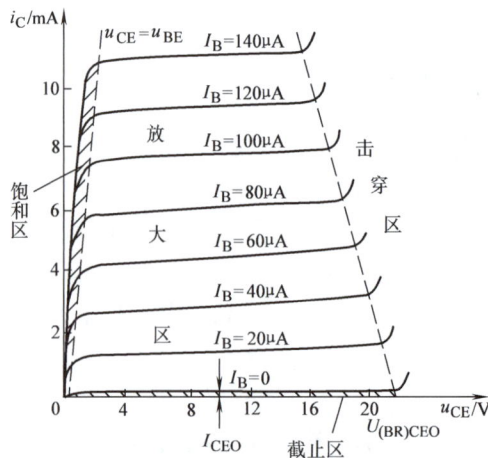

共射输出特性

图 1-22　晶体管的输出特性曲线

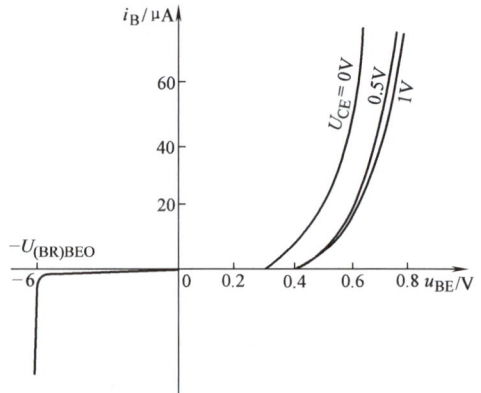

（1）截止区 $I_B = 0$ 曲线以下的区域称为截止区。此时晶体管的集电结处于反偏，发射结电压 $u_{BE} < 0$，发射结也处于反偏的状态，晶体管无电流放大作用。处在截止状态下的晶体管在电路中犹如一个断开的开关。

实际的情况是：处在截止状态下的晶体管集电极有很小的电流 I_{CEO}，该电流称为晶体管的穿透电流，它是在基极开路时测得的集电极-发射极间的电流，不受 i_B 的控制，但受温度的影响很大。

（2）饱和区 $u_{CE} < u_{BE}$ 的区域称为饱和区。此时晶体管的发射结和集电结都处于正向偏置的状态，晶体管失去电流放大作用，$i_C \neq \beta i_B$，在这种状态下工作的晶体管各极之间电压很小，而电流却很大，在电路中犹如一个闭合的开关。

饱和时的 u_{CE} 称为饱和压降，用 $U_{CE(sat)}$ 来表示。$U_{CE(sat)}$ 很小，小功率硅管约为 0.3V，小功率锗管约为 0.1V，大功率硅管为 1V 以上。$u_{CE} = u_{BE}$ 时的状态为临界饱和状态，图 1-22 中的虚线为临界饱和线。

（3）放大区 晶体管输出特性曲线中饱和区和截止区之间的部分就是放大区。工作在放大区的晶体管发射结正偏，集电结反偏，具有电流放大作用。由放大区的特性曲线可见，放大区特性曲线比较平坦，当 i_B 等量变化时，i_C 几乎也按一定比例等距离平行变化，$i_C = \beta i_B$。

由于 i_C 只受 i_B 控制，几乎与 u_{CE} 的大小无关，说明处在放大状态下的晶体管相当于一个输出电流受 i_B 控制的受控电流源。

上述讨论的是 NPN 型晶体管的特性曲线，PNP 型晶体管的特性曲线是一组与 NPN 型晶体管的特性曲线关于原点对称的图像。

练一练

准备若干只二极管和晶体管，用万用表判断一下它们是锗管还是硅管。

例 1-3 一个接在电路中，正常工作于放大状态的晶体管，用万用表的直流电压档测得 A、B、C 三个电极对参考点的电位分别是 9V、8.8V、3.6V，判断这只晶体管是什么类型（NPN 型、PNP 型）？是硅管还是锗管？三个电极各是什么电极？

解： 根据晶体管的工作特点，两个电压差小的电极应该是基极和发射极，当电压差为 0.6V 左右时是硅管，而电压差为 0.2V 左右时为锗管。该晶体管基极和发射极之间电压差为 $(9 - 8.8)V = 0.2V$，所以该晶体管应是锗管。NPN 型管正常工作时集电极电位最高、基极次之、发射极最低，PNP 型管则为发射极电位最高、基极次之、集电极最低。所以 B 电极为基极，A 电极为发射极，C 电极为集电极。而发射极电位最高、集电极电位最低，所以该管是 PNP 型。

1.3.4 晶体管的主要参数

1. 电流放大系数——表征晶体管的放大能力

（1）共发射极直流电流放大系数 $\bar{\beta}$

$$\bar{\beta} = I_C / I_B$$

（2）共发射极交流电流放大系数 β

$$\beta = \Delta I_C / \Delta I_B$$

$\bar{\beta}$ 与 β 两者含义不同，但当特性曲线平行等距且忽略 I_{CBO} 时，$\beta = \bar{\beta}$，因此通常情况下两者可以混用。$\bar{\beta}$ 和 β 在放大区基本不变，可在共射接法输出特性曲线上，通过垂直于 X 轴的直线求取 $\Delta I_C / \Delta I_B$ 得到 β，具体方法如图1-23所示。

2. 极间反向电流——表征晶体管的稳定性

（1）集电极-基极间反向饱和电流 I_{CBO}　I_{CBO} 的下标中，CB 代表集电极和基极，O 是 Open 的字头，代表第三个电极 E 开路。它相当于集电结的反向饱和电流。

（2）集电极-发射极间反向饱和电流 I_{CEO}　I_{CEO} 和 I_{CBO} 有如下关系：

$$I_{CEO} = (1 + \beta) I_{CBO} \tag{1-9}$$

相当于基极开路时，集电极和发射极间的反向饱和电流，又称穿透电流，即输出特性曲线 $I_B = 0$ 那条曲线所对应的纵坐标的数值，如图1-24所示。

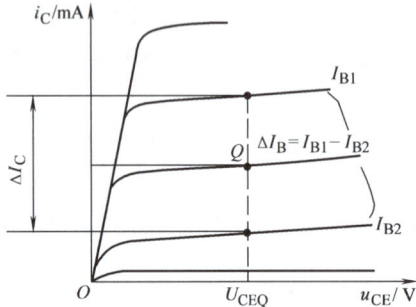

图1-23　在输出特性曲线上求取 β

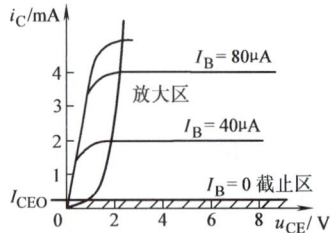

图1-24　I_{CEO} 在输出特性曲线上的位置

3. 极限参数——表征晶体管的安全工作范围

（1）集电极最大允许电流 I_{CM}　前面已指出，在 I_C 一个相当大的范围内 β 为恒定值，但当集电极电流超过一定数值时，β 就要下降，当 β 值下降到线性放大区 β 值的70%~30%时，所对应的集电极电流称为集电极最大允许电流 I_{CM}。至于 β 值下降多少，不同型号的晶体管，不同厂家的规定有所差别。可见，当 $I_C > I_{CM}$ 时，并不表示晶体管会损坏，但晶体管的放大性能显著下降。

（2）集电极最大允许功率损耗 P_{CM}　集电极电流通过集电结时要产生一定的功耗 P_C，若 $P_C > P_{CM}$ 就会使晶体管性能变差或烧毁。P_{CM} 的大小与散热条件有关。

（3）反向击穿电压　反向击穿电压表示晶体管电极间承受反向电压的能力，其测试电路如图1-25所示。

$U_{(BR)CBO}$——发射极开路时的集电结击穿电压。下标 BR 代表击穿之意，C、B 分别代表集电极和基极，O 代表第三个电极 E 开路。

$U_{(BR)CES}$——BE 间短路时集电极和发射极间的击穿电压。

$U_{(BR)CEO}$——基极开路时集电极和发射极间的击穿电压。

$U_{(BR)CER}$——BE 间接有电阻时，集电极和发射极间的击穿电压。几个击穿电压在大小上有如下关系：

$$U_{(BR)CBO} \approx U_{(BR)CES} > U_{(BR)CER} > U_{(BR)CEO} \tag{1-10}$$

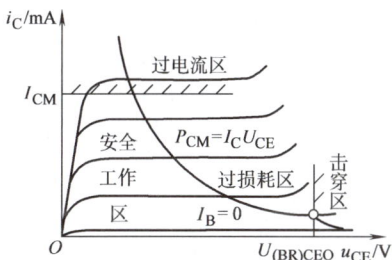

图 1-25　晶体管击穿电压的测试电路

由最大集电极功率损耗 P_{CM}、集电极最大允许电流 I_{CM} 和击穿电压 $U_{(BR)CEO}$，在输出特性曲线上可以确定过损耗区、过电流区和击穿区，如图 1-26 所示。

图 1-26　输出特性曲线上的过损耗区、过电流区和击穿区

想一想

为什么说晶体管是一种电流控制型器件？这种控制作用是如何实现的？

如何利用晶体管的三个电极电位判断晶体管所处的状态？

1.3.5　晶体管的选用与检测

1. 晶体管的选用

选用晶体管既要满足设备及电路的要求，又要符合节约的原则。根据用途不同，一般应考虑以下几个因素：频率、集电极电流、耗散功率、反向击穿电压、电流放大系数、稳定性及饱和压降等。这些因素具有相互制约的关系，在选管时应抓住主要矛盾，兼顾次要因素。

1）根据电路工作频率确定选用低频管还是高频率，低频管的特征频率一般在 3MHz 以下。选管时应使特征频率为工作频率的 3～10 倍。原则上高频管可以代替低频管，但高频管的功率一般比较小，动态范围窄，在替代时应注意功率要求。

2）根据晶体管实际工作的最大集电极电流 i_{Cmax}、最大管耗 P_{Cmax} 和电源电压 V_{CC} 选择合适的晶体管。要求晶体管的极限参数满足 $P_{CM} > P_{Cmax}$、$I_{CM} > i_{Cmax}$、$U_{(BR)CBO} > u_{CEmax}$。

3）对于 β 值的选择，不是越大越好，通常 β 选 40～120 之间。对整个电路来说还应从各级的配合来选择 β。例如前级用高 β 的晶体管，后级就可以用低 β 的晶体管；反之，前级用低 β 的晶体管，后级就可以用高 β 的晶体管。

4）应尽量选用穿透电流 I_{CEO}、饱和压降小的晶体管。I_{CEO} 越小，电路的温度稳定性就越好。通常硅管的稳定性比锗管好得多，但硅管的饱和压降比锗管大。目前电路中多采用硅管。

2. 晶体管的识别与检测

（1）观察法识别晶体管引脚 常用晶体管的封装形式有金属封装和塑料封装等，引脚的排列方式具有一定的规律性，如图 1-27 所示。对于小功率金属封装晶体管按底视图位置放置，使三个引脚构成等腰三角形的顶点在上，从左向右依次为 E、B、C；对于中小功率塑料晶体管按图使其平面朝向自己，引脚朝下放置，则从左到右依次为 E、B、C。对于外壳上无引脚标志的，应以器件手册或以测量为准。

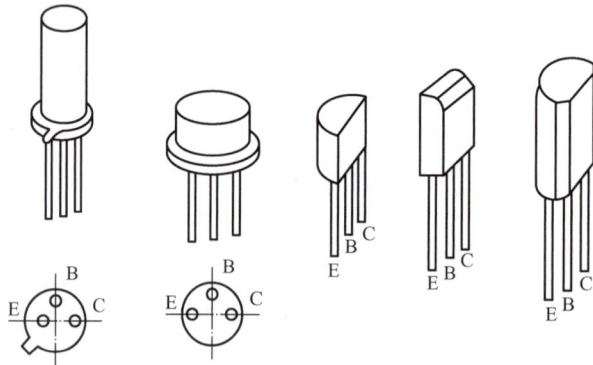

图 1-27 晶体管引脚排列规律

（2）用指针式万用表检测晶体管 利用指针式万用表可识别晶体管的引脚、管型及性能好坏。

1）基极的判别。将万用表置于 R×100 或 R×1k 档位，用万用表的红黑两表笔搭接在晶体管的任意两个引脚，如果阻值很大（几百千欧以上），将两支表笔对调再测一次，如果电阻也很大，则说明所测的两个引脚为集电极 C 和发射极 E，因为 C、E 间是两背靠背相接的 PN 结，故无论 C、E 间的电压是正还是负，总有一个 PN 结截止，使 C、E 间的阻值很大，因此剩下的那个引脚必为基极 B。

2）类型的差别。晶体管基极确定后，用万用表黑表笔（即表内电池的正极）接基极，红表笔（即表内电池的负极）分别接另外两个引脚中的任意一个，如果测得的电阻值都很大（几百千欧以上），则该管是 PNP 型管；如果测得的电阻值都较小，则该管是 NPN 型管。硅管、锗管的判别方法同二极管检测。

3）集电极的判别。以 NPN 型为例，确定基极后，假定其余两个引脚的一个是集电极，另一个是发射极。将万用表黑表笔接到假设的集电极上，红表笔接到假设的发射极上，用手把假设的集电极和已测得的基极捏起来（但不要相碰），观察万用表并记录读数。然后再把原来假设为发射极的引脚假设为集电极，重复上述测试并记录读数。比较两次读数，读数小的一次假设是正确的，则黑表笔搭接到的是集电极 C。

想一想

用数字万用表如何检测晶体管？

1.4　场效应晶体管

场效应晶体管也是一种常用的半导体放大器件。晶体管是以输入电流控制输出电流，而场效应晶体管是以输入电压控制输出电流。与晶体管相比，场效应晶体管具有输入电阻高、噪声低、热稳定性好和便于集成等优点。

场效应晶体管只有一种载流子参与导电，从参与导电的载流子来划分，有电子作为载流子的 N 沟道器件和空穴作为载流子的 P 沟道器件。从场效应晶体管的结构来划分，有结型场效应晶体管（JFET）和绝缘栅型场效应晶体管（IGFET）。IGFET 也称金属-氧化物-半导体场效应晶体管（MOSFET）。

1.4.1　结型场效应晶体管

1. 结型场效应晶体管的结构

结型场效应晶体管分为 N 沟道和 P 沟道两类。N 沟道结型场效应晶体管的结构如图 1-28a 所示，它是在 N 型半导体硅片的两侧各制造一个 PN 结，形成两个 PN 结夹着一个 N 型沟道的结构。两个 P^+（高浓度 P 型）区引出的线连在一起即为栅极，N 型硅的一端是漏极，另一端是源极。N 沟道结型场效应晶体管的图形符号如图 1-28b 所示，其中电极 D 称为漏极，相当于双极型晶体管的集电极；电极 G 称为栅极，相当于双极型晶体管的基极；电极 S 称为源极，相当于双极型晶体管的发射极。图 1-28c 所示为 P 沟道结型场效应晶体管的图形符号。

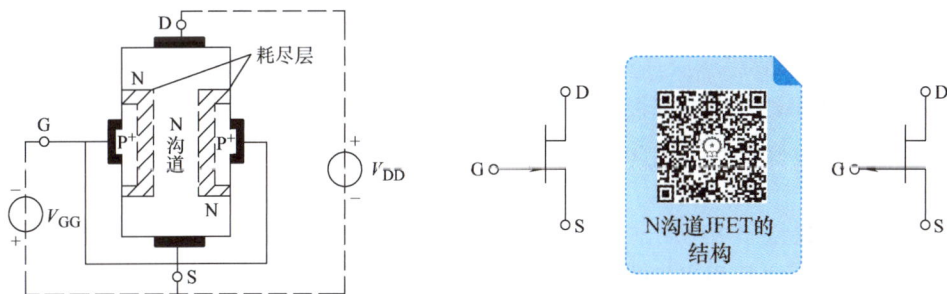

a) N沟道结型场效应晶体管的结构　　b) N沟道结型场效应晶体管的图形符号　　c) P沟道结型场效应晶体管的图形符号

图 1-28　结型场效应晶体管的结构及图形符号

2. 结型场效应晶体管的工作原理

根据结型场效应晶体管的结构，N 沟道结型场效应晶体管只能工作在负栅压区，P 沟道结型场效应晶体管只能工作在正栅压区，否则将会出现栅流。下面以 N 沟道结型场效应晶体管为例简要说明其工作原理。

在漏极、源极之间加有一定电压时，在漏源间将形成多子的漂移运动，产生漏极电流 I_D。当 $U_{GS} < 0$ 时，PN 结反偏，形成耗尽层，漏源间的沟道将变窄，沟道电阻增大，I_D 将减小，U_{GS} 继续减小，沟道继续变窄，I_D 继续减小直至为 0。当漏极电流为零时所对应的栅源电压 U_{GS} 称为夹断电压 $U_{GS(off)}$，应当指出，结型场效应晶体管用作放大时，$0 > U_{GS} > U_{GS(off)}$，沟道不会出现夹断。

上述分析表明，当漏极、源极之间的电压一定时，漏极电流的大小受栅源电压的控制，即输出电流受控于输入电压，并且几乎不产生输入电流。

1.4.2　绝缘栅型场效应晶体管

绝缘栅型场效应晶体管（MOSFET）分为 N 沟道和 P 沟道两类，每一类又分为增强型和耗尽型两种。

1. N 沟道增强型 MOSFET

（1）结构　N 沟道增强型 MOSFET 的结构示意和图形符号如图 1-29 所示，P 沟道增强型 MOSFET 的图形符号与 N 沟道增强型相似，只是图形符号中的箭头方向向外。

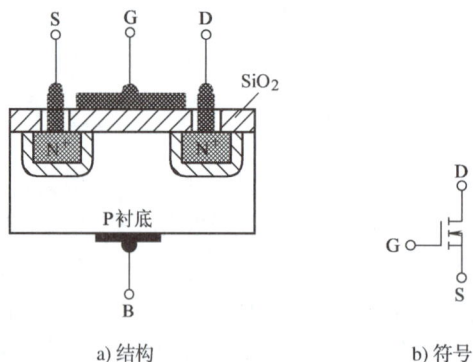

a）结构　　　　　　b）符号

图 1-29　N 沟道增强型 MOSFET 的结构示意图和符号

根据图 1-29，N 沟道增强型 MOSFET 基本上是一种左右对称的拓扑结构，它是在 P 型半导体上生成一层 SiO_2 薄膜绝缘层，然后用光刻工艺扩散两个高掺杂的 N 型区，从 N 型区引出电极，一个是漏极 D，一个是源极 S。在源极和漏极之间的绝缘层上镀一层金属铝作为栅极 G。P 型半导体称为衬底，用符号 B 表示。

（2）工作原理

1）栅源电压 u_{GS} 的控制作用。

当 $u_{GS} = 0V$ 时，漏源之间相当于两个背靠背的二极管，在 D、S 之间加上电压不会在 D、S 间形成电流。

当栅极加有电压时，通过栅极和衬底间的电容作用，将靠近栅极下方的 P 型半导体中的空穴向下方排斥，出现了一薄层耗尽层。耗尽层中的少子将向表层运动，但数量有限，不足以形成沟道将漏极和源极沟通，所以仍然不足以形成漏极电流 i_D。

进一步增加 u_{GS}，当 $u_{GS} > U_{GS(th)}$ 时（$U_{GS(th)}$ 称为开启电压），由于此时的栅极电压已经比较高，在靠近栅极下方的 P 型半导体表层中聚集较多的电子，可以形成沟道将漏极和源极沟通。如

果此时加有漏源电压，就可以形成漏极电流 i_D。在栅极下方形成的导电沟道中的电子，因与 P 型半导体的载流子空穴极性相反，故称为反型层。随着 u_{GS} 的继续增加，i_D 将不断增加。在 $u_{GS} = 0V$ 时 $i_D = 0$，只有当 $u_{GS} > U_{GS(th)}$ 后才会出现漏极电流，所以这种 MOSFET 称为增强型 MOSFET。

u_{GS} 对漏极电流的控制关系可用 $i_D = f(u_{GS})|_{U_{DS} = \text{const}}$ 这一曲线描述，称为转移特性曲线，如图 1-30 所示。

转移特性曲线斜率 g_m 的大小反映了栅源电压对漏极电流的控制作用。g_m 称为跨导，跨导的定义式如下：

$$g_m = \Delta i_D / \Delta u_{GS}|_{U_{DS} = \text{const}} \tag{1-11}$$

2）漏源电压 u_{DS} 对漏极电流 i_D 的控制作用。

当 $u_{GS} > U_{GS(th)}$，且固定为某一值时，来分析漏源电压 u_{DS} 对漏极电流 i_D 的影响。u_{DS} 的不同变化对沟道的影响如图 1-31 所示。根据图 1-31 可以有如下关系：

图 1-30 转移特性曲线

$$\begin{cases} u_{DS} = u_{DG} + u_{GS} = -u_{GD} + u_{GS} \\ u_{GD} = u_{GS} - u_{DS} \end{cases} \tag{1-12}$$

当 u_{DS} 较小时，沟道分布如图 1-31a 所示，此时 u_{DS} 基本均匀降落在沟道中，沟道呈斜线分布。在紧靠漏极处，沟道达到开启的程度以上，漏源之间有电流通过。

当 u_{DS} 增加到使 $u_{GD} = U_{GS(th)}$ 时，沟道如图 1-31b 所示。这相当于 u_{DS} 增加，使漏极处沟道缩减到刚刚开启的情况，称为预夹断，此时的漏极电流 i_D 基本饱和。当 u_{DS} 增加到 $u_{GD} < U_{GS(th)}$ 时，沟道如图 1-31c 所示。此时预夹断区域加长，伸向 S 极。u_{DS} 增加的部分基本降落在随之加长的夹断沟道上，i_D 基本趋于不变。

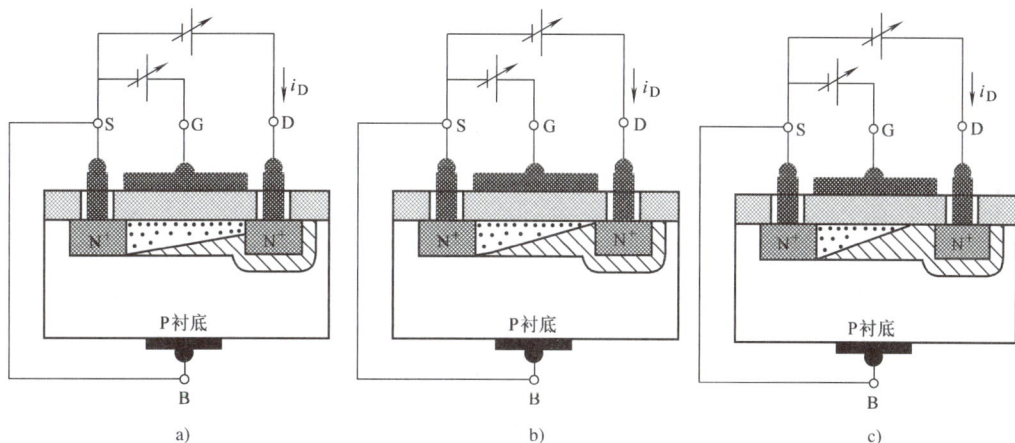

图 1-31 漏源电压 u_{DS} 对沟道的影响

当 $u_{GS} > U_{GS(th)}$，且固定为某一值时，u_{DS} 对 i_D 的影响，即 $i_D = f(u_{DS})|_{U_{GS} = \text{const}}$ 这一关系曲线如图 1-32 所示，这一曲线称为漏极输出特性曲线。

总之，u_{DS} 使导电沟道变得不等宽，u_{GS} 改变了沟道宽度，故在一定的情况下，改变的大小就可以控制 i_D 的大小，即实现了输入电压对输出电流的控制，并且不产生输入电流。

2. N 沟道耗尽型 MOSFET

N 沟道耗尽型 MOSFET 的结构和图形符号如图 1-33a 所示，它是在栅极下方的 SiO_2 绝

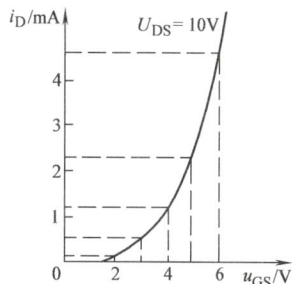

缘层中掺入了大量的金属正离子。当 $u_{GS} = 0$ 时，这些正离子已经感应出反型层，形成了沟道。于是，只要有漏源电压，就有漏极电流存在。当 $u_{GS} > 0$ 时，将使 i_D 进一步增加。当 $u_{GS} < 0$ 时，随着 u_{GS} 的减小漏极电流逐渐减小，直至 $i_D = 0$。对应 $i_D = 0$ 的 u_{GS} 称为夹断电压 $U_{GS(off)}$。N 沟道耗尽型 MOSFET 的转移特性曲线如图 1-33b 所示。

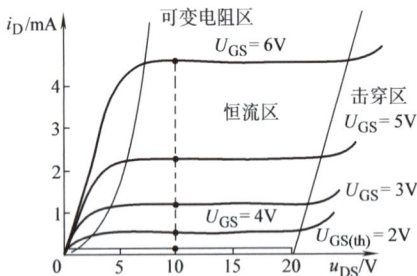

图 1-32 漏极输出特性曲线

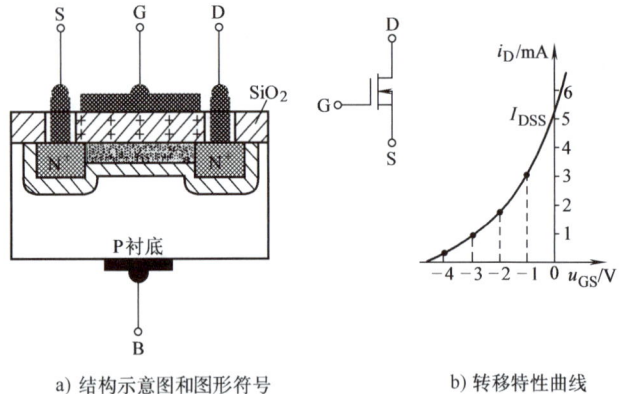

a) 结构示意图和图形符号

b) 转移特性曲线

图 1-33 N 沟道耗尽型 MOSFET 的结构示意、图形符号和转移特性曲线

P 沟道 MOSFET 的工作原理与 N 沟道 MOSFET 完全相同，只不过导电的载流子不同，供电电压极性不同而已。这如同晶体管有 NPN 型和 PNP 型一样。

1.4.3 场效应晶体管的主要参数和型号

1. 场效应晶体管的主要参数

（1）开启电压 $U_{GS(th)}$（或 U_T） 开启电压是增强型 MOSFET 的参数，栅源电压小于开启电压的绝对值，场效应晶体管不能导通。

（2）夹断电压 $U_{GS(off)}$（或 U_P） 夹断电压是耗尽型 MOSFET 的参数，当 $u_{GS} = U_{GS(off)}$ 时，漏极电流为零。

（3）饱和漏极电流 I_{DSS} 对耗尽型场效应晶体管，当 $u_{GS} = 0$ 时所对应的漏极电流。

（4）输入电阻 R_{GS} 场效应晶体管的栅源输入电阻的典型值，对于结型场效应晶体管，反偏时 R_{GS} 约大于 $10^7 \Omega$，对于绝缘栅型场效应晶体管，R_{GS} 为 $10^9 \sim 10^{15} \Omega$。

（5）低频跨导 g_m 低频跨导反映了栅压对漏极电流的控制作用，这一点与电子管的控制作用十分相像。g_m 可以在转移特性曲线上求取，单位是 mS（毫西门子）。

（6）最大漏极功耗 P_{DM} 最大漏极功耗可由 $P_{DM} = U_{DS} I_D$ 决定，与双极型晶体管的 P_{CM} 相当。

2. 场效应晶体管的型号

场效应晶体管的型号，现行有两种命名方法。其一与晶体管相同，第三位字母 J 代表结型场效应晶体管，O 代表绝缘栅场效应晶体管。第二位字母代表材料，D 是 P 型硅，反型层是 N 沟道；C 是 N 型硅 P 沟道。例如，3DJ6D 是结型 N 沟道场效应晶体管，3DO6C 是绝缘栅型 N 沟道场效应晶体管。

第二种命名方法是 CS××#，CS 代表场效应晶体管，××以数字代表型号的序号，#用字母代表同一型号中的不同规格。例如 CS14A、CS45G 等。

想一想

与双极型晶体管相比，场效应晶体管具有哪些特点？

为什么说场效应晶体管是一种电压控制型器件？

1.5　技能训练：二极管、晶体管的识别与检测

【实训目标】

1）熟悉二极管、晶体管的外形及引脚识别的方法。

2）掌握用万用表判别二极管的极性和好坏的方法。

3）掌握用万用表判别晶体管的类型、引脚及好坏的方法。

【实训器材】

指针式万用表 1 块，二极管、晶体管若干。

【实训要求】

1）仪器和仪表等轻拿轻放。

2）发现异常情况立即报告教师。

3）不要乱动与本次实训无关的仪器仪表。

4）实训结束要进行整理、清理等 7S 活动。

【实训内容及步骤】

1. 二极管的识读与检测

1）观察实物、熟悉二极管的外形。

2）用万用表判断二极管的极性。根据二极管正向电阻小、反向电阻大的特点可判别二极管的极性。

将万用表分别置于电阻 R×1k、R×100 档，表笔分别与二极管的两极相连，测量二极管的正向电阻和反向电阻，并将结果填入表 1-1 中。

表 1-1　二极管正、反向电阻测试记录表

型号	R×1k 档		R×100 档		极性与质量判别
	正向电阻	反向电阻	正向电阻	反向电阻	

2. 晶体管的识读与检测

1）观察实物，熟悉晶体管的外形。

2）PNP 和 NPN 型晶体管的区分及好坏判断。将万用表调节到电阻 R×100 或 R×1k 档，进行欧姆档的调零，将不知引脚标号的晶体管进行 PN 结电阻测量并填入表 1-2 中。

表 1-2　晶体管 PN 结电阻测量记录表

型号	PN 结电阻			
	红表笔接 b 极		黑表笔接 b 极	
	黑表笔接 c 极	黑表笔接 e 极	红表笔接 c 极	红表笔接 e 极

3）晶体管引脚极性的判别。将万用表调节到电阻 R×100 档，进行欧姆档的调零，将不知引脚极性的晶体管进行 PN 结电阻测量并填入表 1-3 中。

表 1-3　PNP 型和 NPN 型引脚判断参数测量记录表

类型	红表笔接任一脚（作为第一脚）		黑表笔接任一脚（作为第一脚）	
	黑表笔接第二脚	黑表笔接第三脚	红表笔接第二脚	红表笔接第三脚
PN 结电阻				
类型	红表笔接第二脚		黑表笔接第二脚	
	黑表笔接第一脚	红表笔接第三脚	红表笔接第一脚	红表笔接第三脚
PN 结电阻				
类型	红表笔接第三脚		黑表笔接第三脚	
	黑表笔接第二脚	红表笔接第一脚	红表笔接第二脚	红表笔接第一脚
PN 结电阻				

注意：在用万用表检测二极管和晶体管时，一般使用万用表的 R×100 或 R×1k 档，而不用 R×1 或 R×10k 档。因为 R×1 档电流过大，容易烧坏管子，R×10k 档电压过高，可能击穿管子。

【实训效果评价】

1）正确进行二极管测量并判断其好坏。（30 分）

2）正确进行晶体管 PN 结电阻测量并判断其好坏。（30 分）

3）正确通过晶体管 PN 结电阻的测量判别晶体管类型。（30 分）

4）实训过程中能安全文明操作。（10 分）

要求：工作台上工具排放整齐，严格遵守安全操作规程，符合"7S"管理要求。

【分析与思考】

1）如何根据表 1-1 测量数据对二极管的极性和质量进行判别？

2）用万用表不同的电阻档位测量晶体管时为何现象不同？

本章小结

（1）半导体中有两种载流子——电子和空穴，载流子的运动方式有两种——扩散运动和漂移运动。

（2）PN 结是构成半导体器件的基础，它具有单向导电性和电容效应。

（3）二极管的核心是一个 PN 结，它的特性与 PN 结基本相同。特殊二极管利用了 PN 结的各种特性，有着不同于普通二极管的用途。

（4）晶体管各电极电流有确定的分配关系，是一种电流控制型器件，具有电流放大作用。所谓电流放大作用实质上是一种能量控制作用。放大作用的实现，必须满足晶体管的发射结正向偏置和集电结反向偏置的条件。

（5）结型场效应晶体管是通过改变 PN 结的反偏电压大小来改变导电沟道宽窄的。绝缘栅型场效应晶体管是通过改变栅源电压来改变导电沟道宽窄的。MOSFET 由于制造工艺简单，便于大规模集成，所以在大规模和超大规模数字集成电路中得到极为广泛的应用。

习 题 一

1-1 判断题（正确的在题后括号内打"√"，错误的打"×"）。

（1）二极管导通时，电流是从其负极流出，从正极流入的。 （ ）

（2）二极管的反向漏电流越小，其单向导电性能就越好。 （ ）

（3）稳压二极管正常工作时，其工作点在伏安特性曲线的反向击穿区内。 （ ）

1-2 填空题。

（1）二极管的主要特性是具有＿＿＿＿＿＿＿＿。

（2）锗二极管的死区电压是＿＿＿＿ V，硅二极管的死区电压是＿＿＿＿ V。锗二极管导通时的饱和压降是＿＿＿＿ V，硅二极管导通时的饱和压降是＿＿＿＿ V。

（3）在二极管的几个主要参数中，反向截止时应注意的参数是＿＿＿＿和＿＿＿＿。

（4）稳压管的符号是＿＿＿＿，它在电路中的功能是＿＿＿＿。

（5）发光二极管的功能是＿＿＿＿；光电二极管的功能是＿＿＿＿。

（6）晶体管是一种＿＿＿＿元件，具有＿＿＿＿作用，实质上是一种＿＿＿＿控制作用。

（7）通常把晶体管的输出特性曲线分为三个区域：＿＿＿＿、＿＿＿＿和＿＿＿＿。

（8）MOSFET 是通过改变＿＿＿＿来改变导电沟道宽窄的。有＿＿＿＿和＿＿＿＿两类，每一类又可分为＿＿＿＿型和＿＿＿＿型。

1-3 选择题。

（1）场效应晶体管的控制关系是（ ）。

　　A. 漏源电压 u_{DS} 控制漏极电流 i_D 　　　　　B. 栅源电压 u_{GS} 控制漏极电流 i_D

　　C. 漏极电流 i_D 控制栅源电压 u_{GS} 　　　　　D. 漏极电流 i_D 控制漏源电压 u_{DS}

（2）某 N 沟道场效应晶体管测得 $U_{GS}=0$ 时，漏极电流 $I_D=10mA$，则该管的类型为（ ）。

　　A. 耗尽型管 　　　　　B. 增强型管 　　　　　C. 无法确定

（3）在图 1-34 电路中，（ ）图的小指示灯不会亮。

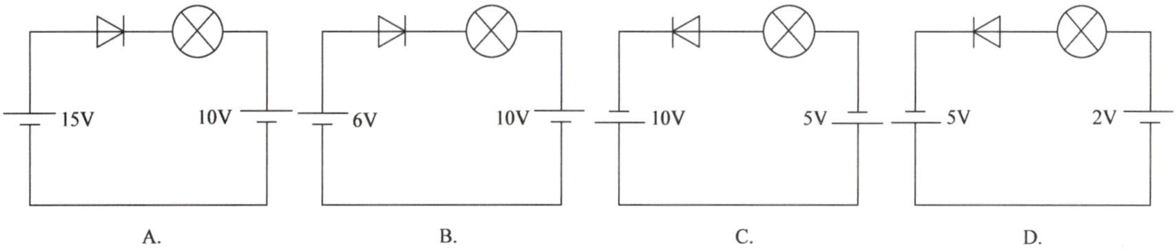

A. 　　　　　　　　　B. 　　　　　　　　　C. 　　　　　　　　　D.

图 1-34 习题 1-3（3）图

（4）在图 1-35 所示的由理想二极管组成的电路中，两个电路的输出电压分别是（　　）。

A. $U_{R1}=0$、$U_{R2}=0$　　B. $U_{R1}=0$、$U_{R2}=6V$　　C. $U_{R1}=6V$、$U_{R2}=0$　　D. $U_{R1}=6V$、$U_{R2}=6V$

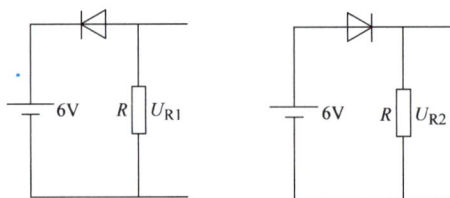

图 1-35　习题 1-3（4）图

（5）晶体管工作在放大区时的偏置状态为（　　）。

A. b-e、b-c 均正偏　　B. b-e、b-c 均反偏　　C. b-e 正偏、b-c 反偏　　D. b-e 反偏、b-c 正偏

1-4　如图 1-36 所示，试判断晶体管的工作状态。

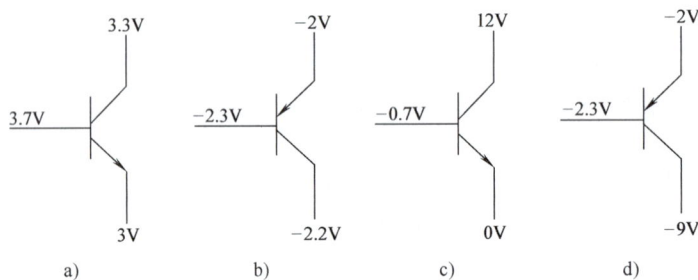

图 1-36　习题 1-4 图

1-5　若测得放大电路中两个晶体管的三个电极对地电位 V_1、V_2、V_3 分别为下述数值，试判断它们是硅管还是锗管，是 NPN 型还是 PNP 型？并确定 e、b、c 极。

（1）$V_1=5.8V$，$V_2=6V$，$V_3=2V$。

（2）$V_1=-1.5V$，$V_2=-4V$，$V_3=-4.7V$。

1-6　某耗尽型 MOSFET 的转移特性曲线如图 1-37 所示，试求出该管的 I_{DSS} 与 $U_{GS(off)}$。

1-7　图 1-38 所示为 MOSFET 的转移特性曲线，请分别说明各属于何种沟道。如是增强型，说明它的开启电压 $U_T=$？如是耗尽型，说明它的夹断电压 $U_P=$？图中 i_D 的假定正方向为流进漏极。

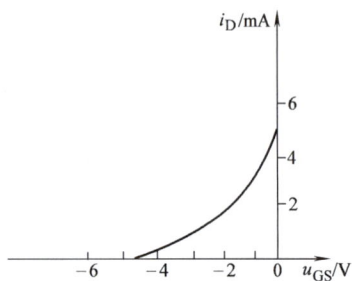

图 1-37　习题 1-6 图

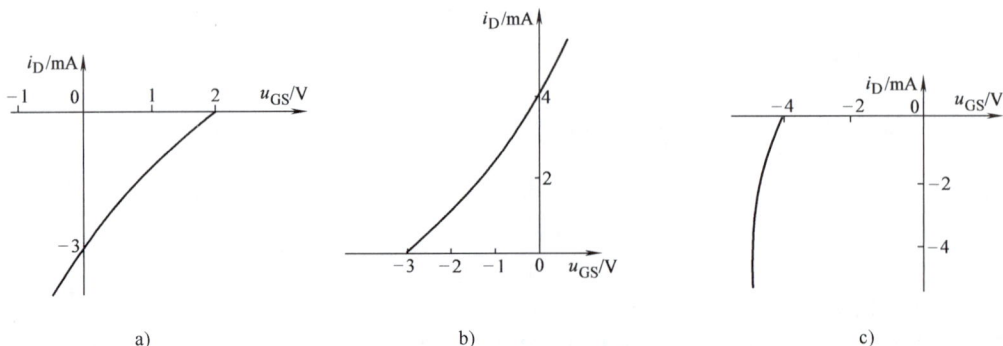

图 1-38　习题 1-7 图

基本放大电路

放大电路主要作用是对微弱的电信号进行放大，以满足负载的需要。常用的放大电路有晶体管放大电路和场效应晶体管放大电路等。本章从放大的基本概念入手，介绍放大电路的组成、基本工作原理及分析方法，并进一步介绍多级放大电路以及放大电路的频率响应。

☑ 学习目标

知识目标：理解放大电路的概念及组态；熟悉放大电路的组成；掌握基本放大电路的分析方法、主要性能指标；了解多级放大器的耦合方式和频率响应。

能力目标：会调整和测试放大电路的静态工作点；能安装和调试基本共射放大电路。

素质目标：分析静态工作点设置情况对放大器工作情况的影响，培养学生的辩证性思维、工程思维和工匠精神。

☑ 课题引入

在温度测控系统中，经常用温度传感器元件把温度的变化，转换成与其成比例变化的微弱电信号，这样的电信号不能直接用来驱动显示器件显示温度的变化情况，也不能直接推动控制元件接通或切断加热电路，在温度测量或控制器中要用到放大电路。

☑ 提　　示

放大电路又称放大器，是一种控制装置。它可以用输入的微弱信号控制电源，并成比例地向负载提供比输入信号大得多的输出信号，以达到需要的程度，从而完成相应的功能。

2.1　放大电路的基本概念

2.1.1　放大电路的三种组态

所谓放大，从表面上看是将信号由小变大，实质上放大的过程是实现能量转换的过程。由于在电子线路中输入信号往往很小，它所提供的能量不能直接推动负载工作，因此需要另外提供一个能源，由能量较小的输入信号控制这个能源，经晶体管放大信号去推动负载工作。我们把这种小能量对能源的控制作用称为放大作用。

晶体管有三个电极，对小信号实现放大作用时在电路中可有三种不同连接方式（或称三种组态），即共（发）射极接法、共集电极接法和共基极接法。这三种接法分别以发射极、集电极和基极作为输入回路和输出回路的公共端，而构成不同的放大电路，如图 2-1（以 NPN 管为例）所示。

注意：构成放大电路时，集电极不能作为输入端，基极不能作为输出端。

a) 共(发)射极电路　　　　b) 共集电极电路　　　　c) 共基极电路

图 2-1　放大电路的三种组态

下面我们以共（发）射极接法的放大电路为例，讨论基本放大电路的组成、工作原理及分析方法。

想一想

怎样判断放大电路的三种组态？

2.1.2　放大电路的组成及各元器件的作用

1. 放大电路的组成

图 2-2 所示为一基本共射极放大电路，电路中各元器件的作用如下。

（1）集电极电源 V_{CC}　其作用是为整个电路提供能源，保证晶体管的发射结正向偏置，集电结反向偏置（在画图时，往往省略电源的电路符号，只标出电源电压的文字符号）。

（2）基极偏置电阻 R_b　其作用是为基极提供合适的偏置电流。

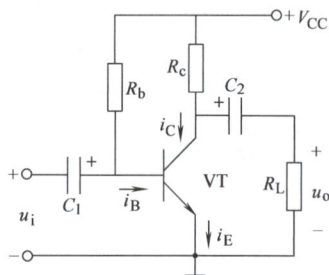

图 2-2　基本共（发）射（极）放大电路

（3）集电极电阻 R_c　其作用是将集电极电流的变化转换成电压的变化。

（4）耦合电容 C_1、C_2　其作用是隔直流、通交流。

（5）符号"⊥"　为接地符号，是电路中的零参考电位。

2. 放大电路的组成原则

1）必须有直流电源，且直流电源的极性必须满足晶体管的发射结正偏、集电结反偏，保证晶体管工作在放大状态，电阻取值得当，使晶体管有一个合适的工作电压和电流。

2）输入回路的接法，应能使输入电压 u_i 产生变化尽量大的基极电流 i_B，因为基极电流 i_B 直接控制着集电极电流 i_C。

3）输出回路的接法，应能使变化的集电极电流 i_C 产生变化尽量大的 u_o，并能从电路输出。

2.1.3　放大电路的主要性能指标

放大电路的性能指标是为了衡量它的性能优劣而引入的，它可以通过测试得到。

一个放大电路可以用一个有源双端口网络来模拟，如图 2-3 所示。图中信号源的内阻为 R_S，电压为 $\dot{U}_S$，R_L 为接在放大电路输出端的负载电阻，放大电路输入端 1-1′ 的信号电

基本放大电路的组成

压和电流分别为 $\dot{U}_i$ 和 $\dot{I}_i$，输出端 2-2′的信号电压和电流分别为 $\dot{U}_o$ 和 $\dot{I}_o$，各电压的参考极性和各电流的参考方向如图 2-3 所示。图 2-3 也可以作为放大电路的性能测试图（直流电源部分未画出）。

放大电路的主要性能指标有：放大倍数、输入电阻、输出电阻、最大输出幅值、通频带、最大输出功率、效率和非线性失真系数等。本节介绍前三种性能指标，其他的性能指标将在后面的章节中阐述。

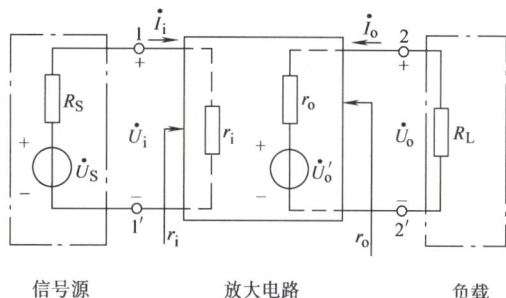

图 2-3　放大电路的有源双端口网络形式

1. 放大倍数

放大倍数又称为增益，是衡量放大电路放大能力的指标。它有四种形式：电压放大倍数 $\dot{A}_u$、电流放大倍数 $\dot{A}_i$、互阻放大倍数 $\dot{A}_r$、互导放大倍数 $\dot{A}_g$，即

$$\dot{A}_u = \frac{\dot{U}_o}{\dot{U}_i} \quad \dot{A}_i = \frac{\dot{I}_o}{\dot{I}_i} \quad \dot{A}_r = \frac{\dot{U}_o}{\dot{I}_i} \quad \dot{A}_g = \frac{\dot{I}_o}{\dot{U}_i} \tag{2-1}$$

如果信号的频率既不是很高又不是很低，则放大电路的附加相移可以忽略，于是上述四种放大倍数可用实数来表示，并写成交流瞬时值之比，即

$$A_u = \frac{u_o}{u_i} \quad A_i = \frac{i_o}{i_i} \quad A_r = \frac{u_o}{i_i} \quad A_g = \frac{i_o}{u_i} \tag{2-2}$$

有时放大倍数也可用"分贝"（dB）来表示，给放大倍数取对数再乘以 20，即为放大倍数的分贝值，即

$$A_u(\text{dB}) = 20\lg A_u \tag{2-3}$$

当输出电压小于输入电压时，叫衰减，dB 取负值；当输出电压大于输入电压时，叫增益，dB 取正值；当输出电压等于输入电压时，dB 为 0。

对于放大器来说，当然要求有高的电压增益。

2. 输入电阻 r_i

输入电阻 r_i 就是从放大电路输入端看进去的等效电阻，也即信号源的负载电阻，如图 2-4 所示。

它定义为

$$r_i = \frac{u_i}{i_i} \tag{2-4}$$

u_i 为放大器的输入信号电压，其大小为

$$u_i = \frac{u_S}{R_S + r_i} r_i \tag{2-5}$$

r_i 越大，表明放大电路从信号源索取的电流越小，放大电路输入端所得的电压 u_i 越接近信号源电压 u_S。

3. 输出电阻 r_o

输出电阻 r_o 是从放大器的输出端看进去的交流等效电阻。

通常在电路中求 r_o 的方法为：令负载开路（$R_L \to \infty$），信号源短路（$u_S = 0$），在放大电路的输出端加测试电压 u_o，产生相应的电流 i_o，如图 2-5 所示，二者的比值即为放大电路的

输出电阻。则放大器的输出电阻为

$$r_o = \frac{u_o}{i_o} \Big|_{u_S = 0} \tag{2-6}$$

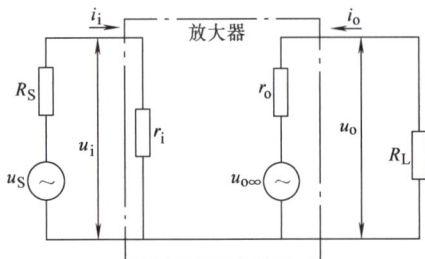

图 2-4 放大器的等效模型

图 2-5 求输出电阻的等效电路

输出电阻是衡量放大器带负载能力的性能参数，r_o 越小，负载电阻变化时输出电压 u_o 的变化就越小，即输出电压越稳定，带负载的能力越强。所以，通常要求放大器的输出电阻越小越好。

想一想

放大电路的主要性能指标包括哪些？它们有什么意义？

2.2 基本共射放大电路

下面以基本共射放大电路为例，说明放大电路的工作原理，电路如图 2-6 所示。

2.2.1 直流通路和交流通路

1. 直流通路

所谓直流通路是指当输入信号 $u_i = 0$ 时，在直流电源 V_{CC} 的作用下，直流电流所流过的路径。在画直流通路时，可将电路中的电容视为开路，电感视为短路。图 2-6 电路所对应的直流通路如图 2-7a 所示。

a) 直流通路   b) 交流通路

图 2-6 基本共射放大电路

图 2-7 基本共射放大电路的直流、交流通路

2. 交流通路

所谓交流通路是指在信号源 u_i 的作用下，交流电流所流过的路径。画交流通路时，可将放大电路中的电容视为短路；由于直流电源 V_{CC} 的内阻很小，对交流变化量几乎不起作用，故可看作短路；电感量大的电感因感抗很大，可看成开路。图 2-6 所对应的交流通路如图 2-7b 所示。

小知识

放大电路中的电压、电流符号写法的规定

在没有输入信号时，放大电路中晶体管各极电压、电流都为直流。当有信号输入时，输入的交流信号是在直流的基础上变化的。所以，电路中的电压、电流都是由直流成分和交流成分叠加而成的，为了清楚地表示交流分量和直流分量，规定如下：

1）用大写字母加大写下标表示直流分量，如 U_{BE}、I_B 分别表示发射结静态电压和基极直流电流。

2）用小写字母加小写下标表示交流分量，如 i_b、u_{ce} 分别表示基极的交流电流和集电极与发射极之间的交流电压。

3）用大写字母加小写下标表示交流分量有效值，如 U_i、U_o 分别表示输入和输出电压的有效值。

4）用小写字母加大写下标表示总量，即直流分量和交流分量的叠加，如 i_B 表示 $i_B = I_B + i_b$，即基极电流的总量。

2.2.2 放大电路的静态分析

图 2-6 所示的基本共射放大电路中，直流电源和交流信号共同作用，在分析其工作过程时，可以将直流电源和交流信号单独进行分析。

当放大电路无交流信号输入，即 $u_i = 0$ 时，仅有直流电源单独作用的工作状态叫静态。静态分析的目的是通过直流通路分析放大电路中晶体管的工作状态。为了使放大电路能够正常工作，晶体管必须处于放大状态。因此，要求晶体管的直流电压、直流电流必须具有合适的静态工作参数 I_B、I_C、U_{CE}、U_{BE}，这四个参数可在晶体管的输入和输出特性曲线上各确定一个固定不动的点 "Q"，叫作放大电路的静态工作点。静态工作点是放大电路工作的基础，它设置得合理及稳定与否，将直接影响放大电路的工作情况和性能的高低。要分析一个给定放大电路的静态工作点，可利用其直流通路用解析的方法来计算。

图 2-6 所示放大电路的直流通路如图 2-7a 所示。

根据基尔霍夫第二定律，得出静态时的基极电流为

$$I_B = \frac{V_{CC} - U_{BE}}{R_b} \approx \frac{V_{CC}}{R_b} \tag{2-7}$$

由于 U_{BE}（硅管约为 0.7V）比 V_{CC} 小得多，故忽略不计。由 I_B 可得出静态时的集电极电流为

$$I_C \approx \beta I_B \tag{2-8}$$

静态时的集射极电压为

$$U_{CE} = V_{CC} - I_C R_c \tag{2-9}$$

提 示

静态工作点 Q 不仅影响电路是否会产生失真，而且影响放大电路几乎所有的动态参数。因此，设置合适的静态工作点，是放大电路能否正常工作的前提条件。

例2-1 在图2-6所示的电路中，已知 $V_{CC} = 10V$，$R_b = 250k\Omega$，$R_c = 3k\Omega$，$\beta = 50$，$U_{BE} = 0.7V$，试求放大电路的静态工作点。

解：根据图2-7a所示的直流通路图可得出

$$I_B = \frac{V_{CC} - U_{BE}}{R_b} = \frac{10 - 0.7}{250}mA = 0.0372mA \approx 0.04mA$$

$$I_C = \beta I_B = 50 \times 0.04mA = 2mA$$

$$U_{CE} = V_{CC} - I_C R_c = (10 - 2 \times 3)V = 4V$$

想一想

怎样画直流通路、交流通路？

为什么要对放大电路进行静态分析？

2.3 放大电路的动态分析

2.3.1 放大电路的动态工作情况

所谓动态，就是放大电路有交流信号输入时的工作状态。在动态工作情况下，晶体管的各极电压、电流是在直流量的基础上脉动的，它们的动态波形都是一个直流量和一个交流量的合成，即交流量和直流量叠加而成的，信号的放大过程如下。

在图2-6所示的电路中，设放大电路空载，输入信号 u_i 通过耦合电容传送到晶体管的基极和发射极之间，使得发射结的电压为

$$u_{BE} = U_{BE} + u_{be} = U_{BE} + u_i$$

式中，u_{BE} 为发射结电压总瞬时值；U_{BE} 为发射结电压静态值；u_{be} 为发射结电压交流瞬时值；u_i 为交流输入电压瞬时值。

当 u_i 变化时，便引起 u_{BE} 随之变化，相应的基极电流也在原来的基础上叠加了因 u_i 变化产生的变化量 i_b。这时，基极的总电流则为直流和交流的叠加，即 $i_B = I_B + i_b$。

经晶体管放大后，可得

$$i_C = \beta(I_B + i_b) = I_C + i_c$$

$$u_{CE} = V_{CC} - i_C R_c = V_{CC} - I_C R_c - i_c R_c = U_{CE} + u_{ce}$$

则

$$u_{ce} = -i_C R_c$$

当 i_C 增大时，u_{CE} 减小，即 u_{CE} 的变化与 i_C 相反，所以经过耦合电容 C_2 传送到输出端的

输出电压 u_o 与 u_i 反相。只要电路参数选取适当，u_o 的幅值将比 u_i 的幅值大得多，达到放大的目的。图 2-8 是共射电路的工作过程分析图。

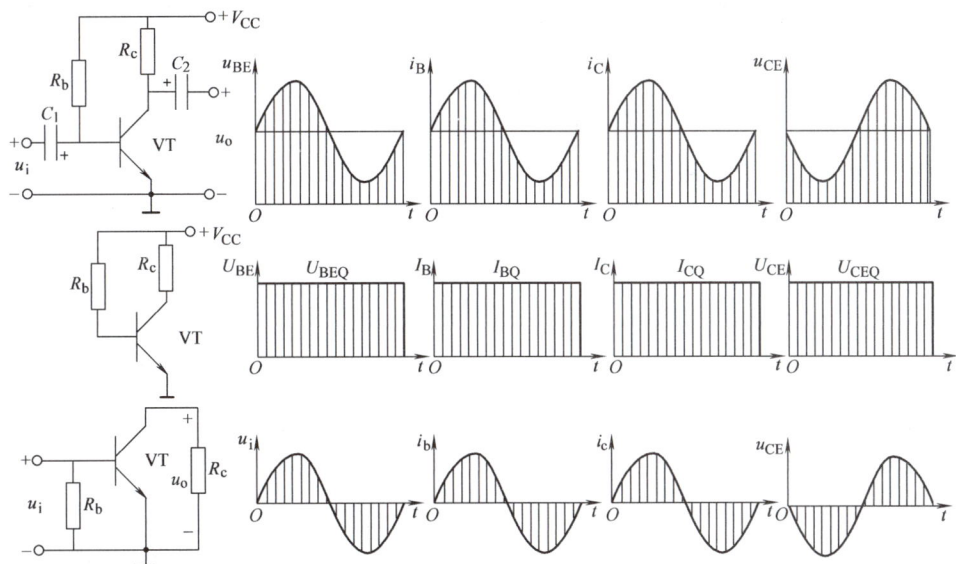

图 2-8　共射电路的工作过程分析图

通过对上述放大过程的分析和对波形的观察，可以得到如下几个重要结论。

1）在没有信号输入时，放大电路工作于静态，晶体管各电极有着恒定的静态电流值 I_B、I_C 和静态电压值 U_{BE}、U_{CE}。

2）当加入变化的输入信号后，放大电路工作于动态，晶体管各电极的电流、电压瞬时值均可分解成直流分量与相应的交流分量，即放大电路处于交直流并存的状态。

3）输出电压 u_o 和输出电流 i_c（i_o）的变化规律与输入电压 u_i 和输入电流 i_b 的变化规律一致，且 u_o 比 u_i 幅度大得多，这就完成了对交流信号的不失真放大。

4）从图 2-8 中的信号波形可以看出：u_o（u_{CE}）和 u_i 是同频率的正弦量，且相位差 180°，即共射极放大电路对于输入信号具有"反相"作用。

动态分析是在静态确定后分析信号的传输情况，考虑的只是电压、电流的交流分量。分析的基本方法有微变等效电路法和图解法两种，下面仅介绍微变等效电路法。

放大电路的
放大作用

图解法分析
放大电路

想一想

i_b、I_B、i_B、u_{ce}、U_{CE}、u_{CE} 分别代表什么？

2.3.2　微变等效电路法

微变等效电路法是微变等效电路分析法的简称，"微变"指微小变化的信号，即小信号。在低频小信号的条件下，晶体管在工作点附近的特性可近似看成是线性的，即其电压、电流的交流量之间的关系基本上是线性的，因此这时具有非线性特性的晶体管可用一线性电路来代替，并称为微变等效电路。整个放大电路就变成一个线性电路，利用线性电路的分析方法，便可对放大电路进行动态分析，求出它的主要性能指标，这种方法就是微变等效电路法。显然微变等效电路法只能用于解决低频小信号交流量的计算问题，不能用于静态分析。但为了计算晶体管的输入电阻 r_{be}，还得求出其静态电流。

1. 晶体管的微变等效电路（线性等效模型）

在低频小信号的条件下，一个晶体管可等效成图 2-9a 所示的微变等效电路。

其中 r_{be} 为交流输入电阻，它的值可用以下表达式求得

$$r_{be} = r'_{bb} + (1+\beta)\frac{26mV}{I_E} = r'_{bb} + \frac{26mV}{I_B} \tag{2-10}$$

式中，r'_{bb} 为晶体管的基区体电阻，一般可取为 200Ω。r_{be} 的值一般为几百欧姆到几千欧姆。

2. 微变等效电路法的主要步骤

1）先画出放大电路的交流通路，再用微变等效电路来代替其中的晶体管，标出电压的极性和电流的参考方向，就得到放大电路的微变等效电路。

2）根据放大电路的微变等效电路，用解线性电路的方法求出放大电路的性能指标。

下面以图 2-6 所示的电路为例，说明如何用微变等效电路法对放大电路进行动态分析。该电路的交流通路如图 2-7b 所示，其微变等效电路如图 2-9 所示。

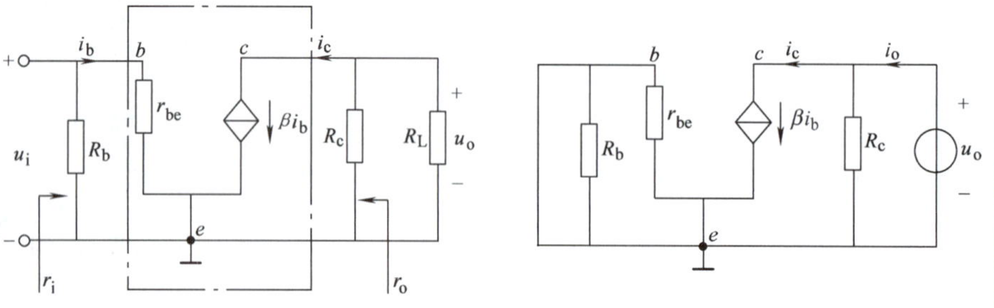

a）微变等效电路　　　　b）求输出电阻的微变等效电路

微变等效电路法

图 2-9 共射放大电路的微变等效分析法

由图 2-9a 可得 $u_i = i_b r_{be}$，$u_o = -\beta i_b(R_c // R_L) = -\beta R'_L i_b$，故电压放大倍数为

$$A_u = \frac{u_o}{u_i} = -\frac{\beta R'_L}{r_{be}} \tag{2-11}$$

又由图 2-9a 得 $u_i = i_i(R_b // r_{be})$，考虑到 $R_b \gg r_{be}$，故输入电阻为

$$r_i = \frac{u_i}{i_i} = R_b // r_{be} \approx r_{be} \tag{2-12}$$

根据输出电阻 r_o 的求法，应使图 2-9a 中的 $u_i = 0$ 且移去 R_L，并在输出端加一信号电压 u_o，设输出端的电流为 i_o，如图 2-9b 所示。由图 2-9b 可以看出，由于 $u_i = 0$，则 $i_b = 0$，因此 $i_c = \beta i_b = 0$，受控电源相当于开路，于是 $u_o = i_o R_c$，则

$$r_o = \frac{u_o}{i_o} = R_c \qquad (2\text{-}13)$$

若考虑晶体管的共射输出电阻 r_{ce}，由于 $r_{ce} \gg R_c$，则 $r_o = R_c // r_{ce} \approx R_c$。

例 2-2 已知图 2-6 所示电路中 $R_b = 320k\Omega$，$R_c = R_L = 2k\Omega$，$\beta = 80$，i_C 的直流分量 $I_C = 2.5mA$，试计算放大电路的电压放大倍数 A_u、输入电阻 r_i 和输出电阻 r_o。

解：由式（2-10）求解晶体管的输入电阻 r_{be}，即

$$r_{be} = 200\Omega + \beta \frac{26mV}{I_C} = \left(200 + 80 \times \frac{26}{2.5}\right)\Omega \approx 1.03k\Omega$$

由图 2-9a 计算 A_u、r_i、r_o，得

$$A_u = \frac{u_o}{u_i} = -\frac{\beta R'_L}{r_{be}} = -\frac{80 \times (2//2)}{1.03} \approx -77.7$$

$$r_i = \frac{u_i}{i_i} = R_b // r_{be} \approx r_{be} \approx 1.03k\Omega$$

$$r_o = R_c = 2k\Omega$$

想一想

在放大电路中，静态工作点选取合适对放大电路有什么影响？

怎样画微变等效电路？

2.4 静态工作点对波形失真的影响

所谓失真，是指输出信号的波形与输入信号的波形不一致。如果信号在放大的过程中，放大器的工作范围超出了特性曲线的线性放大区域，进入截止区或饱和区，则会导致输出信号非线性失真。

非线性失真包括饱和失真和截止失真两种。

1. 饱和失真

当放大电路的静态工作点 Q 选取得比较高时，I_B 较大，输入信号的正半周进入饱和区而造成的失真叫作饱和失真。图 2-10a 所示即为饱和失真：u_i 正半周进入饱和区造成 i_C 失真，从而使 u_o 失真。

消除方法：增大 R_b，减小 R_c，减小 β 或增大 V_{CC}。

2. 截止失真

当放大电路的静态工作点 Q 选取得比较低时，I_B 较小，输入信号的负半周进入截止区而造成的失真叫作截止失真。图 2-10b 所示即为截止失真：u_i 负半周进入截止区造成 i_C 失真，从而使 u_o 失真。

消除方法：增大基极直流电源或减小基极偏置电阻 R_b。

调整放大电路的参数（V_{CC}、R_b、R_c）可以解决放大电路的失真问题，这里仅指出，调整基极偏置电阻 R_b 是最有效的方法。但要注意，即使有合适的静态工作点，当 u_i 的幅值太大时，也容易出现双向失真。

a) 饱和失真　　　　　　　　　　　　b) 截止失真

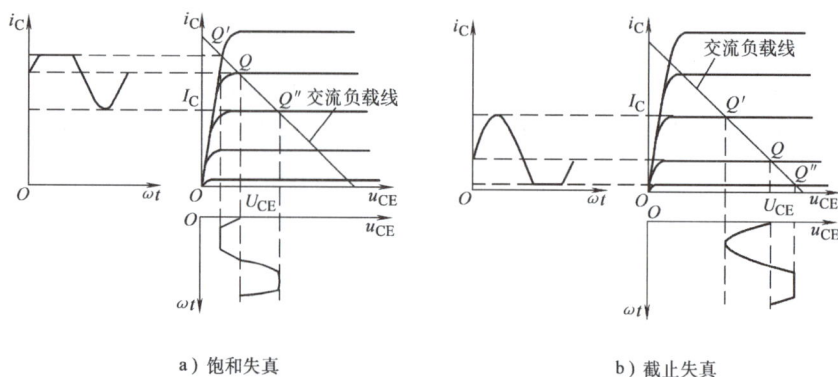

图 2-10　静态工作点对非线性失真的影响

2.5　分压式偏置放大电路

当环境温度升高时，晶体管的电流放大系数 β 和反向饱和电流将增大，发射结压降 U_{BE} 将减小，由式（2-8）和式（2-9）可以看出，温度升高引起晶体管上述参数的变化，都集中地表现为静态电流 I_C 的增大，从而使晶体管的静态工作点在特性曲线上向饱和区移动，从而造成放大电路工作的不稳定。在温度变化时，如果能设法使 I_C 维持恒定，就可以解决这一问题。

分压式偏置放大电路如图 2-11a 所示，它可以从电路本身来解决静态工作点的稳定问题。

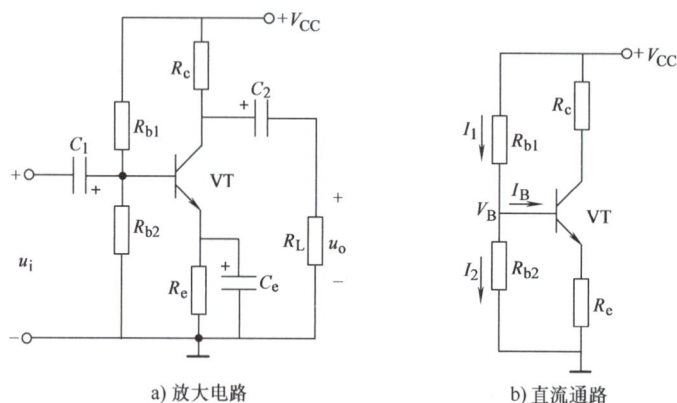

a) 放大电路　　　　　　　　　　b) 直流通路

图 2-11　分压式偏置放大电路

1. 稳定静态工作点的原理

（1）用分压电阻固定基极电位 V_B　如图 2-11b 所示，设流过电阻 R_{b1} 和 R_{b2} 的电流分别是 I_1 和 I_2，显然 $I_1 = I_2 + I_B$，一般 I_B 较小，所以只要合理选择参数，使 $I_1 \gg I_B$，即可认为 $I_1 \approx I_2$，这样，基极电位为

$$V_B = \frac{V_{CC}}{R_{b1} + R_{b2}} R_{b2} \tag{2-14}$$

该式表明 V_B 只与 V_{CC} 和电阻 R_{b1}、R_{b2} 有关，它们受温度的影响很小，可以认为 V_B 为固定值，不随温度的变化而变化。

（2）利用发射极电阻 R_e 的作用实现静态工作点的稳定　其稳定静态工作点的过程如下：

$$T\uparrow \rightarrow I_C\uparrow \rightarrow V_E\uparrow \xrightarrow{\ V_B\ 稳定\ } U_{BE}\downarrow \rightarrow I_B\downarrow \rightarrow I_C\downarrow$$

如果合理选择参数，使 $V_B \gg U_{BE}$，则有

$$I_C \approx I_E = \frac{V_B - U_{BE}}{R_e} \approx \frac{V_B}{R_e} \tag{2-15}$$

上式说明 I_C 是稳定的，它只与固定电压和电阻有关，和 β 无关，同时在更换晶体管时，不会改变原先已调好的静态工作点。

2. 电路参数的估算

（1）静态工作点的估算　分压式偏置放大电路的直流通路如图 2-11b 所示。可得

$$V_B = \frac{V_{CC}}{R_{b1} + R_{b2}} R_{b2} \tag{2-16}$$

$$I_C \approx I_E = \frac{V_B - U_{BE}}{R_e} \tag{2-17}$$

$$I_B = \frac{I_C}{\beta} \tag{2-18}$$

$$U_{CE} = V_{CC} - I_C R_c - I_E R_e \approx V_{CC} - I_C(R_c + R_e) \tag{2-19}$$

（2）交流参数的估算　分压式偏置放大电路的微变等效电路如图 2-12 所示。可得

$$u_i = i_b r_{be} \qquad u_o = -i_c(R_c /\!/ R_L)$$

所以　$$A_u = \frac{u_o}{u_i} = -\frac{\beta(R_c /\!/ R_L)}{r_{be}} \tag{2-20}$$

$$r_i = R_{b1} /\!/ R_{b2} /\!/ r_{be} \tag{2-21}$$

$$r_o \approx R_c \tag{2-22}$$

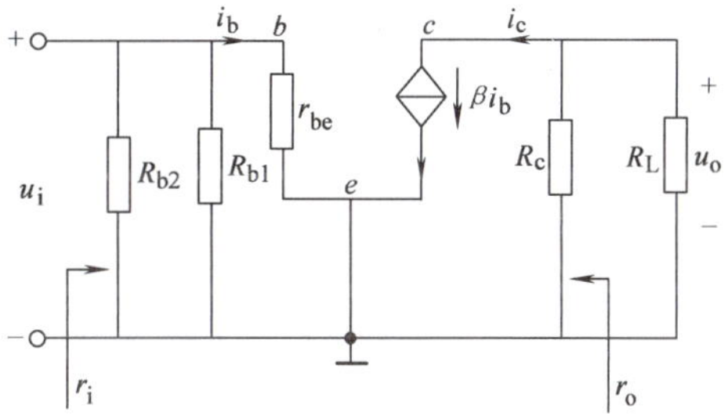

图 2-12　微变等效电路

例 2-3　电路如图 2-11a 所示，已知：$V_{CC} = 12\mathrm{V}$，$R_{b1} = 20\mathrm{k\Omega}$，$R_{b2} = 10\mathrm{k\Omega}$，$R_L = 4\mathrm{k\Omega}$，$R_c = R_e = 2\mathrm{k\Omega}$，$r'_{bb} = 300\Omega$，$\beta = 40$。

（1）估算静态工作点 Q。

（2）求电路的交流参数。

解：（1）由式（2-16）~式（2-19）得

$$V_B = \frac{V_{CC}}{R_{b1} + R_{b2}} R_{b2} = \frac{12}{20 + 10} \times 10\mathrm{V} = 4\mathrm{V}$$

$$I_C \approx I_E = \frac{V_B - U_{BE}}{R_e} = \frac{4 - 0.7}{2}\mathrm{mA} = 1.65\mathrm{mA}$$

$$I_B = \frac{I_C}{\beta} = 41\mathrm{\mu A}$$

$$U_{CE} = V_{CC} - I_C R_c - I_E R_e \approx V_{CC} - I_C(R_c + R_e) = [12 - 1.65 \times (2 + 2)]\mathrm{V} = 5.4\mathrm{V}$$

（2）由式（2-10）、式（2-20）、式（2-21）、式（2-22）得

$$r_{be} = r'_{bb} + (1 + \beta) \frac{26mV}{I_C} = \left[300 + (1 + 40) \times \frac{26}{1.65} \right] \Omega = 0.95k\Omega$$

$$A_u = \frac{u_o}{u_i} = -\frac{\beta(R_c /\!/ R_L)}{r_{be}} = -\frac{40 \times (2 /\!/ 4)}{0.95} = -56$$

$$r_i = R_{b1} /\!/ R_{b2} /\!/ r_{be} = (20 /\!/ 10 /\!/ 0.95)k\Omega \approx 0.83k\Omega$$

$$r_o \approx R_c = 2k\Omega$$

想一想

对分压式偏置放大电路，当更换晶体管时，对放大电路的静态值有无影响？
分压式偏置放大电路是怎样实现工作点的稳定的？

2.6　放大电路的共集和共基组态

2.6.1　基本共集放大电路

基本共集放大电路如图 2-13a 所示，其组成原则同共射电路一样，外加电源的极性要保证晶体管发射结正偏，集电结反偏，同时保证放大管有一个合适的 Q 点。

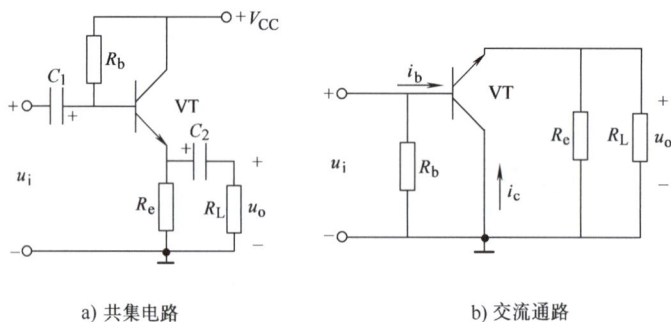

a) 共集电路　　　　　　　　b) 交流通路

图 2-13　基本共集放大电路

1. 静态工作点的计算

$$I_B = \frac{V_{CC} - U_{BE}}{R_b + (1 + \beta)R_e} \tag{2-23}$$

$$I_C = \beta I_B \tag{2-24}$$

$$U_{CE} = V_{CC} - I_E R_e \approx V_{CC} - I_C R_e \tag{2-25}$$

2. A_u、r_i、r_o 的计算

$$A_u = \frac{u_o}{u_i} = \frac{(1 + \beta)(R_e /\!/ R_L)}{r_{be} + (1 + \beta)(R_e /\!/ R_L)} \approx 1 \tag{2-26}$$

$$r_i = R_b /\!/ [r_{be} + (1 + \beta)(R_e /\!/ R_L)] \tag{2-27}$$

$$r_o \approx \frac{r_{be}}{\beta} \tag{2-28}$$

不管是哪一种共集电极放大电路,它们的共同特点如下。

1)输入信号和输出信号同相。

2)输入电阻大,输出电阻小,因此既能有效地接收信号源的输入信号,又利于把输出信号传送给负载。

3)电路放大倍数小于1而近似等于1,即输出电压与输入电压近似相等,因此共集电极放大电路又称电压跟随器,或射极输出器。

2.6.2 基本共基放大电路

常见的共基放大电路如图2-14a所示。

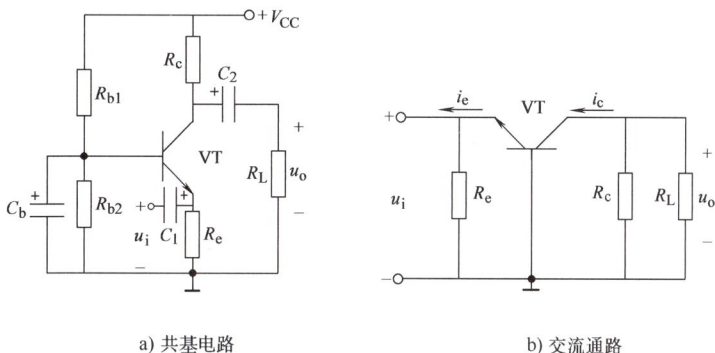

a) 共基电路   b) 交流通路

图 2-14 基本共基放大电路

基本共基放大电路静态工作点的计算和分压式偏置放大电路完全一致。

交流通路如图2-14b所示,共基放大电路 A_u、r_i、r_o 的计算式为

$$A_u = \beta \frac{R_c /\!/ R_L}{r_{be}} \tag{2-29}$$

$$r_i = \frac{r_{be}}{\beta} \tag{2-30}$$

$$r_o = R_c \tag{2-31}$$

共基放大电路的输入和输出同相位,放大倍数的绝对值大小、输出电阻都和共射放大电路一致,输入电阻很小。它的频带较宽,在高频放大电路中常被采用。

2.6.3 放大电路三种基本组态的比较

三种组态放大电路的性能参数的比较见表2-1。

表 2-1 三种组态放大电路的性能参数的比较

	共 射 电 路	共 集 电 路	共 基 电 路
电路图	图2-6	图2-13a	图2-14a
静态工作点	$I_B = \dfrac{V_{CC} - U_{BE}}{R_b} \approx \dfrac{V_{CC}}{R_b}$ $I_C = \beta I_B$ $U_{CE} = V_{CC} - I_C R_c$	$I_B = \dfrac{V_{CC} - U_{BE}}{R_b + (1+\beta) R_e}$ $I_C = \beta I_B$ $U_{CE} = V_{CC} - I_C R_e$	$V_B = \dfrac{V_{CC}}{R_{b1} + R_{b2}} R_{b2}$ $I_C = \dfrac{V_B - U_{BE}}{R_e}$ $I_B = \dfrac{I_C}{\beta}$ $U_{CE} = V_{CC} - I_C (R_e + R_c)$

（续）

	共 射 电 路	共 集 电 路	共 基 电 路
r_i	$R_b /\!/ r_{be}$	$R_b /\!/ [r_{be} + (1+\beta)(R_e /\!/ R_L)]$	$\dfrac{r_{be}}{\beta}$
r_o	R_c	$\dfrac{r_{be}}{\beta}$	R_c
A_u	$-\dfrac{\beta(R_c /\!/ R_L)}{r_{be}}$	$\dfrac{(1+\beta)(R_e /\!/ R_L)}{r_{be} + (1+\beta)(R_e /\!/ R_L)} \approx 1$	$\beta \dfrac{R_c /\!/ R_L}{r_{be}}$
相位	u_o 与 u_i 反相	u_o 与 u_i 同相	u_o 与 u_i 同相
高频特性	差	好	好
用途	低频放大和多级放大电路的中间级	多级放大电路的输入级、输出级和中间缓冲级	高频电路、宽频带电路和恒流源电路

想一想

射极输出器有哪些特点？它主要应用于哪些场合？

射极输出器无电压放大作用，因而也无功率放大作用，这种说法对吗？

2.7　放大电路的耦合方式及频率特性

2.7.1　放大电路的耦合方式

在实际应用中，为了得到较高的放大倍数，往往把多个单级放大电路连接起来，组成多级放大电路。

多级放大电路的组成可用图 2-15 所示的框图来表示。其中，输入级与中间级的主要作用是实现电压放大，输出级的主要作用是功率放大，以推动负载工作。

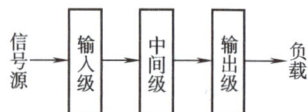

图 2-15　多级放大电路的框图

在多级放大电路中，把级与级之间的连接方式称为耦合方式。而级与级之间耦合时，必须满足以下要求：

1）耦合后，各级电路仍具有合适的静态工作点。

2）耦合后，要保证信号在级与级之间能够顺利地传输过去。

3）耦合后，多级放大电路的性能指标必须满足实际的要求。

为了满足上述要求，一般常用的耦合方式有：阻容耦合、直接耦合和变压器耦合。

1. 阻容耦合方式

把级与级之间通过电容连接的方式称为阻容耦合方式。两级阻容耦合放大电路如图 2-16 所示。

（1）电路分析　阻容耦合多级放大电路中各级的静态工作点相互独立，可以单独计算，方法与单级是一样的。在动态分析时可以这样处理前后级之间的影响：把后级的输入电阻看成前级的负载；或把前级的输出看成后级的信号源，该信号源的内阻等于前级的输出电阻，信号源电压为后级断开时前级的输出电压（这两种方法只能用一种）。

1）电压放大倍数 A_u。图 2-17 所示为两级阻容耦合放大电路动态参数框图。其电压放大倍数为

$$A_u = \frac{u_o}{u_i} = \frac{u_{o2}}{u_{i1}} = \frac{u_{o1}}{u_{i1}} \cdot \frac{u_{o2}}{u_{i2}} = A_{u1} \cdot A_{u2} \tag{2-32}$$

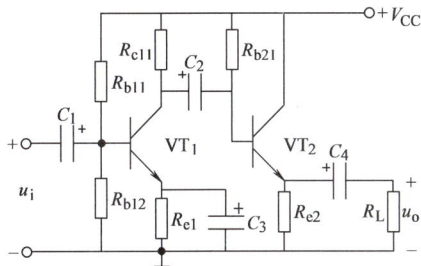

图 2-16　两级阻容耦合放大电路

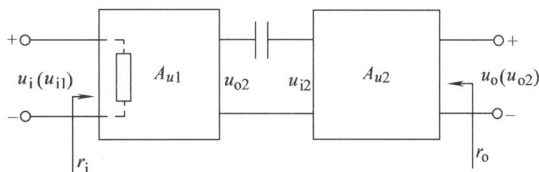

图 2-17　两级阻容耦合放大电路动态参数框图

由于前级的输出电压就是后级的输入电压，故 $u_{o1} = u_{i2}$；A_{u1}、A_{u2} 为把后级的输入电阻看成前级负载时的每一级的电压放大倍数。因此，多级放大电路的电压放大倍数等于各级电压放大倍数之积，对于 n 级放大电路，有

$$A_u = A_{u1} \cdot A_{u2} \cdot A_{u3} \cdot \cdots \cdot A_{un} \tag{2-33}$$

2）输入电阻 r_i。多级放大电路的输入电阻 r_i 就是第一级的输入电阻 r_{i1}，即

$$r_i = r_{i1} \tag{2-34}$$

3）输出电阻 r_o。对于 n 级放大电路，其输出电阻等于第 n 级（最后一级）的输出电阻 r_{on}，即

$$r_o = r_{on} \tag{2-35}$$

（2）阻容耦合放大电路的特点　阻容耦合放大电路的优点：因电容具有"隔直"作用，所以各级电路的静态工作点相互独立，互不影响。这给放大电路的分析、设计和调试带来了很大方便。此外，它还具有体积小，重量轻等优点。

阻容耦合放大电路的缺点：因电容对交流信号具有一定的容抗，在信号传输过程中，会有一定的衰减，尤其对于变化缓慢的信号，容抗很大，不便于传输。此外，在集成电路中，制造大容量的电容很困难，因此这种耦合方式下的多级放大电路不便于集成。

2. 直接耦合方式

为了避免电容对缓慢变化的信号在传输过程中带来的不良影响，也可以把级与级之间直接用导线连接起来，这种连接方式称为直接耦合方式。其电路如图 2-18 所示。

（1）电路分析　计算直接耦合放大电路的静态工作点时，可根据直流回路列出相应的回路方程组进行求解。由于各级工作点相互影响，使上述计算变得较为复杂，因此有时可作某些合理的近似，以便简捷地估算出各级的工作点。例如，后级的基极

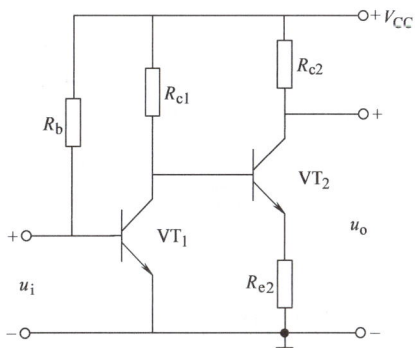

图 2-18　直接耦合放大电路

电流因远小于前级的集电极电流，则在计算前级的集电极电流时可忽略。

直接耦合放大电路的动态分析与阻容耦合放大电路一样，不再重复。

（2）直接耦合的特点　它的优点：既可以放大交流信号，也可以放大直流信号和变化非常缓慢的信号；电路简单，便于集成，所以在集成电路中采用这种耦合方式。

它的缺点：存在着各级静态工作点相互牵制和零点漂移这两个问题。

3. 变压器耦合方式

把级与级之间通过变压器连接的方式称为变压器耦合方式。其电路如图 2-19 所示。

变压器耦合的特点：

1）优点：因变压器不能传输直流信号，只能传输交流信号和进行阻抗变换，所以，各级电路的静态工作点互相独立，互不影响。改变变压器的匝数比，容易实现阻抗变换，因而容易获得较大的输出功率。

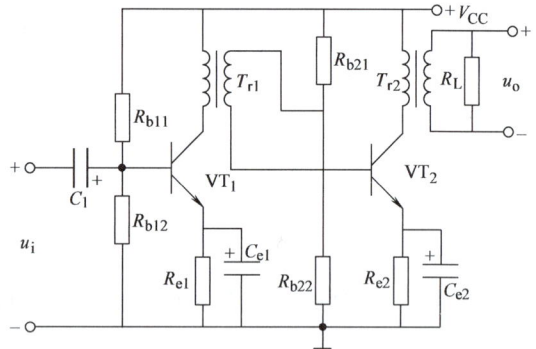

图 2-19　变压器耦合放大电路

2）缺点：变压器体积大而且比较重，不便于集成。同时频率特性差，也不能传送直流信号和变化非常缓慢的信号。

2.7.2　放大电路的频率特性

以上分析的放大电路，均是假设其输入信号为单一频率的正弦信号，但在实际应用中所遇到的信号并非单一频率。由于放大电路一般都有电抗元件，且放大器本身存在极间电容，它们对各种频率呈现的电抗值是不同的，因而使放大电路对不同频率信号的放大倍数也不同。我们将放大电路的放大倍数与频率的关系称为频率特性或频率响应。

1. 频率特性的基本概念

在研究频率特性时，放大电路中电抗元件的影响不能忽略，因此其电压放大倍数应该用复数表示，其放大倍数与频率的关系为

$$\dot{A}_u = |\dot{A}_u(f)| \underline{/\varphi(f)} \tag{2-36}$$

式中，$|\dot{A}_u(f)|$ 表示放大倍数的模与频率的关系，称为幅频特性；$\underline{/\varphi(f)}$ 表示放大倍数的相位与频率的关系，称为相频特性。

图 2-20a 所示为阻容耦合共射放大电路，图 2-20b 所示为其电路的幅频特性曲线和相频特性曲线。由图 2-20b 所示的幅频特性曲线可知，曲线在中间段较宽的频率范围内是平坦的，即电压放大倍数的幅值不随信号频率变化。这是因为在这个频率范围内，耦合电容的容抗较小，均可视为短路；晶体管的极间电容的容抗较大，可视为开路。通常这段频率范围称为中频区。当频率降低时，晶体管的极间电容的容抗较中频段更大，对电路工作无影响，但这时耦合电容、旁路电容的容抗变大，电容两端的压降变大，造成信号在传送过程中严重损失，从而使电压放大倍数下降。当频率较高时，耦合电容和旁路电容的影响显然可以忽略不计，但晶体管的极间电容的容抗随频率的增加而减小，由于它们关联在电路中，从而使放大倍数下降。

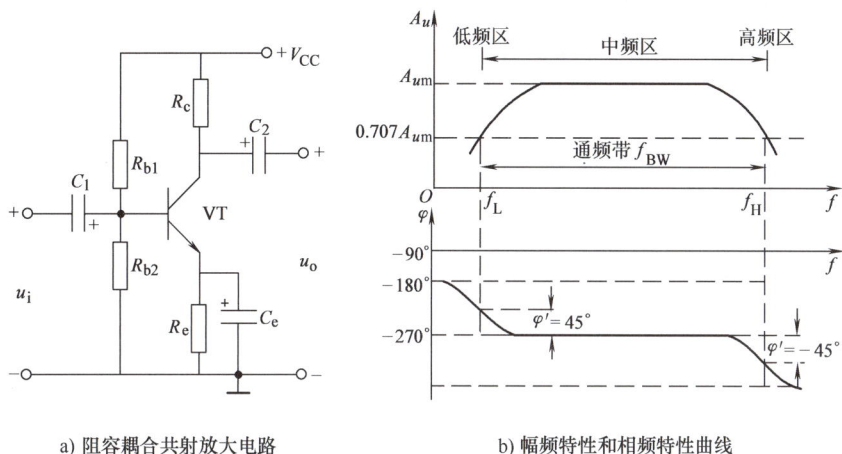

a) 阻容耦合共射放大电路　　　　b) 幅频特性和相频特性曲线

图 2-20　放大电路的频率响应特性

2. 通频带 f_{BW}

将放大电路在中频段的电压放大倍数称为中频电压放大倍数，用 A_{um} 表示。工程上将放大电路的电压放大倍数下降到 $0.707A_{um}$ 时，相对应的低频频率点与高频频率点分别称为下限频率 f_L 和上限频率 f_H。上限频率 f_H 和下限频率 f_L 之间的频率范围称为通频带，用 f_{BW} 表示，即

$$f_{BW} = f_H - f_L \tag{2-37}$$

通频带反映了放大电路对不同频率输入信号的适应能力，它是放大电路的一项重要技术指标。

💡 想一想

多级放大电路的耦合方式有哪几种？

与阻容耦合放大电路相比，直接耦合放大电路有哪些特殊问题？

2.8　差动放大电路

直接耦合放大电路既能放大交流信号又能放大直流信号，但由于各级静态工作点互相影响，因而输入级工作点的微小变化，经放大后会在输出端产生较大的变化。将图 2-18 所示的直接耦合电路的输入端短路，用直流毫伏表测量放大电路的输出端，会有忽大忽小缓慢变化的输出电压，这种现象称为零点漂移。

产生零点漂移的原因是多种多样的，元器件参数的变化、电源电压的波动和温度的变化等，都将引起输出电压的漂移。在阻容耦合放大电路中，这种缓慢变化的漂移电压被耦合电容所隔离，不会传到下一级进行放大。但在直接耦合放大电路中，前一级的漂移电压和有用信号一起直接传递到下一级，逐级放大，使得放大电路不能正常工作。其中，由于温度变化所引起的晶体管参数的变化是产生零点漂移现象的主要原因，因此也称为温度漂移。克服零

点漂移最好的办法是采用差动放大电路。

图 2-21 所示的电路为用两个晶体管组成的差动放大电路，电路结构对称。在理想情况下，两个晶体管及其对应电阻元件的参数值都相同，因而它们的静态工作点也必然相同。信号电压 u_{i1} 和 u_{i2} 由两管的基极输入，输出电压 u_o 是两晶体管之间的集电极电压。

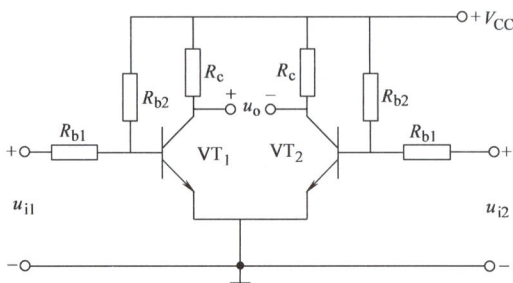

图 2-21　基本差动放大电路

1. 零点漂移的抑制

在静态时，$u_{i1} = u_{i2} = 0$，即相当于图 2-21 所示电路中两边输入端短路，由于电路的对称性，两边的集电极电流相等，集电极电位也相等，即 $I_{C1} = I_{C2}$，$V_{C1} = V_{C2}$，故输出电压为

$$u_o = V_{C1} - V_{C2} = 0$$

当温度升高（或降低）时，两管的集电极电流、集电极电位都变化了相同的数值，即 $\Delta I_{C1} = \Delta I_{C2}$，$\Delta V_{C1} = \Delta V_{C2}$，虽然两管都产生了零点漂移，但由于两管集电极电位的变化是互相抵消的，所以输出电压仍然为零，即

$$u_o = V_{C1} + \Delta V_{C1} - (V_{C2} + \Delta V_{C2}) = 0$$

由此可见，差动放大电路抑制了零点漂移。

2. 信号输入

差动放大电路信号输入的方式是多种多样的，通常有以下几种方式。

（1）共模输入　两个输入信号的电压大小相等、相位相同，这样的一对信号称为共模信号，这样的输入方式称为共模输入。

在共模输入信号的作用下，对于理想的差动放大电路来说，显然两管的集电极电位变化相同，输出电压等于 0，因此差动放大电路对共模信号的放大倍数为零，亦即差动放大电路能抑制共模信号。

（2）差模输入　两个输入信号的电压大小相等，相位相反，这样的一对信号称为差模信号，这样的输入方式称为差模输入。

设 u_{i1} 大于零，u_{i2} 小于零，则 u_{i1} 使 VT_1 的集电极电流增大了 ΔI_{C1}，VT_1 的集电极电位降低了 ΔV_{C1}（为负值）；而 u_{i2} 却使 VT_2 的集电极电流减少了 ΔI_{C2}，VT_2 的集电极电位升高了 ΔV_{C2}（为正值）。对于理想差动放大电路，有 $\Delta V_{C1} = -\Delta V_{C2}$，所以 $u_o = \Delta V_{C1} - \Delta V_{C2} = -2\Delta V_{C2} = 2\Delta V_{C1}$。由此可见，差动放大电路能够放大差模信号，在差模信号的作用下，差动放大电路的输出电压为两晶体管各自输出电压变化量的两倍。

3. 共模抑制比

差动放大电路的主要优点是可以有效地放大差模信号、抑制共模信号。对差模信号的放大倍数越大，对共模信号的放大倍数越小，放大电路的性能就越好。为全面描述这一性能，

引入共模抑制比 K_{CMRR} 这一参数，共模抑制比定义为差模电压放大倍数 A_{ud} 与共模电压放大倍数 A_{uc} 之比的绝对值，即

$$K_{CMRR} = \left| \frac{A_{ud}}{A_{uc}} \right| \tag{2-38}$$

共模抑制比用常用对数（单位：dB）表示为

$$K_{CMR} = 20\lg \left| \frac{A_{ud}}{A_{uc}} \right| \tag{2-39}$$

理想差动放大电路的共模电压放大倍数 A_{uc} 为 0，则共模抑制比 K_{CMRR} 趋于无穷大，即输出漂移电压为 0V。但实际上差动放大电路不可能完全对称，输入共模信号时总会有一定的输出电压，即共模电压放大倍数 A_{uc} 不为 0。电路对称性越差，A_{uc} 越大，共模抑制比 K_{CMRR} 越小，说明放大电路的零点漂移越严重。总之，K_{CMRR} 代表了电路抑制零点漂移的能力，代表了电路工作的稳定程度，它是衡量和评定差动放大电路质量优劣的重要指标。

实际应用中的差动放大电路在简单差动放大电路的基础上有所改进。常用的差动放大电路有双端输入-双端输出、单端输入-双端输出、双端输入-单端输出和单端输入-单端输出四种接法。

想一想

直接耦合放大电路存在零点漂移的原因是什么？

差动放大电路中的发射极电阻有什么作用？是不是越大越好？

差动放大电路能够抑制温度漂移的本质是什么？

2.9 放大电路调试的基本方法

放大器种类很多，要求也不同，这里以小信号低频放大器为例，说明放大电路的基本调试方法。

1. 通电前的检查

电路安装完毕后，必须在不通电的情况下，对电路进行认真细致的检查，以便纠正安装错误。检查中应特别注意：

1）元器件引脚之间有无短路。

2）电源的正、负极有没有接反，正、负极之间有没有短路现象。

3）元器件引脚接线有没有接错，型号及安插方向对不对，引脚连接处有无接触不良等。

检查中，可借助指针式万用表 R×1 档或数字式万用表电阻档的蜂鸣器来测量。测量时应直接测量元器件引脚，这样可以同时发现接触不良的地方。

2. 通电调试

通电调试包括测试和调整两个方面，测试是对安装完成的电路参数及工作状态进行测量，以便提供调整电路的依据，经过反复测量和调整，就可使电路性能达到要求。

（1）通电观察 把经过准确测量的电源电压接入电路，此时，应先观察有无异常现象，

这包括电路中有无冒烟、有无异常气味以及元器件是否发烫，电源输出有无短路现象等。如出现异常现象，则应立即断电源、检查电路、排除故障，待故障排除后方可重新接通电源。

（2）静态调试　放大电路接通直流电源后，令放大电路输入信号为零（必要时将输入端对"地"交流短路）。用直流电压表（一般采用万用表直流档）测量电路有关点的直流电位，并与理论估算值比较。若偏差太大或不正常，则应检查电路有没有故障，测量有没有错误以及读数是否看错等。

调整测量放大电路静态工作状态的目的，是为了保证放大器能工作在放大状态，同时，通过直流电位的测量，可发现电路设计、电路安装及电路元器件损坏等故障。因此，放大电路的静态调试是极为重要的。在进行静态调试时应注意以下几点：

1）电路中不应存在寄生振荡及干扰。

2）应考虑直流电压表内阻对测量结果的影响，因为直流电压表的内阻将对被测电路产生分流，使测量结果偏小。被测电路阻值越大，这种影响也就越大。

3）若要测量电路中的电流，一般不采用断开电路串入电流表的方法测量，而是用电压表测量已知电阻上的压降，然后通过换算得到电流。

（3）动态调试　动态调试应在静态已完成的基础上进行。动态调试的目的是为了使放大电路增益、输出电压动态范围、波形失真、输入和输出电阻等性能达到要求。

在电路的输入端接入适当频率和幅度的信号，并循着信号的流向，逐级检测各有关点的波形、参数（或电位），并通过计算测量结果，估算电路性能指标，然后进行适当调整，使指标达到要求（若发现工作不正常，应先排除故障后，再进行动态测量和调整）。要使动态调试过程快、效果好，则在调试时应注意以下几点：

1）调试前先要熟悉各种仪器的使用方法，并仔细加以检查，以避免由于仪器使用不当，或仪器的性能达不到要求（如测量电压的仪器输入电阻比较低、频带过窄等）而造成测量结果不准，以致做出错误的判断。

2）测量仪器的地线和被测量电路的地线应连接在一起，并形成系统的参考地电位，这样才能保证测量结果的正确性。

3）接线要用屏蔽线，屏蔽线的外屏蔽层要接到系统的地线上。在频率比较高时，要使用带探头的测量线，以减小分布电容的影响。

4）要正确选择测量点和测量方法。

5）测试过程中，不但要认真观察测量，还要记录并善于进行分析、判断。

3. 故障的排除

电路出现故障是常见的，每个学生都必须认真对待。查找故障时，首先要有耐心，还要细心，切忌马马虎虎，同时还要开动脑筋，认真进行分析、判断。现将查找故障的一般方法叙述如下。

（1）认真查线　当电路不能正常工作时，应关断直流电源，再认真检查电路是否有接错及掉线、断线，有没有接触不良、元器件损坏、元器件用错及元器件引脚接错等。查找时可借助万用表进行。

（2）认真检查直流工作状态　线路检查完毕后，若电路仍不能正常工作，则可将电路接通直流电源，测量被测电路主要点的直流电位，并与理论设计值进行比较，以便发现不正常的现象（很多故障原因可通过测量直流电位找到）。

（3）动态检查　在电路输入端加入输入信号，用示波器由前级向后级逐级观察有关点的电压波形，并测量其大小是否正常。必要时可断开后级进行测量，以判断故障在前级还是在后级。

在进行故障检查时，需注意测量仪器所引起的故障。例如，测量仪器本身故障或测量仪器使用方法不当可造成仪器设备不能正常工作或造成测量数值错误；仪器连接方法不当可造成仪器之间的故障。此外，测试线故障（如测试线断线、接触不良等）、测试点接错等，都可能造成故障。

2.10　技能训练：单级放大电路的装接与测试

【实训目标】

1）了解单级共射放大电路的组成。

2）学会放大电路静态工作点的调试方法。

3）掌握放大电路中各参数的作用及关系。

【实训器材】

直流稳压电源、函数信号发生器、双踪示波器、交流毫伏表、万用表各 1 个，晶体管 3DG6（β 为 50～100）1 只，电阻器、电容若干。

【实训要求】

1）严禁带电对电路进行连接及拆除操作。

2）正确使用仪器仪表及实训设备。

3）不要乱动与本次实训无关的仪器仪表。

4）实训结束要进行整理、清理等 7S 活动。

【实训内容及步骤】

1. 单级放大电路的装接

实训采用的单级放大电路是图 2-22 所示的分压式偏置电路。

1）用万用表检测实训中晶体管，判断晶体管的好坏和极性。

2）根据实训室提供仪器仪表及元器件，按图 2-22 连接电路，将 RP 的阻值调到最大位置。

2. 静态调试

1）仔细检查接线，确认无误后接通电源。

2）调整 RP 使 $V_E = 3.0\text{V}$。关断电源，用万用表测量此时的 RP 值与 R_{b1} 的值，将其相加后填入表 2-2 中 R_b 栏中。

3）再次接通电源，用万用表测量 V_B 和 V_C 的值并记录到表 2-2 中。根据表中测量数据计算出 U_{BE}、U_{CE} 和 I_C 的值。

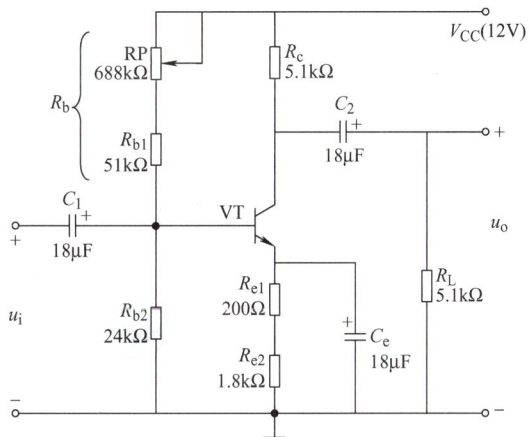

图 2-22　分压式偏置电路

表 2-2　单级放大电路静态参数值

测量值			据测量值计算		
V_B/V	V_C/V	$R_b/k\Omega$	U_{BE}/V	U_{CE}/V	I_C/mA

3. 动态分析

1）调节函数信号发生器输出频率为 1kHz，幅值为 10mV 的正弦信号，接到放大电路输入端，用示波器观察放大电路输出电压 u_o 的波形，在波形不失真的条件下，用交流毫伏表分别测量放大电路输入、输出端电压，根据测量值计算出放大电路的电压放大倍数 A_u，并与估算比较，将结果记入表 2-3 中。

2）用示波器观察输入端 u_i 与输出端 u_o 的波形并对两者进行比较。

表 2-3　测算结果

	测量值		计算值	估算值	观察并记录一组 u_i 和 u_o 波形
$R_L/k\Omega$	U_i/mV	U_o/mV	A_u	A_u	
∞					
5.1					

若失真或观察不明显，可调整 u_i 的幅值。

【实训效果评价】

1）按电路图完成放大电路的连接。（10 分）

2）正确测量与计算放大电路的静态参数。（20 分）

3）正确测量与计算放大电路的动态参数。（30 分）

4）正确测量并绘制放大电路输入/输出电压波形。（20 分）

5）实训过程中安全文明操作。（20 分）

要求：工具排放整齐，严格遵守安全操作规程，符合"7S"管理要求。

【分析与思考】

1）直流电源在放大电路中起什么作用？

2）RP 的大小变化，对晶体管放大电路静态工作点有什么影响？

3）I_C 如何测量？

本章小结

（1）放大电路有直流通路和交流通路两种。交流信号是叠加在直流量的基础上进行放大的，所以放大电路工作时交直流共存。

（2）放大电路的分析方法有估算法、图解法和等效电路法。其步骤都分两步：静态分析和动态分析。放大电路正常放大的前提条件是外加电源电压的极性要保证晶体管的发射结正偏，集电结反偏，并有一个合适的静态工作点 Q。

（3）基本放大电路有三种基本组态，即共射极、共集极和共基电路，它们各有自身的特点。

（4）分压式偏置放大电路能够稳定静态工作点，在实际应用中被广泛采用。

（5）多级放大电路的级间耦合方式有阻容耦合、变压器耦合和直接耦合三种方式。它们的电压放大倍数为各级电压放大倍数的乘积，输入电阻为第一级的输入电阻，输出电阻为最后一级的输出电阻。

（6）放大电路的频率特性衡量了放大电路对不同频率信号的适应程度，通频带 $f_{BW} = f_H - f_L$，放大器只对通频带内的信号进行正常的放大。

（7）温度对晶体管的影响是产生零点漂移的主要原因。差动放大电路能有效地抑制零点漂移。共模抑制比反映了电路抑制零点漂移的能力，是差动放大器的重要性能指标。

（8）放大电路的调试主要是进行静态调试和动态调试。静态调试一般采用万用表直流电压档测量放大电路的直流工作点。动态调试的目的是为了使放大电路增益、输出电压动态范围、波形失真、输入和输出电阻等性能达到要求。

习题二

2-1 若放大电路的放大倍数为 $A_{u1} = 1000$，$A_{u2} = 280$，试分别用分贝数来表示。

2-2 电路如图 2-11 所示，晶体管的 $\beta = 80$，$V_{CC} = 12V$，$R_c = 2.5k\Omega$，$R_e = 1k\Omega$，$R_{b1} = 36k\Omega$，$R_{b2} = 8.2k\Omega$。①估算其静态工作点。②求未接负载和接负载 $R_L = 2k\Omega$ 时的电压放大倍数。

2-3 试判断图 2-23 所示的电路能否放大交流电压信号？为什么？

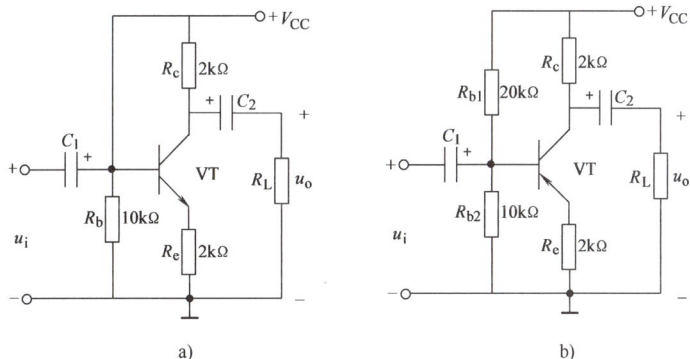

图 2-23 习题 2-3 图

2-4 晶体管放大电路如图 2-24 所示，已知 $V_{CC} = 12V$，$R_c = 3k\Omega$，$R_b = 240k\Omega$，$R_L = 3k\Omega$，晶体管的 $\beta = 40$。

（1）求静态值 I_B、I_C 和 U_{CE}。

（2）在静态时，C_1 和 C_2 上的电压各为多少？并标明极性。

2-5 在图 2-25 所示的电路中，晶体管为锗管，$V_{CC} = 12V$，$R_c = 3k\Omega$，$\beta = 40$，如果将静态值 I_C 调到 1.5mA，问 R_b 应调节到多少？若不慎调到 0，对晶体管有何影响？通常采用何种措施来防止这种情况发生？

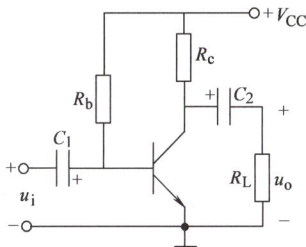

图 2-24 习题 2-4 图　　图 2-25 习题 2-5 图

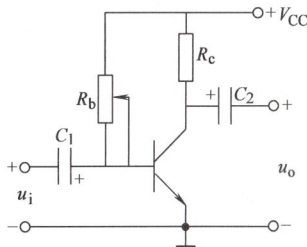

2-6 一单管放大电路如图 2-26 所示，$V_{CC} = 12V$，$R_c = 5k\Omega$，$R_b = 500k\Omega$，可变电阻 RP 串联于基极电路，晶体管 $\beta = 60$。

(1) 若要使 $U_{CE} = 7V$，求 RP 的阻值。

(2) 若要使 $I_C = 1.5mA$，求 RP 的阻值。

(3) 若 $R_b = 0$，则此电路可能会发生什么问题？

2-7 放大电路如图 2-27 所示，晶体管的 $\beta = 40$，电源 $V_{CC} = 12V$，$R_c = 3k\Omega$，$R_{b1} = 36k\Omega$，$R_{b2} = 8.2k\Omega$，$R_L = 3k\Omega$。

(1) 求静态值 I_B、I_C 和 U_{CE}。

(2) 求该电路的电压放大倍数。

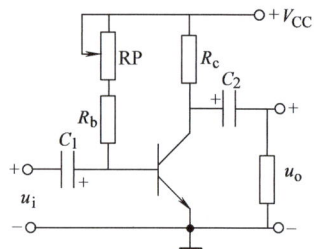

图 2-26 习题 2-6 图

2-8 放大电路如图 2-24 所示，晶体管的 $\beta = 60$，电源 $V_{CC} = 12V$，$R_c = 3k\Omega$，$R_b = 300k\Omega$。

(1) 画出交流等效电路。

(2) 求输入电阻和输出电阻。

(3) 求电压放大倍数。

2-9 实验时用示波器观测波形，输入为正弦波信号时，输出波形如图 2-28 所示，说明它们属于什么性质的失真（饱和、截止）？怎样才能消除失真？

2-10 如图 2-29 所示，$V_{CC} = 12V$，$R_{b1} = 51k\Omega$，$R_{b2} = 24k\Omega$，$R_c = 2k\Omega$，$R_{e1} = 100\Omega$，$R_{e2} = 2.2k\Omega$，$R_L = 6k\Omega$，晶体管的 $\beta = 60$，试求接入负载电阻 R_L 及未接 R_L 时，电路的电压放大倍数和输入、输出电阻各为多少？并画出微变等效电路。

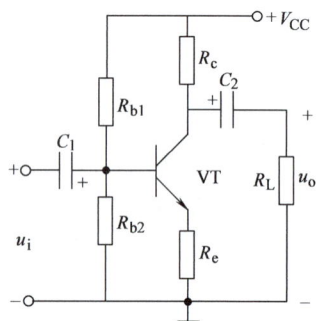

图 2-27 习题 2-7 图

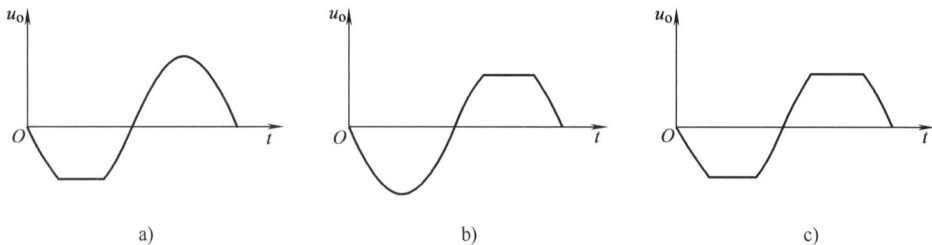

a)   b)   c)

图 2-28 习题 2-9 图

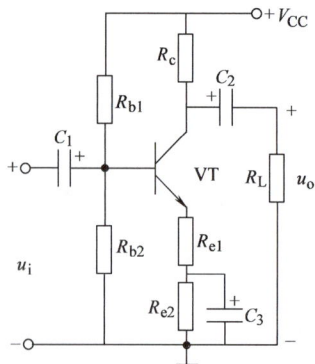

图 2-29 习题 2-10 图

第 3 章

负反馈放大电路

☑ 本章导读

　　电子设备中的放大电路，通常要求其放大倍数非常稳定，输入/输出电阻的大小、通频带以及波形失真等也应满足实际使用时的要求。前面我们学习过的基本放大电路和多级放大电路，由于受到半导体器件的热敏特性、电源电压的波动以及负载电阻的变化等因素的影响，放大电路的性能还不够完善。为了改善放大电路的性能，在放大电路中常常引入负反馈，这种放大电路称为负反馈放大电路。本章从反馈的基本概念入手，利用反馈放大电路的框图，分析负反馈对放大电路性能的影响，总结引入负反馈的一般原则，并对深度负反馈放大电路的计算做简要分析。

☑ 学习目标

　　知识目标：理解反馈的定义；熟悉反馈的分类；了解负反馈的框图和表达式；掌握负反馈的四种组态；负反馈的引入方法；了解负反馈对放大电路性能的影响。
　　能力目标：能测试和分析负反馈放大电路；会对深度负反馈放大电路进行简单计算。
　　素质目标：分析负反馈在控制系统中的应用，培养学生闭环思维。

☑ 课题引入

　　在日常生活中，电风扇的转速不能根据环境温度自动调节，必须通过档位来调速；而空调能够实现自动调温，当环境温度高于设定温度时，空调制冷系统自动开启，调定室温到设定值。这是为什么呢？

☑ 提　示

　　电风扇属于开环系统，没有检测数据的反馈网络；而空调机属于闭环控制系统，闭环控制有反馈环节，能根据检测到的温度进行自动开停机。

3.1　反馈的基本概念

3.1.1　反馈的定义

　　所谓反馈，就是通过一定的电路（称为反馈网络），把电子系统的输出量（电流或电压）的一部分或全部，返送到它的输入回路中，与原来的输入量（电流或电压）共同控制该电子系统，这种电压或电流的返送过程叫反馈。

　　在第 2 章中我们讨论了分压式偏置放大电路，现重画如图 3-1a 所示，此电路工作点的稳定就是通过反馈实现的，即

$$（温度\ T\uparrow）\rightarrow I_C\uparrow\rightarrow V_E\uparrow\rightarrow U_{BE}\downarrow\rightarrow I_B\downarrow\rightarrow I_C\downarrow$$

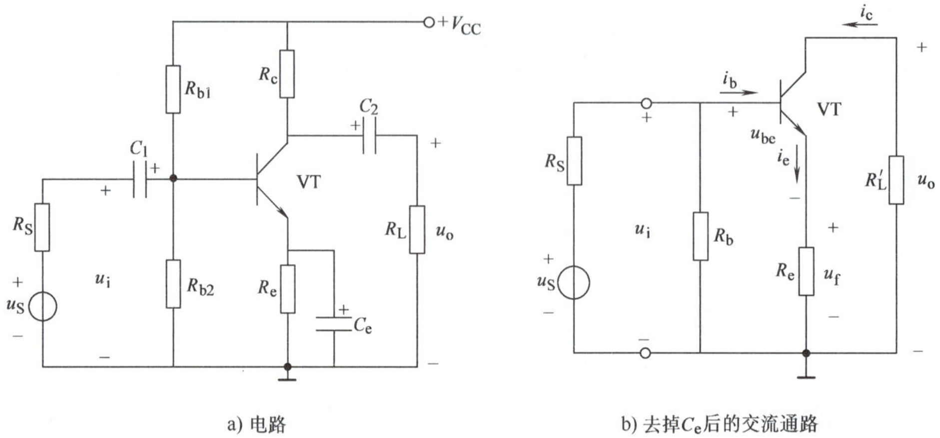

a) 电路　　　　　　　　　　　b) 去掉C_e后的交流通路

图 3-1　分压式偏置放大电路

可见，该电路的输出电流 I_C 通过 R_e 的作用得到 V_E，它与原 V_B 共同控制 U_{BE}，从而达到稳定静态电流 I_C 的目的。值得注意的是，当温度上升时，反馈的结果是抑制了 I_C 的增大，而不能误解为 I_C 比原来的初始值还小。

上述的反馈过程中，由于旁路电容 C_e 的存在，R_e 两端的电压降只反映集电极电流直流分量 I_C 的变化，这种电路只对直流量起反馈作用，称为直流反馈。当去掉 C_e 时，电路如图 3-1b 所示，R_e 两端的电压降同时也反映了集电极电流交流分量 i_c 的变化，即对交流信号也起反馈作用，称为交流反馈。例如，当输入电压 u_i 不变而晶体管 β 增大时，将有下述过程发生：

$$\beta\uparrow\rightarrow i_c\uparrow\rightarrow u_f=v_e\uparrow\rightarrow u_{be}(=u_i-u_f)\downarrow\rightarrow i_b\downarrow\rightarrow i_c\downarrow$$

要实现反馈，必须通过一个连接输出回路与输入回路的中间环节，图 3-1 所示电路中的 R_e 就起这个作用。因为 R_e 既与输出回路有关，又与输入回路有关，我们把这种起中间环节作用的元件叫反馈网络，而把引入反馈的放大电路叫作反馈放大电路，也叫闭环放大电路，而把未引入反馈的放大电路叫作开环放大电路。

判断电路中有无反馈存在，是根据电路中是否有沟通输出回路和输入回路的元件或支路（即有无反馈网络）来进行的。首先观察放大器的输入端与输出端之间有无相连的通路，若有，一定有反馈存在；其次观察有无既属于输入回路又属于输出回路的公共元件，若有，一定有反馈存在。否则，无反馈存在。

3.1.2　反馈的分类及判断

电路中的反馈形式很多，主要有以下几种。

1. 正反馈和负反馈

由于反馈放大电路的反馈信号与原输入信号共同控制放大电路，因此必然使输出信号受到影响，其放大倍数也将改变。根据反馈影响（即反馈性质）的不同，反馈分为正反馈和负反馈两类。如果反馈信号削弱输入信号，即在输入信号不变时输出信号比没有反馈时变小，导致放大倍数减小，这种反馈称为负反馈；反之，则为正反馈。正反馈虽然使放大倍数增大，但却使电路的工作稳定性变差，甚至产生自激振荡而破坏其放大作用，所以在电路中很少采用，而振荡器却正是利用正反馈的作用来产生振荡信号的。负反馈虽然降低了放大倍数，却使放大电路的性能得到改善，因此应用极为广泛，并且常把负反馈简称为反馈。本章主要讨论的是负反馈。

判断正、负反馈的方法是瞬时极性法。假设放大器输入端信号电压极性为"（ + ）"［表示瞬时电位的升高，瞬时电位的降低用"（ – ）"表示］，然后按照信号先放大后反馈的传输途径，根据放大电路在中频段有关电压的相位关系（分立元件：共射反相，共集、共基同相；集成运放：u_o 与 u_N 反相，与 u_P 同相），逐级推出各点的瞬时电压极性，最后推出反馈信号的瞬时极性。如果反馈信号削弱输入信号，则反馈为负反馈；如果反馈信号加强输入信号，则反馈为正反馈。

在图 3-2a 所示电路中，设 u_i 的瞬时极性为（ + ），则 v_{B1} 的瞬时极性也为（ + ），经 VT$_1$ 反相放大，v_{C1}（v_{B2}）的瞬时极性为（ – ），v_{E2} 的瞬时极性也为（ – ），该电压经 R_f 加至 VT$_1$ 的发射极，则 v_{E1} 的瞬时极性为（ – ），由于 $u_{BE1} = v_{B1} - v_{E1}$，则输入信号（实质上是净输入信号）增大，故为正反馈。上述过程可表示为

$$u_i(v_{B1}) \uparrow \rightarrow v_{C1}(v_{B2}) \downarrow \rightarrow v_{E2} \downarrow \rightarrow v_{E1} \downarrow \rightarrow u_{BE1}(= v_{B1} - v_{E1}) \uparrow$$

在图 3-2b 所示电路中，设 u_i 的瞬时极性为（ + ），则 u_o 的瞬时极性为（ – ），由于 R_f 构成输出端与反相输入端的反馈通路，使 i_f 增大，引起净输入信号 i'_i（$= i_i - i_f$）减小，所以为负反馈。

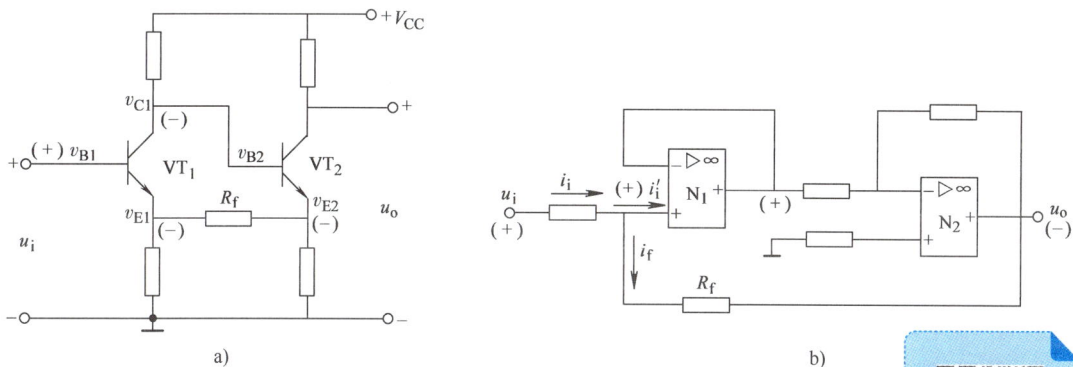

图 3-2 用瞬时极性法判断反馈的性质

2. 直流反馈和交流反馈

1）直流反馈：若反馈回来的信号是直流量，则为直流反馈。直流反馈多用于稳定静态工作点。

2）交流反馈：若反馈回来的信号是交流量，则为交流反馈。交流反馈多用于改善放大电路的动态性能。

区分直流反馈还是交流反馈，可以通过观察反馈通路（或元件）所反映的变化是直流量还是交流量来辨认，也可以通过画出电路的交、直流通路来判定。输入、输出间构成直流通路的为直流反馈，构成交流通路的为交流反馈，既能构成直流通路又能构成交流通路的为交、直流反馈。

例如，图 3-3a 所示的电路中有两条反馈通路。输出端与反相输入端连通，这条通路交

流量、直流量都能反馈到反相输入端，所以构成了交、直流反馈通路，存在交、直流反馈。另一条由 C_2、R_1、R_2 构成的反馈通路，由于 C_2 的隔直作用，这条反馈通路只能反馈交流量，所以只构成交流反馈。图 3-3b 和图 3-3c 是它的直流通路和交流通路。

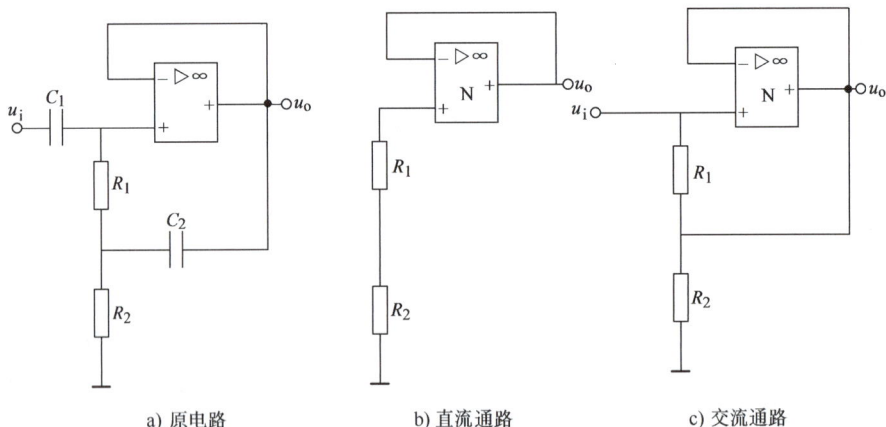

a) 原电路　　　　　　　b) 直流通路　　　　　　　c) 交流通路

图 3-3　直流反馈和交流反馈

3. 电压反馈和电流反馈

这是按照从输出端取得反馈信号（反馈取样）的不同进行分类的。

1）电压反馈：指反馈信号与输出电压成正比，即反馈信号取自输出端的电压量。具体电路形式为反馈网络一端直接接放大器的输出端（与 u_o 为同一端）。图 3-4a 是电压反馈的框图。

2）电流反馈：指反馈信号与输出电流成正比，即反馈信号取自输出端的电流量。具体电路形式为反馈网络一端没有直接接放大器的输出端（与 u_o 不为同一端）。图 3-4b 是电流反馈的框图。

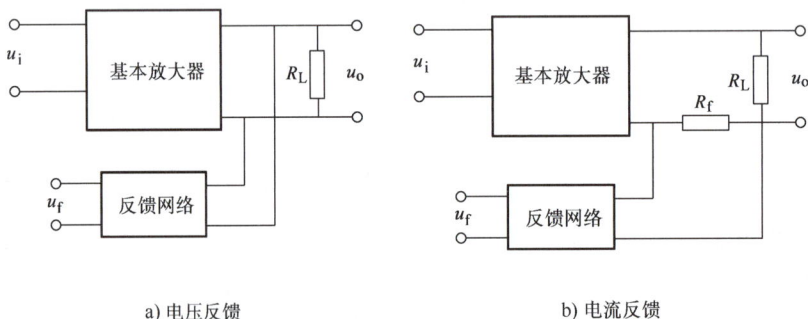

a) 电压反馈　　　　　　　　　　　b) 电流反馈

图 3-4　电压与电流反馈框图

电压反馈和电流反馈的判断方法是：观察反馈网络一端有没有直接接放大器的输出端，有则为电压反馈，没有则为电流反馈。也可以采用"负载短路法"加以判断：如果输出负载短路，$u_o = 0$，此时若反馈信号消失，则为电压反馈，否则为电流反馈。

4. 串联反馈和并联反馈

这是按照反馈信号加到输入端的不同方法进行分类的。

串联反馈：反馈信号与输入信号在输入端串联，这时放大器的净输入电压由信号电压和反馈电压两者串联作用而成。具体电路形式为反馈网络没有端子直接接在放大器的输入端（与 u_i 同一端）。图 3-5a 是串联反馈的框图。

并联反馈：反馈信号与输入信号在输入端并联，这时放大器的净输入电流由信号电流和反馈电流两者并联作用而成。具体电路形式为反馈网络有一端直接接在放大器的输入端。图 3-5b 是并联反馈的框图。

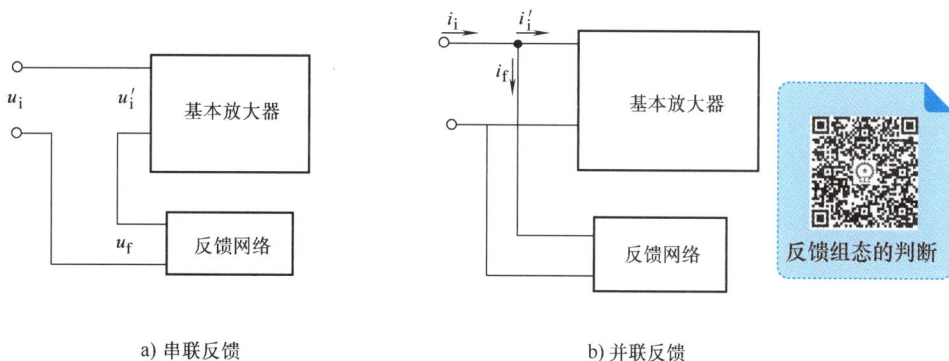

a) 串联反馈　　　　　　　　　　　　b) 并联反馈

图 3-5　串联反馈与并联反馈框图

并联反馈与串联反馈的判断方法是：若反馈网络有一端与放大器的输入端相接，则引入的反馈为并联反馈，否则为串联反馈。也可采用短路法判断，这里从略。**应注意**：串联反馈总以反馈电压 u_f 的形式作用于输入回路，放大器的净输入电压为输入电压与反馈电压相加减；并联反馈总以反馈电流 i_f 的形式作用于输入回路，放大器的净输入电流为输入电流与反馈电流相加减。

在判断了串、并联反馈的基础上，还可以用另一种方法判断反馈的性质，即瞬时极性法。设输入信号瞬时极性为（＋），逐步推出"采样点"（即反馈支路与输出回路之交点）的瞬时极性。串联反馈时，若采样点极性为（＋），则为负反馈，反之为正反馈；并联反馈时，若采样点极性为（＋），则为正反馈，反之为负反馈。

例 3-1　判断图 3-6 所示电路引入的是电压反馈还是电流反馈，是串联反馈还是并联反馈，是正反馈还是负反馈。

解：在图 3-6a 中，连接输入端与输出端之间的通路为 R_f，所以 R_f 为反馈网络。R_f 有一端直接接在放大器的输出端，故引入的反馈为电压反馈；R_f 的另一端直接接在放大器的输入端，故引入的反馈为并联反馈；利用瞬时极性法，可知采样点极性为（－），故为负反馈。

在图 3-6b 中，R_f 为输入回路与输出回路的公共元件，所以 R_f 为反馈网络。R_f 没有端子直接接在放大器的输出端，故引入的反馈为电流反馈；R_f 也没有端子直接接在放大器的输入端，故引入的反馈为串联反馈；利用瞬时极性法，可知采样点极性为（＋），故为负反馈。

运用相同的方法容易判断图 3-6c 引入的是电压串联负反馈，图 3-6d 引入的是电流并联负反馈，具体判断过程留给读者自己思考。

综合以上讨论，考虑输入端和输出端的两种连接方式，从整体出发，负反馈有四种组合，或者说可以分为四种反馈组态：电压串联负反馈、电压并联负反馈、电流串联负反馈和电流并联负反馈。

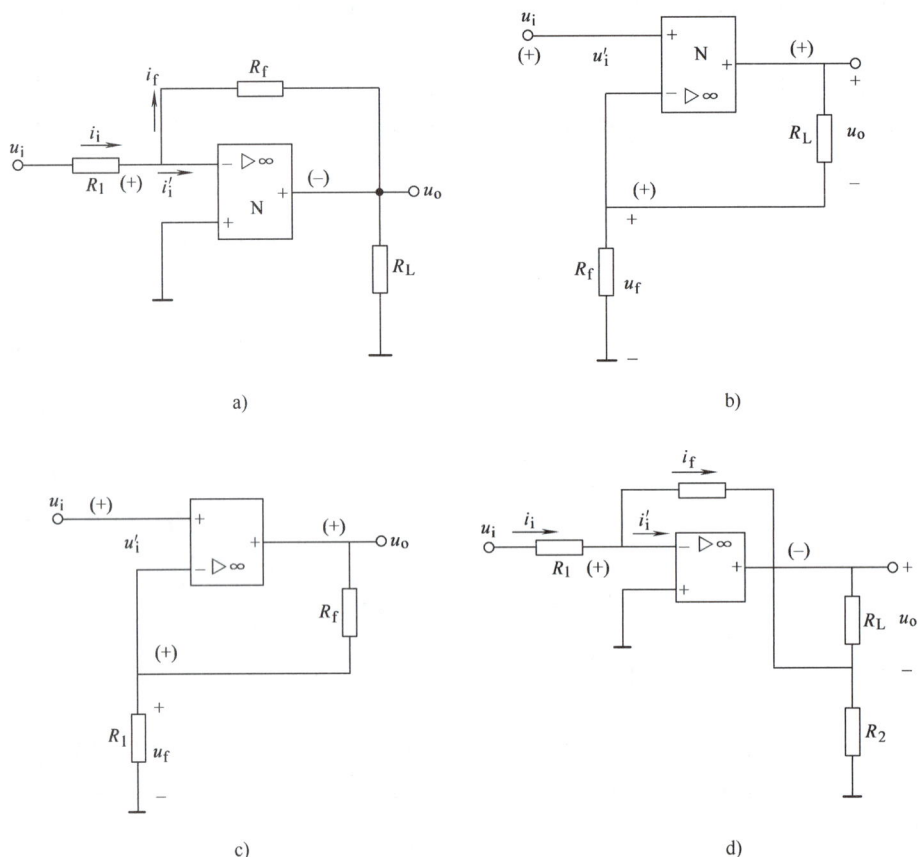

a)

b)

c)

d)

图 3-6　例 3-1 图

想一想

什么叫反馈？反馈放大电路有什么特点？

怎样判别反馈的性质和组态？

3.2　负反馈的框图和一般关系式

前述的四种组态负反馈电路都必然包括了基本放大电路和反馈网络两大部分，因此可以抽象概括出负反馈放大电路的框图，如图 3-7 所示。

图中，X_i 为输入量，X_i' 为净输入量，X_f 为反馈量，X_o 为输出量，其中 X_i、X_i'、X_f、X_o 都是一般化的信号，可以是电压，也可以是电流。符号 $\otimes$ 是比较环节，X_i 和 X_f 通过这个比较环节进行比较，得到差值信号（净输入信号）X_i'，图中箭头表示信号传递方向。理想情况下，在基本放大电路中，信号是正向传递的，

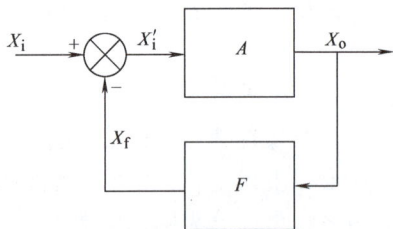

图 3-7　负反馈放大电路的框图

即输入信号只通过基本放大电路到达输出端；在反馈网络中，信号则是反向传递的，即反馈信号只通过反馈网络到达输入端。

本章只限于讨论放大电路在中频区的性能，所有参数均用实数表示，仅用正、负表明同相或反相的关系。

现在我们通过图 3-7 来求接入反馈后放大电路放大倍数的一般关系式。

开环放大倍数为

$$A = \frac{X_o}{X'_i} \tag{3-1}$$

反馈系数为

$$F = \frac{X_f}{X_o} \tag{3-2}$$

有反馈时的闭环放大倍数为

$$A_f = \frac{X_o}{X_i} \tag{3-3}$$

净输入信号为

$$X'_i = X_i - X_f \tag{3-4}$$

反馈信号为

$$X_f = FX_o = FAX'_i \tag{3-5}$$

根据以上各式，可得负反馈放大电路放大倍数的一般关系式为

$$A_f = \frac{X_o}{X_i} = \frac{X_o}{X'_i + X_f} = \frac{X_o}{X'_i + AFX'_i} = \frac{A}{1 + AF} \tag{3-6}$$

式（3-6）是负反馈放大电路的重要关系式。该式表明，引入负反馈后放大电路的闭环增益为不引入反馈时开环增益的 $1/(1 + AF)$。显然，$1 + AF$ 是衡量反馈程度的一个很重要的量，称为反馈深度。由式（3-6）可以得到：

1）若 $(1 + AF) > 1$，则 $A_f < A$，即放大电路引入反馈后增益下降，说明电路引入的是负反馈。

2）若 $(1 + AF) \gg 1$，则可得

$$A_f \approx \frac{1}{F} \tag{3-7}$$

满足 $(1 + AF) \gg 1$ 条件的负反馈，称为深度负反馈。上式表明，在深度负反馈条件下，闭环增益只取决于反馈系数，而与基本放大电路几乎无关。如果反馈网络是由一些性能比较稳定的无源线性元件组成，则此时 A_f 也是比较稳定的。显然，A 越大，越容易满足深度负反馈的条件，因此，具有高增益的集成运放组成电路时很容易引入深度负反馈。

3）若 $(1 + AF) < 1$，则 $A_f > A$，即放大电路引入反馈后增益增大，说明电路引入的是正反馈。

4）若 $(1 + AF) = 0$，则 $A_f \to \infty$，此时 $AF = -1$，则 $X_f = FAX'_i = -X'_i$，即 $X_i = X'_i + X_f = 0$，表明放大电路虽然没有输入信号，但却有信号输出，我们把这种现象称为自激振荡。发生自激振荡时，放大电路变成振荡器，失去了放大作用，应当加以避免。

> **想一想**
>
> 反馈放大电路由哪几部分组成？
>
> 深度负反馈条件下闭环增益取决于什么？

3.3　负反馈对放大电路性能的影响

负反馈虽然使放大电路的放大倍数下降，却从多方面改善了电路的性能，如提高放大电路的稳定性、减小非线性失真、扩展频带和改变输入/输出电阻等，下面分别加以讨论。

3.3.1　提高放大电路的稳定性

一般说来，放大电路的开环放大倍数 A 是不稳定的，例如电源电压、环境温度、工作频率和元器件的老化等都会引起放大器放大倍数的改变。放大电路引入负反馈后，如果保持输入信号不变，则输出信号基本稳定，因此闭环放大倍数也相对稳定。尤其在深度负反馈条件下，$A_f \approx 1/F$，闭环放大倍数是很稳定的。

放大倍数的稳定性，指放大电路放大倍数变化的相对大小，其值越小表示放大倍数稳定性越高。为了定量地分析放大倍数的稳定性，我们用放大倍数的相对变化量来表示它的稳定程度。未引入负反馈时，放大倍数的相对变化量用 dA/A 表示；引入负反馈后，放大倍数的相对变化量用 dA_f/A_f 表示。

为求变化量，对式（3-6）求导数，得

$$dA_f/dA = 1/(1 + AF) - AF/(1 + AF)^2 = 1/(1 + AF)^2$$

即
$$dA_f = dA/(1 + AF)^2 \tag{3-8}$$

将式（3-8）除以式（3-6）得到

$$dA_f/A_f = \frac{1}{1 + AF} dA/A \tag{3-9}$$

式（3-9）表明负反馈放大电路闭环放大倍数的相对变化量 dA_f/A_f 只有开环放大倍数相对变化量 dA/A 的 $1/(1 + AF)$。反馈深度越大，放大倍数下降越多，但同时 dA_f/A_f 也越小，即放大倍数稳定性越好。

负反馈放大电路所能稳定的放大倍数的种类，取决于负反馈的种类。在电压负反馈放大电路中，因为反馈信号的大小与输出信号电压成正比，所以电压负反馈能提高电压放大倍数的稳定性，也即电压负反馈能稳定输出电压；在电流负反馈放大电路中，因为反馈信号的大小与输出信号电流成正比，所以电流负反馈能提高电流放大倍数的稳定性，也即电流负反馈能稳定输出电流。

3.3.2　减小非线性失真

由于放大器本身存在非线性，使得放大器输出信号的波形与输入信号的波形不一致，即产生了非线性失真。在图 3-8a 中，未引入负反馈时，输入信号经放大后，A 半周振幅大，B 半周振幅小。引入负反馈后，将这失真的输出量反馈到输入端，则 A 半周就对输入信号抵消得多，而 B 半周就对输入信号抵消得少，放大电路的净输入量变成 A 半周振幅小，B 半周振幅大，经这种放大电路放大后，使得输出量的 A、B 半周波形大小相等。因此，引入负反馈后，使输出波形的失真程度减小了，也就是减小了放大电路的非线性失真，如图 3-8b 所示。

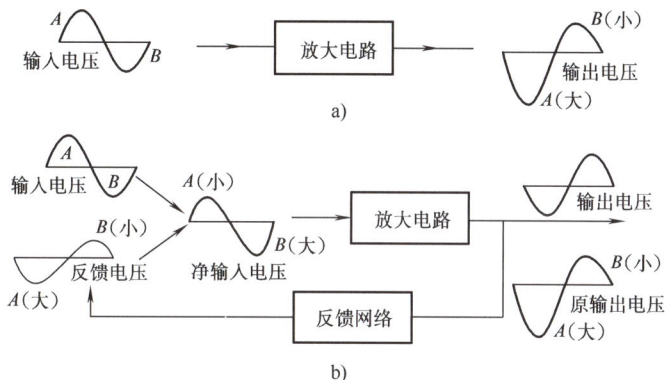

图 3-8　负反馈减小非线性失真

可以证明，引入负反馈后放大电路的非线性失真系数 THD 将下降为未引入负反馈时的 $1/(1+AF)$。

3.3.3　改善放大电路的频率特性——展宽通频带

放大电路引入负反馈后，虽使放大倍数下降，但也使下降的速度减慢（稳定性提高），因而在幅频特性曲线的高频段和低频段，随着频率的升高和降低，放大倍数下降到中频段的 $1/\sqrt{2}$ 时所对应的频率范围变宽，从而使通频带展宽，如图 3-9 所示。

可以证明，引入负反馈后放大电路的通频带将展宽为未引入负反馈时的 $1+AF$ 倍。

3.3.4　改变输入电阻和输出电阻

放大电路引入负反馈后，其输入、输出电阻都要发生变化，下面我们定性地分析这个问题。

1. 对输入电阻的影响

放入电路加入负反馈后，其输入电阻的变化情况取决于输入端的反馈连接方式（串联反馈或并联反馈），而与输出端的连接方式无关。

图 3-9　负反馈展宽通频带

对串联负反馈，反馈信号以电压形式作用于输入回路，且与输入信号电压相串联。由于反馈电压抵消部分输入电压，净输入电压减小，致使输入电流比无反馈时小，结果是引入反馈后的输入电阻比无反馈时的输入电阻大，且反馈深度（$1+AF$）越大输入电阻增大得越多。

对并联负反馈，反馈信号以电流形式作用于输入回路，且与输入信号电流相并联。由于反馈电流抵消部分输入电流，净输入电流减小，致使输入电压比无反馈时小，结果是引入反

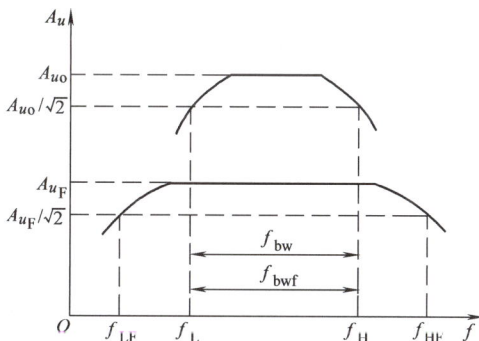

馈后的输入电阻比无反馈时的输入电阻小，且反馈深度（$1+AF$）越大输入电阻减小得越多。

2. 对输出电阻的影响

放大电路加入负反馈后，其输出电阻的变化情况取决于输出端的反馈连接方式（电压反馈或电流反馈），而与输入端的连接方式无关。

由于负反馈放大电路能保持放大倍数的稳定，因此对于电压负反馈，反馈深度（$1+AF$）越大，则恒定输出电压的作用越强，它的内阻即放大电路的输出电阻就越小；对于电流负反馈，反馈深度（$1+AF$）越大，则恒定输出电流的作用越强，它的内阻即放大器的输出电阻就越大。

💡**想一想**

引入负反馈对放大电路的性能有哪些影响？影响的程度取决于什么？

3.4 负反馈的引入方法

负反馈能使放大电路的性能得到改善，在实际工作中，往往会根据需要对放大电路的性能提出一些具体要求。例如，为了提高电子仪表的测量准确度，要求电子仪表输入级的输入电阻要大；为了提高电子设备带负载的能力从而稳定输出电压，要求输出级的输出电阻要小等。这些都要求我们根据需要引入合适的负反馈，而在集成运放的线性应用中，引入负反馈又是一个必不可少的环节。下面我们在总结负反馈对放大性能的影响和各种反馈组态特点的基础上，首先提出引入负反馈的基本原则，然后通过具体的实例，说明引入负反馈的方法，最后总结引入负反馈的注意事项。

1. 引入负反馈的基本原则

负反馈对放大性能的改善有其共性，如所有的交流负反馈都能稳定放大倍数、展宽频带和减小失真等。而不同组态的负反馈对放大性能的改善又有其特殊性，如电压负反馈能稳定输出电压、减小输出电阻和提高带负载能力，而串联负反馈能提高输入电阻等。我们综合其共性和特性，可以提出为改善放大电路性能而引入负反馈的基本原则。

1）要稳定直流量（如静态工作点）应引入直流负反馈。

2）要改善放大电路的动态性能（如稳定放大倍数、展宽频带和减小失真等）应引入交流负反馈。

3）要稳定输出电压、减小输出电阻和提高带负载能力，应引入电压负反馈；要稳定输出电流、提高输出电阻，应引入电流负反馈。

4）要提高输入电阻，应引入串联负反馈；要减小输入电阻，应引入并联负反馈。

下面，根据以上原则举例说明如何按照实际工作的需要引入不同组态的负反馈。

例3-2 在图3-10所示电路中，为了实现下述的性能要求，问各应引入何种负反馈？将结果画在电路上。

1）希望 $u_s=0$ 时，元件参数的改变对末级的集电极电流影响小。

2）希望输入电阻较大。

3）希望电路带负载能力强。

4）希望输出电流稳定。

解：假设 u_i 的瞬时极性为（＋），根据信号传输的途径，依次标出有关各处相应的瞬时极性如图 3-10 所示。可以看出，只有从 VT_3 集电极通过 R_{f1} 引到 VT_1 的反馈通路①和从 VT_3 发射极通过 R_{f2} 引到 VT_1 基极的反馈通路②才是负反馈。这是最大跨级负反馈，由于反馈通路只由电阻构成，所以它们是交、直流负反馈。

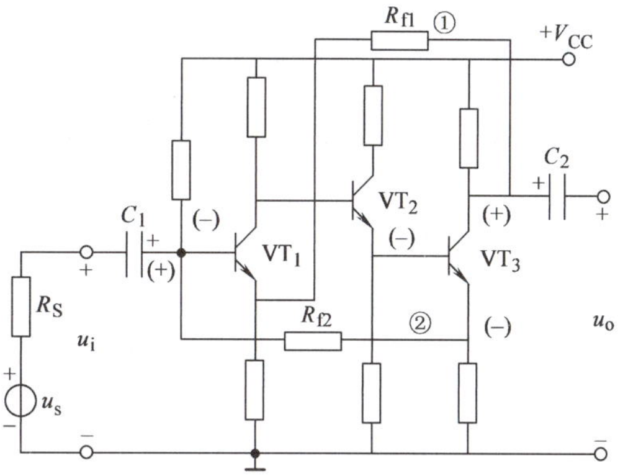

图 3-10　例 3-2 题图

1）希望 $u_s = 0$ 时，元件参数的改变对末级的集电极电流影响小，可引入直流负反馈，如图 3-10 中②所示。

2）希望输入电阻较大，可引入串联负反馈，如图 3-10 中①所示。

3）希望电路带负载能力强，可引入电压负反馈，如图 3-10 中①所示。

4）希望输出电流稳定，可引入电流负反馈，如图 3-10 中②所示。

2. 引入负反馈时应注意的问题

引入负反馈是改善放大性能的需要，由以上分析可知，要正确适当地引入负反馈还应注意以下几点。

1）引入负反馈的前提是开环放大倍数要足够大，因为改善性能是以降低放大倍数为代价的。

2）性能的改善与反馈深度 $1 + AF$ 有关，负反馈越深，放大性能越好。但反馈深度并不是越大越好，如果反馈太深，对于某些电路来说，在一些频率下将产生附加相移，有可能使原来的负反馈变成正反馈，甚至会造成自激振荡，使放大电路无法正常工作，所以引入反馈的深度要适当。

3）要确保引入负反馈。检查的方法是瞬时极性法。

4）为达到改善性能的目的，所引入的负反馈可以是本级内的也可以是两级或多级之间的，应视需要灵活掌握。

想一想

引入负反馈有哪些基本原则？

3.5　深度负反馈放大电路的估算

在对负反馈放大电路分析的基础上，就可以进行电路的计算，即交流性能指标的计算。在实际运用时，我们经常遇到的是深度负反馈的电路，这是由于集成运放等各种具有高开环增益的模拟集成电路已得到普遍应用，使引入负反馈不仅容易实现，而且也是改善放大电路性能所必需的。

3.5.1 深度负反馈的特点

我们已经知道，在深度负反馈条件下电路的闭环增益 $A_f \approx 1/F$，下面继续分析其他的特点。

1. 深度负反馈时的 X_i、X_f 和 X_i'

由式（3-4）、式（3-5）得

$$X_i = X_i' + X_f = X_i' + AFX_i' = (1 + AF)X_i'$$

由于深度负反馈时 $(1 + AF) \gg 1$，则 $1 + AF \approx AF$，故

$$X_i \approx AFX_i' = X_f \tag{3-10}$$

$$X_i' = X_i - X_f \approx 0 \tag{3-11}$$

因此，深度负反馈时，反馈信号 X_f 近似等于输入信号 X_i，净输入信号 X_i' 近似为零（但不等于零，否则因 $X_o = 0$ 就没有反馈了）。上述结论可以这样理解：在深度负反馈的情况下，电路的开环放大倍数 A 必然很大，而由于输出信号 X_o 是一个有限值，所以净输入信号 $X_i' = X_o/A$ 必然是一个很小的数值，在理想情况下可以认为 $X_i' \approx 0$。此时，反馈信号 X_f 必须很强，与输入信号 X_i 近似相等，即 $X_i = X_i' + X_f \approx X_f$。

不同组态的负反馈，X_i、X_f 和 X_i' 表示不同的变量。对于串联负反馈，在输入回路中反馈信号和输入信号以电压相减的形式出现，则有 $X_i = u_i$，$X_f = u_f$，$X_i' = u_i'$，所以 $X_i \approx X_f$ 成为 $u_i \approx u_f$、$u_i' \approx 0$；对于并联负反馈，在输入回路中反馈信号和输入信号以电流相减的形式出现，则有 $X_i = i_i$，$X_f = i_f$，$X_i' = i_i'$，所以 $X_i \approx X_f$ 成为 $i_i \approx i_f$、$i_i' \approx 0$。

2. 深度负反馈下的输入电阻和输出电阻

由于 $(1 + AF) \gg 1$，根据前面的讨论可知，串联负反馈放大电路的输入电阻 R_{if}（又称为闭环输入电阻）很大，在理想情况下可近似认为 $R_{if} \to \infty$；而并联负反馈放大电路的输入电阻 R_{if} 很小，在理想情况下可近似认为 $R_{if} \to 0$。

同理可知，在深度负反馈条件下，电压负反馈放大电路的输出电阻 R_{of}（又称为闭环输出电阻）很小，在理想情况下可近似认为 $R_{of} \to 0$；而电流负反馈放大电路的输出电阻 R_{of} 很大，在理想情况下可近似认为 $R_{of} \to \infty$。

3.5.2 深度负反馈放大电路的计算

利用上述特点，结合具体的电路，就能迅速求出深度负反馈放大电路的性能指标，尤其是闭环电压放大倍数，下面举例说明。

例 3-3 电路如图 3-11 所示，若 $R_f = 1\text{M}\Omega$，$R_1 = 10\text{k}\Omega$，分别分析这两个电路引入反馈的性质和组态，并求出闭环电压增益 $A_{uf} = u_o/u_i$。

解：（1）在图 3-11a 所示的电路中，R_f 构成了输入、输出间的反馈通路，R_f 有一端直接接在放大器的输出端，故引入的反馈为电压反馈；R_f 的另一端没有直接接在放大器的输入端，则引入的反馈为串联反馈；运用瞬时极性法，容易判断这是一个负反馈。总之，该电路引入了电压串联负反馈。

在深度负反馈条件下，$u_i \approx u_f$，$u_i' \approx 0$。由图 3-11a 得 $u_f \approx R_1 u_o/(R_1 + R_f)$，因此有

$$A_{uf} = \frac{u_o}{u_i} \approx \frac{u_o}{u_f} = \frac{u_o}{R_1 u_o/(R_1 + R_f)} = 1 + \frac{R_f}{R_1}$$

a)　　　　　　　　　　　b)

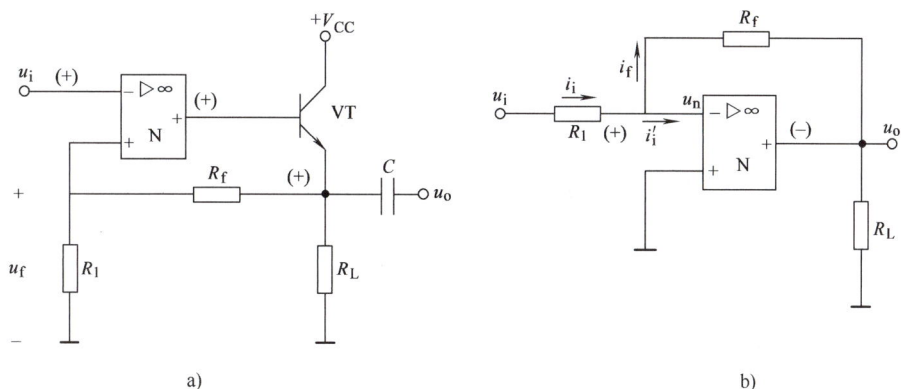

图 3-11　例 3-3 题图

把 R_1、R_f 的阻值代入上式得 $A_{uf} = 101$。

（2）在图 3-11b 所示的电路中，R_f 构成了输入、输出间的反馈通路，R_f 有一端直接接在放大器的输出端，故引入的反馈为电压反馈；R_f 的另一端直接接在放大器的输入端，则引入的反馈为并联反馈；运用瞬时极性法，容易判断这是一个负反馈。总之，该电路引入了电压并联负反馈。

在深度负反馈条件下，$i_i \approx i_f$，$i'_i \approx 0$，则有 $u_n \approx 0$。由图 3-11b 得 $i_i \approx u_i/R_1$，$i_f \approx -u_o/R_f$，因此有

$$A_{uf} = \frac{u_o}{u_i} \approx \frac{-i_f R_f}{i_i R_1} = \frac{-R_f}{R_1}$$

把 R_1、R_f 的阻值代入上式得 $A_{uf} = -100$。

例 3-4　试分析图 3-12 所示电路中引入反馈的性质和组态，并在深度负反馈条件下求闭环电压增益 $A_{uf} = u_o/u_i$。

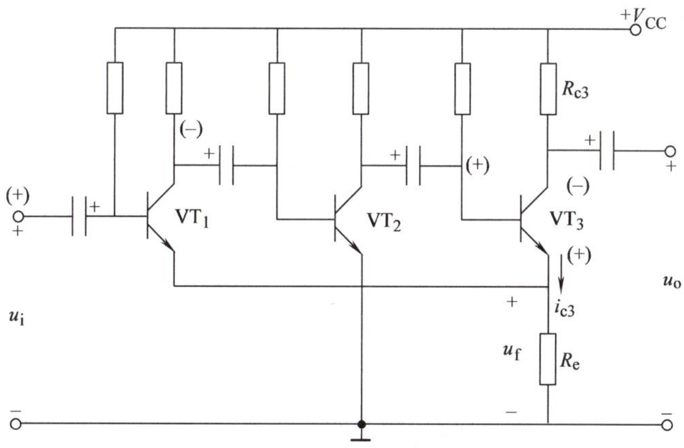

图 3-12　例 3-4 题图

解：在图 3-12 所示的电路中，R_e 构成了输入、输出间的反馈通路，R_e 没有直接接在放大器的输出端，故引入的反馈为电流反馈；R_e 的另一端也没有直接接在放大器的输入端，故引入的反馈为串联反馈；运用瞬时极性法，容易判断这是一个负反馈。总之，该电路引入了电流串联负反馈。

在深度负反馈条件下，$u_i \approx u_f \approx i_{c3}R_e$，$u_o = -i_{c3}R_{c3}$，因此有

$$A_{uf} = \frac{u_o}{u_i} \approx \frac{-i_{c3}R_{c3}}{i_{c3}R_e} = -\frac{R_{c3}}{R_e}$$

3.6　技能训练：负反馈放大电路的测试

【实训目标】

1）掌握电子电路中信号测试方法。

2）理解放大电路负反馈的作用。

【实训器材】

直流稳压电源、函数信号发生器、双踪示波器、交流毫伏表、万用表各1个，集成运放、晶体管3DG6、电阻器、电容若干。

【实训要求】

1）严禁带电对电路进行连接及拆除操作。

2）正确使用仪器仪表及实训设备。

3）不要乱动与本次实训无关的仪器仪表。

4）实训结束要进行整理、清理等7S活动。

【实训内容及步骤】

1. 负反馈放大电路开环测试

1）根据实训室提供的仪器仪表及元器件，按图3-11a连接电路（图中 R_f 和 R_L 所在支路断开）。

2）输入端 u_i 接入频率为1kHz，有效值为1mV的正弦信号。

3）用示波器观察输入端 u_i 与输出端 u_o 的波形，并比较两者的相位，把示波器测量的幅值填入表3-1中。

4）R_L 支路接通，重复上述步骤（R_f 支路断开），并将所测数据填入表3-1中。

5）根据测量值计算开环放大倍数。

2. 负反馈放大电路闭环测试

1）按图3-11a连接电路（图中 R_f 支路接通，R_L 支路断开）。

2）用示波器观察输入端 u_i 与输出端 u_o 的波形，并比较两者的相位，把示波器测量的幅值填入表3-1中。

3）重复上述步骤（R_f 和 R_L 支路均接通），并将所测数据填入表3-1中。

4）根据测量值计算闭环放大倍数。

表3-1　负反馈放大电路开环、闭环参数

	$R_L/k\Omega$	U_i/mV	U_o/mV	A_u/A_{uf}
开环	∞	1		
	1.5	1		
闭环	∞	1		
	1.5	1		

3. 负反馈对失真的改善作用

1）R_L 支路接通，将电路开环（R_f 支路断开），逐步加大输入信号 u_i 的幅度。用示波器观察输出端 u_o 的波形，使输出信号出现失真（一出现就停止），在表 3-2 中记录此时的 u_i 及 u_o 失真波形的幅度。

2）R_L 支路接通，将电路闭环（R_f 支路接通），并适当加大 u_i 幅度，用示波器观察输出端 u_o 的波形，使输出幅度接近开环时失真波形幅度。在表 3-2 中记录此时的 u_i 及 u_o 失真波形的幅度。

3）R_L 支路断开，将电路开环（R_f 支路断开），逐步加大输入信号 u_i 的幅度。用示波器观察输出端 u_o 的波形，使输出信号出现失真（一出现就停止），在表 3-2 中记录此时的 u_i 及 u_o 失真波形的幅度。

4）R_L 支路断开，将电路闭环（R_f 支路接通），并适当加大 u_i 幅度，用示波器观察输出端 u_o 的波形，使输出幅度接近开环时失真波形幅度。在表 3-2 中记录此时的 u_i 及 u_o 失真波形的幅度。

5）画出上述各步实训时波形图。

6）计算各种情况下的电压放大倍数。

表 3-2　增大输入信号时负反馈放大电路的参数

	$R_L/k\Omega$	U_i/mV	U_o/mV	A_u/A_{uf}
开环	∞			
	1.5			
闭环	∞			
	1.5			

【实训效果评价】

1）按电路图完成放大电路的连接。（10 分）

2）正确测量负反馈放大电路开环时的输入、输出信号，并计算放大倍数。（15 分）

3）正确测量负反馈放大电路闭环时的输入、输出信号，并计算放大倍数。（15 分）

4）正确测量负反馈放大电路开环时，在输出信号失真状态下电路的输入、输出信号，并计算放大倍数。（20 分）

5）正确测量负反馈放大电路闭环时，在输出信号失真状态下电路的输入、输出信号，并计算放大倍数。（20 分）

6）实训过程中安全文明操作。（20 分）

【分析与思考】

根据电路的开环、闭环放大倍数，分析负反馈对放大电路的影响。

本章小结

（1）反馈就是把输出信号的一部分或全部，通过一定的方式回送到输入回路，与输入信号进行比较，比较后得到净输入信号。如果反馈使净输入信号减小，则称为负反馈，反之则称为正反馈。反馈的正、负可用瞬时极性法判别，在放大电路中广泛采用的是负反馈。

（2）按反馈信号是直流信号还是交流信号，反馈可分为直流反馈和交流反馈。前者主要用于稳定静态工作点，后者则用于改善放大电路的性能，如稳定放大电路、扩展频带和减小非线性失真等。

（3）按反馈网络与基本放大电路的输入端连接方式和输出端连接方式（或采样对象）的不同，负反馈可分为四种组态：电压串联负反馈、电压并联负反馈、电流串联负反馈和电流并联负反馈。四种组态负反馈电路的特点见表3-3。

表3-3　四种组态负反馈电路的特点比较

负反馈放大电路组态	稳定的输出量	输 入 电 阻	输 出 电 阻
电压串联	输出电压	增大	减小
电压并联	输出电压	减小	减小
电流串联	输出电流	增大	增大
电流并联	输出电流	减小	增大

（4）引入负反馈可以从多方面改善放大电路的性能，实际电路中应视不同需要引入不同组态的负反馈。

（5）实际运用时经常遇到的是深度负反馈，可利用 $X_i \approx X_f$ 的特点进行定量的计算。

习 题 三

3-1　判断题。

（1）若放大电路的 $A > 0$，则接入的反馈一定是正反馈；若 $A < 0$，则接入的反馈一定是负反馈。（　　）

（2）接入负反馈后，A_f 一定是负值；接入正反馈后，A_f 一定是正值。（　　）

（3）直流负反馈只存在于直接耦合电路中，交流负反馈只存在于阻容耦合电路中。（　　）

（4）在负反馈放大器中，基本放大器的放大倍数越大，闭环放大倍数就越稳定。（　　）

（5）负反馈只能改善反馈环内的放大性能，反馈环路之外无效。（　　）

（6）在深度负反馈条件下，$X_i \approx X_f$，$X_i' \approx 0$，如果进一步加大反馈深度，就能使 $X_i' = 0$，因此输出量 $X_o = AX_i' = 0$。（　　）

（7）在深度负反馈条件下，闭环放大倍数 $A_f \approx 1/F$，与放大电路参数几乎无关，因此只要精心选择反馈网络的元器件，而随便选择一个放大电路，就能获得稳定的闭环放大倍数 A_f。（　　）

（8）若放大电路的负载固定，为使其电压放大倍数稳定，可以引入电压负反馈，也可以引入电流负反馈。（　　）

3-2　试分别判断图3-13中各电路引入反馈的性质和组态。

3-3　有一负反馈放大电路，其开环放大倍数 $A = 100$，反馈系数 $F = 1/10$，问它的反馈深度和闭环放大倍数是多少？

3-4　一负反馈放大电路，当输入电压为0.1V时，输出电压为2V，而在开环时，对于0.1V的输入电压，其输出电压为4V。试计算其反馈深度和反馈系数。

3-5　为了满足下述要求，各应引入什么组态的负反馈。

（1）某仪表放大电路，要求输入电阻大，输出电流稳定。

（2）某传感器产生的是电压信号（几乎不能提供电流），希望经放大后输出电压与输入信号成正比。

（3）要得到一个由电流控制的电流源。

图 3-13 习题 3-2 图

（4）要得到一个由电流控制的电压源。

（5）需要一个阻抗变换电路，输入电阻大，输出电阻小。

（6）需要一个阻抗变换电路，输入电阻小，输出电阻大。

3-6 电路如图 3-14 所示，它的最大跨级反馈可以从 VT_3 的集电极或发射极引出，接到 VT_1 的基极或发射极，于是共有四种接法（1 和 3、1 和 4、2 和 3、2 和 4 相接）。试判断四种接法各为什么组态的反馈？是正反馈还是负反馈？设各电容可视为交流短路。

3-7 电路仍如图 3-14 所示，为了实现下述的要求，各应采用什么形式的负反馈？如何连接？

（1）要求 R_L 变化时输出电压基本不变。

（2）要求放大电路的输出信号接近恒流源。

（3）要求输入端向信号源索取的电流尽可能小。

（4）要求在信号源为电流源时，输出电压稳定。

（5）要求输入电阻大，且输出电流变化尽可能小。

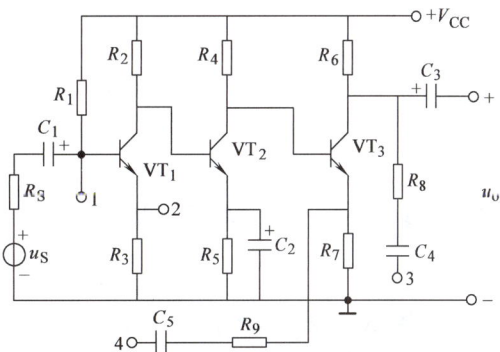

图 3-14 习题 3-6 图

第 4 章

集成运算放大器

✓ 本章导读

前面我们介绍了分立元件电路，分立元件电路是由各种单个元件连接起来的电子电路。这样的电路体积大、重量重、功耗高、工作不可靠、价格也较高，因而产生了一种新的电子器件——集成电路。它将分立元件电路制造在一块半导体芯片上，克服了分立元件电路的缺点，并由此大大促进了各个科学技术领域的发展。本章首先介绍集成运放的组成和主要参数，然后介绍了理想运算放大器的分析方法、集成运放的线性应用。

✓ 学习目标

知识目标：了解集成运算放大器的基本组成和主要性能指标；理解集成运放的理想化条件；掌握"虚短"和"虚断"的概念；了解集成运放的电压传输特性。

能力目标：会分析由集成运放作为核心器件的应用电路。

素质目标：引导学生关注我国集成电路行业发展现状，拓展学生科技视野、培养学生爱国情怀。

✓ 课题引入

用晶体管等分立元器件组成的多级放大电路结构复杂、应用的元器件非常多、调试不便、耗电量也大；特别是对直流信号放大器，电路结构更复杂。集成运放可以解决这些问题，能够使电路结构极大地简化，而且特别适合用于处理直流信号的电路。什么是集成运放呢？

✓ 提　示

集成运放是集成运算放大器的简称，实际是一个具有很高放大倍数的直接耦合放大电路。利用集成运放可非常方便地完成信号放大、信号运算和信号处理以及波形的产生和变换，在信号变换、测量技术和自动控制等领域获得了广泛的应用。

4.1　集成运放的基本概念

4.1.1　集成运放的基本组成及其符号

集成运算放大器实质上是一种电压放大倍数很大、输入电阻很大和输出电阻很小的多级直接耦合放大电路。它一般由四部分组成：输入级、中间级、输出级和偏置电路。图 4-1 所示为集成运算放大器的组成框图。

1. 输入级

对于高电压放大倍数的直接耦合放大电路，减小零点漂移的关键在第一级，所以要求输入级温漂小，共模抑制比高。因此，输入级大都采用差动放大电路，其输入电阻高，并且由于有同相和反相两个输入端，能提供多种信号输入方式，还能有效地抑制共模干扰信号，放大有用信号。

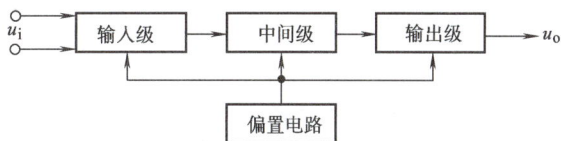

图4-1　集成运算放大器的组成框图

2. 中间级

中间级主要进行电压放大，要求它的电压放大倍数很高。中间级一般采用共发射极放大电路，其放大倍数可达几千倍以上。

3. 输出级

输出级与负载相连，要求有较大的电压输出幅度、较大的输出功率以及较小的输出电阻。输出级一般由互补对称电路或射极输出器构成，带负载能力较强。

4. 偏置电路

偏置电路为各级电路提供合适的偏置电流，决定各级的静态工作点，一般由各种恒流源电路构成。

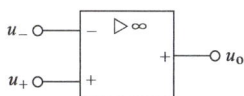

图4-2　集成运放的图形符号

集成运放的图形符号如图4-2所示，图中"▷"表示信号的传输方向，"∞"表示放大倍数为理想条件。两个输入端中，"－"号表示反相输入端，电压用"u_-"或"u_N"表示，"＋"号表示同相输入端，电压用"u_+"或"u_P"表示。

提　示

1）集成运放是多端器件，但为了简便起见，画电路图时通常只画出它的输入端和输出端，其余各端（如电源端）都省略不画。

2）这里同相和反相是指输入电压和输出电压之间的相位关系。当同相输入端u_+接地，反相输入端u_-加一个信号时，输出电压u_o与输入电压u_-相位相反；反之，当u_-接地，u_+加一个信号时，输出电压u_o与输入电压u_+相位相同。

4.1.2　集成运放的分类及主要性能指标

1. 集成运放的分类

（1）按用途分类　分为两类：通用型和专用型。通用型是指集成运放的参数指标比较均衡全面，适用于一般的工程设计；专用型是指集成运放为满足某些特殊要求而设计的，其参数中往往有一项或几项非常突出。

（2）按供电电源分类　分为两类：双电源和单电源集成运算放大器。

（3）按其制作工艺分类　分为三类：双极型、单极型和双极-单极兼容型集成运算放大器。

（4）按运放级数分类　分为四类：单运放、双运放、三运放和四运放。

2. 集成运放的主要性能指标

（1）开环电压放大倍数A_{uo}　在没有外接反馈电路时测出的差模电压放大倍数称为开环电压放大倍数。它是决定运算精度的主要参数，其值越大，运算电路越稳定，运算精度越高，A_{uo}一般为$10^4 \sim 10^7$。

（2）共模抑制比 K_{CMRR} K_{CMRR} 是运算放大器的差模电压放大倍数与共模电压放大倍数之比的绝对值。其值越大，说明抑制共模信号的能力越强。目前，K_{CMRR} 有的高达 10^8。

（3）差模输入电阻 r_{id} r_{id} 是运算放大器的两个输入端之间的动态电阻，其大小反映了运算放大器的输入端向差模信号源索取电流的大小。要求 r_{id} 愈大愈好，一般为几万欧姆至几兆欧姆。

（4）开环输出电阻 r_o 开环输出电阻是指运算放大器在开环工作时，从输出端向里看进去的等效电阻。r_o 的大小反映了集成运算放大器的负载能力，其值要求愈小愈好，一般为几十欧姆至几百欧姆。

（5）输入失调电压 U_{io} 对于理想集成运放而言，在不加调零电位器的情况下，当输入电压为零时，输出电压也为零。但实际上是输入为零时，输出不为零。因此规定：在 25℃ 室温及规定电源电压下，在输入端加补偿电压，即输入失调电压 U_{io}，使输出电压为零。输入失调电压越小，集成运放质量越好，一般为 $\pm(1\sim10)$ mV。

（6）最大输出电压 $U_{o(sat)}$ 在标准电源电压和额定负载电阻的情况下，集成运算放大器所能输出的、不产生明显失真的最大峰值电压，称为最大输出电压 $U_{o(sat)}$。

除上述性能指标外，还有温度漂移、转换速率、最大差模输入电压和最大共模输入电压等其他性能指标，在此不再一一叙述。

想一想

集成运算放大器由哪几部分组成？其特点是什么？

4.1.3 集成运放的电压传输特性

集成运放的电压传输特性是指输出电压与输入电压的关系曲线，如图 4-3 所示。

从运算放大器的传输特性来看，输出电压与输入电压的关系曲线可分为线性区和饱和区。图 4-3 中 BC 段为运算放大器的线性区，由于运算放大器的放大倍数很高，BC 段十分接近于纵轴。一般来说，只有在负反馈作用下才能使运算放大器工作在线性区。因为其开环电压放大倍数很高，在开环状态下，即使输入毫伏级以下的信号，也足以使输出饱和，另外由于干扰，使工作难以稳定。

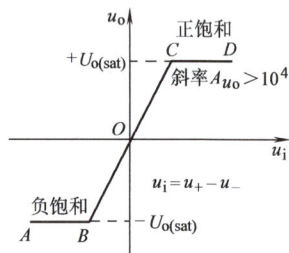

图 4-3 集成运放的
电压传输特性

图 4-3 中 AB 和 CD 段为运算放大器的非线性区，即正、负饱和区。不管 u_i 如何变，u_o 恒为 $+U_{o(sat)}$ 或 $-U_{o(sat)}$。运算放大器在开环或正反馈工作时，通常处于饱和区。

正是因为集成运算放大器具有这样的电压传输特性，才使得它在线性和非线性方面获得了广泛的应用。

4.1.4 集成运放的理想模型

为简化分析，我们常将实际的运放视为理想运放。所谓理想运放，就是将其主要参数理想化，即

开环电压放大倍数 $A_{uo} \to \infty$，差模输入电阻 $r_{id} \to \infty$，开环输出电阻 $r_o \to 0$，共模抑制比 $K_{CMRR} \to \infty$。

根据以上条件，运算放大器工作在线性区时，分析依据有以下两条。

1）由于开环电压放大倍数 $A_{uo} \to \infty$，而输出电压是一个有限值，运算放大器工作在线性状态，所以有

$$(u_+ - u_-) = \frac{u_o}{A_{uo}} \approx 0$$

$$u_+ = u_-$$

即：理想运算放大器两输入端间的电压近似相等，相当于短路，但又不是真正短路，称为"虚短"。

2）由于差模输入电阻 $r_{id} \to \infty$，而 $i_+ = i_- = \frac{u_i}{r_{id}} \approx 0$，故可认为两个输入端的输入电流近似为零。所以，理想运算放大器的两个输入端几乎不索取电流，相当于两输入端断路，但又不是真正断路，称为"虚断"。

💡 **想一想**

集成运放的电压传输特性有何特点？

4.2　集成运放的线性应用

4.2.1　运算放大器在信号运算方面的应用

1. 比例运算电路

（1）同相比例运算电路

1）电路结构。电路如图 4-4 所示，输入信号 u_i 通过 R_2 加到运算放大器的同相端，反相端经 R_1 接地，R_f 跨接在输出端与反相端之间，构成反馈。

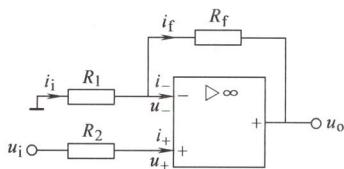

图 4-4　同相比例运算电路

2）电压放大倍数。因为 $u_+ = u_-$，$i_+ = i_- = 0$，所以 $u_- = u_i$，$i_i = i_f$。

又

$$i_i = \frac{0 - u_-}{R_1}, \quad i_f = \frac{u_- - u_o}{R_f}$$

因此可得

$$u_o = u_i \left(1 + \frac{R_f}{R_1}\right)$$

闭环电压放大倍数为

$$A_{uf} = \frac{u_o}{u_i} = 1 + \frac{R_f}{R_1} \tag{4-1}$$

由式（4-1）可见，u_o 与 u_i 是比例关系，改变 R_f 和 R_1 的比值，就能改变闭环放大倍数 A_{uf}。输出电压与输入电压同相位，故称为同相比例运算电路。

R_2 是平衡电阻，保证运算放大器输入级处于平衡对称状态，减少输入端的偏差电压，

所以要求从集成运放的两个输入端向外看的等效电阻相等，其值为 $R_2 = R_1 /\!/ R_f$。

3）特例。如图 4-5 所示的电路，当 $R_f = 0$ 时，$u_o = u_i$，即输出信号与输入信号大小相等、相位相同，u_o 跟随 u_i 变化，所以称此电路为电压跟随器。

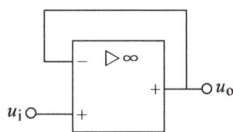

图 4-5　电压跟随器

4）同相比例运算电路的特点。

① 输入电阻很高，可达 1000MΩ 以上。

② 由于 $u_+ = u_- = u_i$，即同相比例运算电路的共模信号为 u_i，因此对集成运放的共模抑制比要求高，从而限制了它的应用场合。

（2）反相比例运算电路

1）电路结构。电路如图 4-6 所示，输入信号 u_i 通过 R_1 加到运算放大器的反相端，同相端经 R_2 接地，R_f 跨接在输出端与反相端之间，构成反馈。

2）电压放大倍数。因为 $i_+ = i_- = 0$，$u_+ = u_- = 0$，所以 $i_1 = i_f + i_- = i_f$。

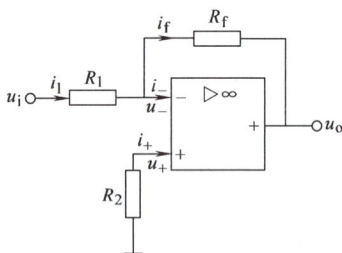

图 4-6　反相比例运算电路

则

$$\frac{u_i - u_-}{R_1} = \frac{u_- - u_o}{R_f}$$

$$u_o = -\frac{R_f}{R_1} u_i$$

则电路的闭环电压放大倍数为

$$A_{uf} = \frac{u_o}{u_i} = -\frac{R_f}{R_1} \tag{4-2}$$

由式（4-2）可见，u_o 与 u_i 是比例关系，改变 R_f 和 R_1 的比值，就能改变闭环放大倍数 A_{uf}，其中负号表示输出电压与输入电压相位相反，故称为反相比例运算电路。

3）特例。在图 4-6 所示的电路中，令 $R_1 = R_f = R$，则 $u_o = -u_i$，即输出信号与输入信号大小相等、极性相反，所以称此电路为反相器，可用作变号运算。

4）反相比例运算电路的特点。

① 输入电阻低，$r_i = R_1$，所以需要向信号源吸取一定的电流。

② 由于反相比例运算电路存在虚地，即 $u_+ = u_- = 0$，所以它的共模输入电压为零，因此对集成运放的共模抑制比要求低。

2. 加法运算电路

在反相输入端增加若干个输入信号，则构成反相加法运算电路，如图 4-7 所示，其中平衡电阻 $R_3 = R_1 /\!/ R_2 /\!/ R_f$。

运用"虚短""虚断"和"虚地"的概念，得

$$i_1 + i_2 = i_f$$

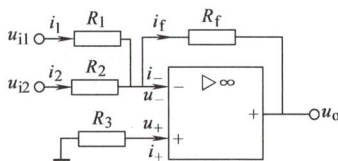

图 4-7　反相加法运算电路

则

$$\frac{u_{i1}}{R_1} + \frac{u_{i2}}{R_2} = \frac{0 - u_o}{R_f}$$

所以

$$u_o = -\left(\frac{R_f}{R_1} u_{i1} + \frac{R_f}{R_2} u_{i2} \right) \tag{4-3}$$

若 $R_1 = R_2 = R_f$，则

$$u_o = -(u_{i1} + u_{i2})$$

即电路实现了反相加法运算，若再加一级反相器，可实现同相加法运算。

3. 减法运算电路

减法运算电路如图 4-8 所示。

运用"虚短"和"虚断"的概念可知，R_2 和 R_3 相当于串联，则

$$u_+ = \frac{R_3}{R_2 + R_3} u_{i2}$$

同理 R_1 和 R_f 上的电流为同一个电流，所以

$$\frac{u_{i1} - u_-}{R_1} = \frac{u_- - u_o}{R_f}$$

因为 $u_+ = u_-$，所以可得

$$u_o = \left(1 + \frac{R_f}{R_1}\right) \frac{R_3}{R_2 + R_3} u_{i2} - \frac{R_f}{R_1} u_{i1}$$

若取 $\dfrac{R_3}{R_2} = \dfrac{R_f}{R_1}$，可得

$$u_o = \frac{R_f}{R_1}(u_{i2} - u_{i1}) \tag{4-4}$$

即输出信号与两个输入信号之差成正比，实现了减法运算，又称为差动放大电路。

当 $R_1 = R_f$ 时

$$u_o = u_{i2} - u_{i1}$$

即输出电压等于两个输入电压之差。

图 4-7 和图 4-8 所示电路都是单运放电路。加法运算和减法运算也可用双运放实现，以减法运算电路为例，电路如图 4-9 所示。

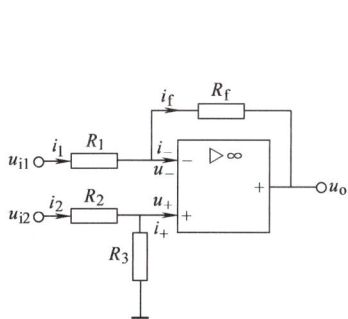

图 4-8　单运放减法运算电路　　　　图 4-9　双运放减法电路

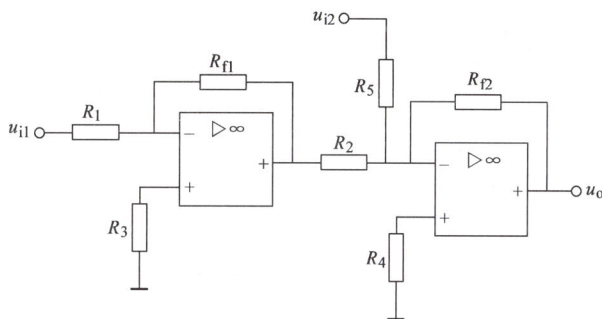

4.2.2　运算放大器在信号处理方面的应用

1. 积分运算电路

积分运算电路是模拟计算机及积分型模-数转换等电路的基本单元之一，它可实现积分运算及产生三角波等，电路如图 4-10 所示。

因为　$u_+ = u_- = 0$，$i_+ = i_- = 0$，$i_1 = i_f$

则

$$\frac{u_i - u_-}{R_1} = C \frac{\mathrm{d}u_c}{\mathrm{d}t}$$

因此
$$u_o = -u_C = -\frac{1}{R_1 C} \int u_i \mathrm{d}t \qquad (4\text{-}5)$$

式（4-5）说明 u_o 和 u_i 是积分关系，负号说明 u_o 和 u_i 反相，$R_1 C$ 是积分时间常数。

2. 微分运算电路

微分运算电路是积分运算的逆运算，只要把电阻 R_1 和 C 的位置互换一下即成为微分运算电路，如图 4-11 所示。

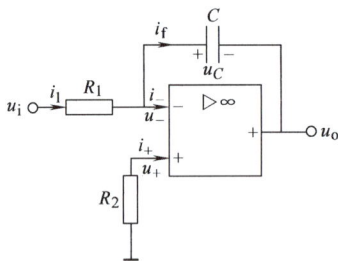

图 4-10　积分运算电路　　　　图 4-11　微分运算电路

因为　$u_+ = u_- = 0$，$i_+ = i_- = 0$，$i_1 = i_f$

即
$$C\frac{\mathrm{d}(u_i - u_-)}{\mathrm{d}t} = \frac{u_- - u_o}{R_1}$$

因此
$$u_o = -R_1 C \frac{\mathrm{d}u_i}{\mathrm{d}t} \qquad (4\text{-}6)$$

式（4-6）说明，输出电压 u_o 取决于输入电压 u_i 对时间 t 的微分。

4.2.3　运算放大器使用注意事项

1. 引脚功能

由于现在的集成运放种类很多，而每种集成运放的引脚数和功能及作用各不相同，因此使用时必须查阅该型号器件的资料，了解其指标参数和使用方法。

2. 集成运放的消振

由于运算放大器内部晶体管的极间电容和其他寄生电容的影响，很容易产生自激振荡，使其不能正常工作，所以在使用时要注意消振。

3. 集成运放的调零

集成运放电路在使用时，要求零输入时输出也为零。因此除了要求运放的同相和反相两输入端的外接电阻平衡外，还要采用调零电位器进行调零。

4. 集成运放的保护措施

（1）电源端保护　图 4-12 所示电路中，在正负电压源引线上串接二极管，当电源接反时，二极管截止，保护了集成运放。

（2）输入端保护　当运放所加的差模和共模信号电压或干扰信号电压过大时，会造成运放输入级损坏。因此在输入端并接极性相反的两只二极管，将输入电压限制在二极管导通电压以内，电路如

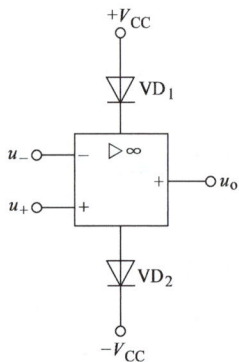

图 4-12　集成运放的
电源端保护

图 4-13 所示。

（3）输出端保护 为了防止输出端电压过大，可利用两只反向串联的稳压管来保护运放的输出级，将输出电压限制在 $\pm(U_Z + U_D)$ 范围内，其中 U_Z 是稳压管的稳压值，U_D 为稳压管的正向压降，电路如图 4-14 所示。

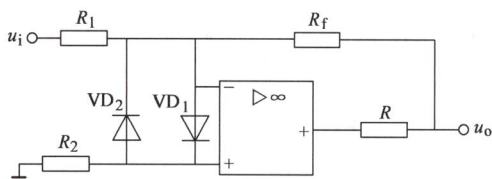

图 4-13 集成运放的输入端保护

4.2.4 集成运放应用举例

要用万用表准确地测量电路中某一个电阻的阻值时，必须把该电阻焊下来，在断电情况下测量，这样就会带来很大的麻烦。只要被测电阻 R_x 不直接接地，就可利用运放的反相比例运算，方便地测量复杂电路中任一电阻 R_x 的阻值。R_x 可保留在原电路中，无须拆卸。电路如图 4-15 所示，R_S 为标准电阻。待测电阻为 $R_x = \dfrac{u_o}{u_i} R_S$，此时，$R_x$ 左端接地的电阻 R 被运放的"虚地"短路，而 R_x 右端接地的电阻可看成运放负载电阻的一部分，与 R_x 相连接的所有电阻均对 R_x 的测量无影响。

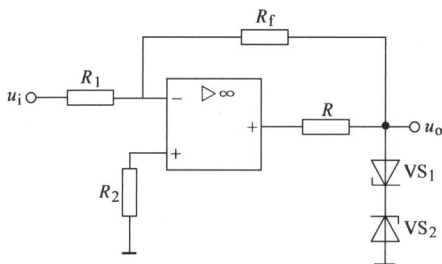

图 4-14 集成运放的输出端保护   图 4-15 电阻在线测量电路

想一想

如何设计集成运放的保护电路？

小知识

集 成 电 路

集成电路（Integrated Circuit）是一种微型电子器件或部件。采用一定的制造工艺，把一个电路中所需的晶体管、电阻、电容和电感等元器件及布线互连一起，制作在一小块或几小块半导体晶片或介质基片上，然后封装在一个管壳内，构成具有所需功能的器件。其中所有元器件在结构上已组成一个整体，使电子器件向着微小型化、低功耗、智能化和高可靠性方面迈进了一大步。它在电路中用字母"IC"表示。

4.3 技能训练：集成运放应用电路的连接与测试

【实训目标】

1）掌握集成运放应用电路的分析与计算方法。

2）理解理想集成运放线性区的特性。

【实训器材】

直流稳压电源、函数信号发生器、双踪示波器、交流毫伏表、万用表各 1 只，集成运放 1 个，电阻器、电容若干。

【实训要求】

1）严禁带电对电路进行连接及拆除操作。

2）正确使用仪器仪表及实训设备。

3）不要乱动与本次实训无关的仪器仪表。

4）实训结束要进行整理、清理等 7S 活动。

【实训内容及步骤】

1. 同相比例运算电路的连接与测试

1）按照图 4-4 连接实训电路，集成运放需要连接 ±12V 电源，其中集成运放为 μA74，$R_f = 100k\Omega$，$R_1 = R_2 = 10k\Omega$。

2）用信号发生器生成频率为 1kHz、有效值为 0.5V 的正弦信号，作为 U_i 加到电路的输入端。

3）用示波器观察 u_i 和 u_o 的波形及相应的数值，并计算出电压放大倍数，填入表 4-1 中。

表 4-1   同相比例电路测量结果记录表

测量值			理论值	u_i 波形	u_o 波形
U_i/V	U_o/V	A_u	A_u	u_i ↑ O → t	u_o ↑ O → t

2. 反相比例运算电路的连接与测试

1）按照图 4-6 连接实训电路，集成运放需要连接 ±12V 电源，其中集成运放为 μA74，$R_f = 100k\Omega$，$R_1 = R_2 = 10k\Omega$。

2）用信号发生器生成频率为 1kHz、有效值为 0.5V 的正弦信号，作为 U_i 加到电路的输入端。

3）用示波器观察 u_i 和 u_o 的波形及相应的数值，并计算出电压放大倍数，填入表 4-2 中。

表 4-2   反相比例电路测量结果记录表

测量值			理论值	u_i 波形	u_o 波形
U_i/V	U_o/V	A_u	A_u	u_i ↑ O → t	u_o ↑ O → t

3. 反相加法运算电路的连接与测试

1）按照图 4-7 连接实训电路，集成运放需要连接 ±12V 电源，其中集成运放为 μA74，$R_f = 100kΩ$，$R_1 = R_2 = R_3 = 10kΩ$。

2）用双路直流稳压电源的直流电压信号并作为输入信号 u_{i1} 和 u_{i2}，加到加法运算电路的输入端，实训者自行选择合适的直流信号幅度，用万用表直流电压档测量输入电压 U_{i1}、U_{i2} 和输出电压 U_o，并与理论值比较，将数值填入表 4-3 中。

表 4-3 反相加法运算电路测量结果记录表

U_{i1}/V	U_{i2}/V	U_o/V（测量值）	U_o/V（理论值）

【实训效果评价】

1）按电路图完成三种电路的连接。（30 分）

2）正确完成集成运放三种线性应用电路的测量与计算。（50 分）

3）实训过程中安全文明操作。（20 分）

【分析与思考】

1）比较理论计算结果和实测数据，分析产生误差的原因？

2）如何判别集成运放是否工作在线性区？

本章小结

（1）集成运放实质上是一种电压放大倍数很大、输入电阻很大和输出电阻很小的多级直接耦合放大电路。它由输入级、中间级、输出级和偏置电路构成。

（2）为简化分析，常将运放理想化，理想运放在线性应用时有两个主要结论："虚短"，即 $u_+ = u_-$；"虚断"，即 $i_+ = i_- = 0$。

（3）运算放大器可通过改变外接反馈网络的形式和数值，实现加法、减法、积分和微分等不同的运算关系以及进行信号的检测、放大和比较等。

（4）运放在使用时先要调零和消振，并要对运算放大器的输入端、输出端和电源端加以保护。

习 题 四

4-1 在图 4-16 所示电路中，设集成运算放大器为理想器件，求如下情况下的输入、输出关系。

（1）开关 S_1、S_3 闭合，S_2 断开。

（2）开关 S_1、S_2 闭合，S_3 断开。

（3）开关 S_2 闭合，S_1、S_3 断开。

（4）开关 S_1、S_2、S_3 都闭合。

4-2 图 4-17 所示电路中，$R_1 = 10kΩ$，$R_f = 50kΩ$，$u_i = 0.5V$，试求 u_o 和 R_2。

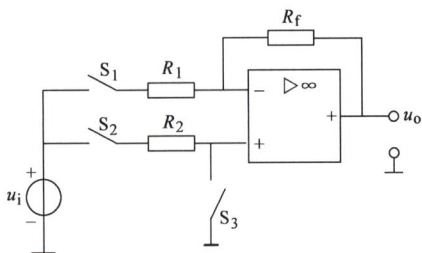

图 4-16 习题 4-1 图

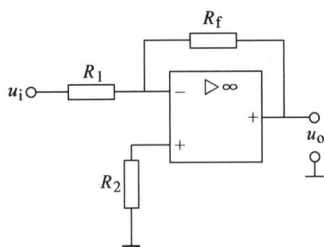

图 4-17 习题 4-2 图

4-3 电路如图 4-7 所示，设 $R_1 = R_2 = R_f = R$，输入电压 u_{i1} 和 u_{i2} 的波形如图 4-18 所示，试画出输出电压 u_o 的波形。

4-4 设计一个运放电路，以实现下面的运算关系
$$u_o = 3u_{i1} + 0.5u_{i2}$$
其中 $R_f = 150\text{k}\Omega$。

4-5 设计一个运放电路，以实现下面的运算关系
$$u_o = 3u_{i1} - u_{i2}$$
其中 $R_f = 20\text{k}\Omega$。

4-6 试求图 4-19 所示电路中的输入、输出电压关系。

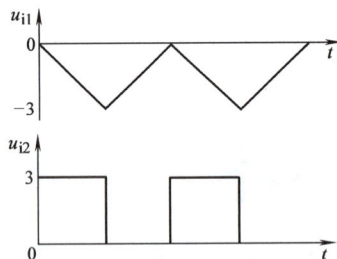

图 4-18 习题 4-3 图

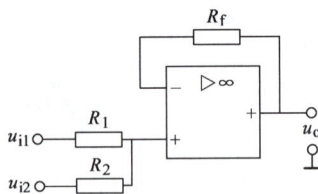

图 4-19 习题 4-6 图

第 5 章

正弦波振荡器

在电子技术领域中，许多场合下需要使用交变信号，如无线电系统中的载波信号、接收机中的本机振荡器、电子测量中的标准信号源等，特别是正弦波信号使用更为广泛，它一般是由自激式振荡器产生的。自激式振荡器是在无任何外加输入信号的情况下，就能自动地将直流电能转换成具有一定频率、振幅和波形的交变电能电路。若产生的交流信号为正（余）弦波，则称为正弦波振荡器。本章介绍正弦波振荡器的组成、振荡条件及 LC 振荡器、石英晶体振荡器和 RC 振荡器等三种振荡器的电路结构和基本工作原理。

知识目标：了解正弦波振荡器的组成与分类；理解产生正弦波自激振荡的条件；掌握 LC、RC 振荡器的振荡频率及主要特点。

能力目标：会应用相位平衡条件分析正弦波振荡电路。

素质目标：分析自激振荡条件，引导学生树立自信、自强信念，激励学生主动学习。

我们常见到这样的情况，当有人把使用的传声器靠近扬声器时，会引起一阵刺耳的啸叫声，这种现象称为电声自激振荡，如图 5-1 所示。

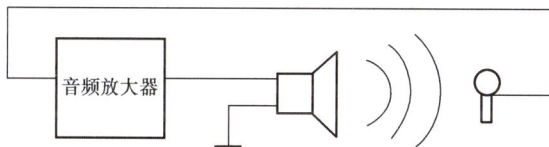

图 5-1　扩音系统中的电声自激振荡

这种现象是由于传声器靠近扬声器时，来自扬声器的声波激励传声器，传声器感应电压并输入放大器，然后扬声器又把放大了的声音再送回传声器，形成正反馈。如此反复循环，就形成了声电和电声的自激振荡啸叫声。

5.1　正弦波振荡器的工作原理

在无须外加输入信号的控制，便可将直流电能转换为具有特定频率和一定振幅的交流信号的电路称为振荡器。振荡器分为正弦波振荡器和非正弦波振荡器，下面分析正弦波振荡器的工作原理。

5.1.1　产生正弦波自激振荡的条件

和分析负反馈原理类似，我们也可以借助框图来分析自激振荡的形成条件。

图 5-2 为正反馈放大电路的框图，在无外加输入信号时就成为图 5-3 所示的自激振荡器框图。图 5-2 中，通常取输入信号 $\dot{X}_i = \dot{U}_i$，反馈信号 $\dot{X}_f = \dot{U}_f$，净输入信号 $\dot{X}_i' = \dot{U}_i'$。

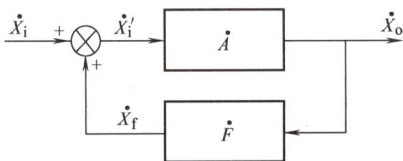

图 5-2　正反馈放大电路框图　　　图 5-3　自激振荡器框图

在电路进入稳定状态后，要求反馈信号 $\dot{U}_f$ 等于原净输入信号 $\dot{U}_i'$。此时，$\dot{U}_f = \dot{U}_i'$，由图 5-3 得 $\dot{U}_f = \dot{U}_i' \dot{A} \dot{F}$，因此自激振荡形成的条件是

$$\dot{A}\dot{F} = 1 \tag{5-1}$$

由于 $\dot{A}\dot{F} = A \angle \varphi_a \cdot F \angle \varphi_f = AF \angle \varphi_a + \varphi_f$，所以 $\dot{A}\dot{F} = 1$ 便可分解为幅值和幅角（相位）两个条件，即相位平衡和振幅平衡。

1. 相位平衡条件

$$\varphi_a + \varphi_f = n \times 2\pi (n = 0,1,2,3,\cdots) \tag{5-2}$$

相位平衡条件的意义：如果断开反馈信号至放大器输入端的连线，在放大器的输入端加一个信号 $\dot{U}_i'$，则经过放大和反馈后，得到的反馈信号 $\dot{U}_f$ 必须和 $\dot{U}_i'$ 同相，这就是正反馈的要求。

2. 振幅平衡条件

$$|\dot{A}\dot{F}| = 1 \tag{5-3}$$

振幅平衡条件的意义：频率为 f_0 的正弦波信号，沿 $\dot{A}$ 和 $\dot{F}$ 环绕一周以后，得到的反馈信号 $\dot{U}_f$ 的大小正好等于原输入信号 $\dot{U}_i'$。

自激振荡两个条件中，关键是相位平衡条件，如果电路不能满足正反馈要求，则肯定不会振荡。至于幅值条件，可以在满足相位条件后，调节电路的参数来达到。判断相位条件，通常采用"瞬时极性法"，即断开反馈信号至放大电路输入端间的连线，施加一个对地瞬时极性为正的信号 $\dot{U}_i$ 于放大电路的输入端，并记作"（＋）"，经放大和反馈后，若在频率从 0 到 ∞ 的范围内存在某一频率为 f_0 的反馈信号 $\dot{U}_f$，它的瞬时极性与 $\dot{U}_i$ 一致，即也是"（＋）"，则认定该电路满足正反馈的相位条件。

5.1.2　自激式振荡器的组成

从振荡条件的组成框图及分析中，我们了解到，一个自激式振荡器由以下几部分组成：

基本放大电路——作用是对反馈信号进行放大。

选频网络——作用是获得单一确定的振荡频率。

反馈网络——作用是将输出回路中的能量取出一部分加到基本放大器的输入端。

为了使振荡的输出稳定，有的电路中还含有稳幅环节。

振荡器的种类很多，按信号的波形来分，可分为正弦波振荡器和非正弦波振荡器。常见的非正弦波形有：方波、矩形波和锯齿波等。正弦波振荡器则可按选频网络的不同来分类：选频网络由 *RC* 电路构成的称为 *RC* 正弦波振荡器；选频网络由 *LC* 电路构成的称为 *LC* 正弦波振荡器。

> 💡 **想一想**
>
> 正弦波振荡器是由哪几部分组成的？
>
> 振荡器的起振条件是什么？平衡条件是什么？

5.2 *LC* 正弦波振荡器

选频网络采用 *LC* 谐振回路的反馈式正弦波振荡器，称为 *LC* 正弦波振荡器，简称 *LC* 振荡器。*LC* 振荡器中的有源器件可以是晶体管和场效应晶体管，也可以是集成电路。由于 *LC* 振荡器产生的正弦信号的频率较高（几十千赫到吉赫左右），而普通集成运放的频带较窄，高速集成运放的价格又较贵，所以 *LC* 振荡器常用分立元件组成。

LC 振荡器的电路结构较多，若按反馈信号的耦合方式可分为三类：变压器反馈式振荡器、电感反馈式（又称电感三点式）振荡器、电容反馈式（又称电容三点式）振荡器及其改进型电路。三种电路的共同特点是采用 *LC* 并联谐振回路作为选频网络。

5.2.1 *LC* 并联谐振特性

让我们回顾一下电工原理中关于并联谐振电路的讨论。图 5-4 为 *LC* 并联回路，该并联回路 *AB* 端的阻抗 *Z* 可写成

$$Z = \frac{(R + \mathrm{j}\omega L)\left(\dfrac{1}{\mathrm{j}\omega C}\right)}{R + \mathrm{j}\left(\omega L - \dfrac{1}{\omega C}\right)} \tag{5-4}$$

通常 *LC* 电路中 $\omega L \gg R$，故上式可简化为

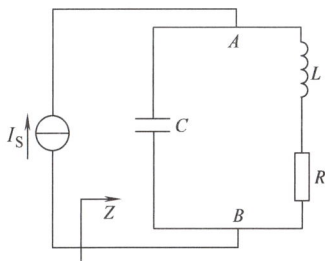

图 5-4 *LC* 并联谐振选频网络

$$Z = \frac{\dfrac{L}{C}}{R + \mathrm{j}\left(\omega L - \dfrac{1}{\omega C}\right)} \tag{5-5}$$

1. 谐振频率

阻抗的虚部为零时，电流与电压同相，称为并联谐振，令并联谐振的角频率为 ω_0，则由式（5-5）可得 $\omega_0 L - \dfrac{1}{\omega_0 C} = 0$，即 $\omega_0 = \dfrac{1}{\sqrt{LC}}$，因为 $f_0 = \dfrac{\omega_0}{2\pi}$，所以

$$f_0 = \frac{1}{2\pi \sqrt{LC}} \qquad (5\text{-}6)$$

2. 并联谐振阻抗 Z_0

并联谐振时，图 5-4A、B 端的阻抗，称为谐振阻抗，用 Z_0 表示。在式（5-5）中角频率 ω 用 ω_0 取代，可得

$$Z_0 = \frac{\dfrac{L}{C}}{R + j\left(\omega_0 L - \dfrac{1}{\omega_0 C}\right)} = \frac{L}{RC} \qquad (5\text{-}7)$$

可见，谐振时回路的等效阻抗最大，且为纯电阻性质。

3. LC 回路的品质因数 Q 及其意义

Q 为回路中 L 或 C 在谐振时的电抗与回路中总损耗电阻 R 的比值，即

$$Q = \frac{\omega_0 L}{R} = \frac{1}{R\omega_0 C} = \frac{1}{R}\sqrt{\frac{L}{C}} \qquad (5\text{-}8)$$

将式（5-7）与式（5-8）比较，解得

$$Z_0 = Q \frac{1}{\omega_0 C} = Q\omega_0 L \qquad (5\text{-}9)$$

可见，并联谐振时，回路的谐振阻抗 Z_0 比支路电抗 $\omega_0 L$ 或 $\dfrac{1}{\omega_0 C}$ 大 Q 倍，LC 回路的 Q 值越大，谐振阻抗 Z_0 也越大。由于并联谐振电路的电压相等，所以支路电流 I_L 或 I_C 要比总电流 I_S 大 Q 倍。一个有趣的例子是，在某些大功率的高频振荡设备中，LC 回路所用的导线要比供电电源的总线的断面粗得多，联系 LC 并联谐振原理后，这也就不足为奇了。

4. LC 并联谐振回路的选频特性

由 LC 并联回路的阻抗表达式（5-5）可以看出，阻抗 Z 是 f 频率的函数，图 5-5a、b 分别为回路的幅频特性和相频特性。

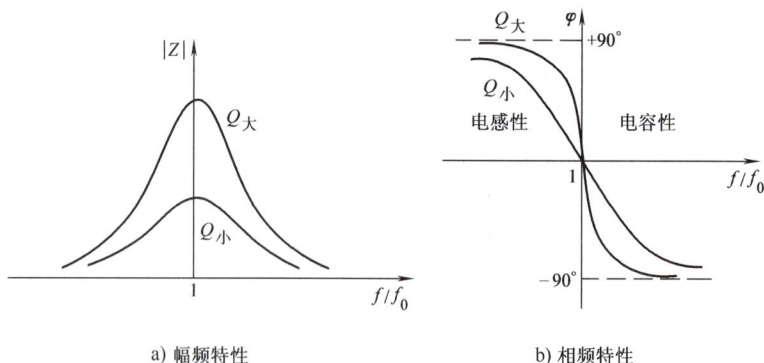

a) 幅频特性 b) 相频特性

图 5-5 LC 并联谐振回路的选频特性

当频率较低时，回路阻抗 Z 呈电感性；当发生谐振时（即 $f = f_0$），回路阻抗 Z 最大，且为纯电阻；当频率较高时，回路阻抗 Z 呈电容性。

从图 5-5a 的幅频特性可以看出，Q 值越大，谐振阻抗 Z_0 也越大；Q 值越大，谐振电压 U 不但越大而且随信号频率下降也越快（Q 大时的特性曲线比 Q 小时的特性曲线尖锐），其

通频带就越窄，选择信号的能力也就越强。

5.2.2 变压器反馈式 *LC* 正弦波振荡器

1. 电路结构

变压器反馈式振荡器又称互感耦合振荡器，其典型电路如图 5-6a 所示。其中：谐振放大器由晶体管、偏置电路和选频网络 *LC* 组成，C_b 为隔直耦合电容，C_e 为发射极旁路电容；通过 L_1L 互感耦合，将 L_1 上的反馈电压加到放大器输入端；通过 L_2L 互感耦合，在负载 R_L 上得到正弦波输出电压。

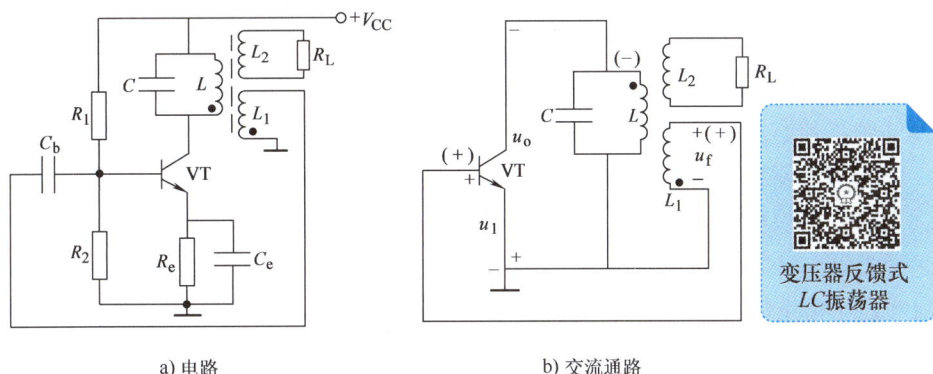

a) 电路　　　　　　　　　　　b) 交流通路

图 5-6　变压器反馈式振荡器

2. 相位平衡条件的判断和振荡频率

（1）相位平衡条件的判断　在不考虑晶体管高频效应的情况下，由图 5-6b，根据电压瞬时极性法和所标变压器的同名端可得：设基极为"（＋）"，集电极为"（－）"，同名端也为"（－）"，L_1 上端对地的电压"（＋）"，加到晶体管的基极，与原假定极性相同，即构成正反馈，满足相位条件，同时幅度条件很容易满足，故可产生振荡。

（2）振荡频率　若负载很轻，*LC* 回路的 *Q* 值较高，则振荡频率近似等于回路并联谐振频率，即

$$f_0 = \frac{1}{2\pi\sqrt{LC}} \tag{5-10}$$

对于以 f_0 为中心的通频带以外的其他频率分量，因回路失谐而被抑制掉。变压器反馈式振荡器的工作频率不宜过高，一般应用于中、短波段（几十千赫到几十兆赫）。

5.2.3 三点式振荡器的组成原则

三点式振荡电路的一般形式如图 5-7 所示。图中，晶体管的三个电极分别与振荡回路中的电容 *C* 或电感 *L* 的三个点相连接，三点式的名称即由此而来。X_{ce}、X_{be}、X_{cb} 是振荡回路的三个电抗元件的电抗。

对于振荡器而言，其集电极电压 U_{ce} 与基极电压 U_{be} 是反相的，两者差 $180°$。为了满足相位平衡条件，即满足是正反馈的条件，反馈电压 U_f 也需产生 $180°$ 的相位差（超前或滞后均

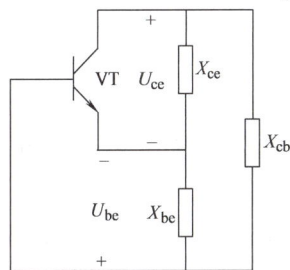

图 5-7　三点式振荡电路
的一般形式

可）。为此，X_{be} 与 X_{ce} 必须性质相同，即为同类电抗，U_f 才能为负值，产生所需相位差。

X_{be} 与 X_{ce} 既然是同类电抗（即同为容抗或感抗），则 X_{cb} 与 X_{ce}、X_{be} 为异类电抗，这样才能构成 LC 三点式振荡电路，这是构成三点式振荡器的原则。判断一个三点式振荡电路的相位条件是否满足时，只要观察到两个电容或电感的抽头接晶体管的发射极，则正反馈条件一定满足，以此作为判断满足相位条件的依据。

5.2.4 电感三点式振荡器

1. 电路结构

如图 5-8a 所示，振荡管为晶体管，R_{b1}、R_{b2} 是它的偏置电阻，C_e 为交流旁路电容，C_b 为隔直耦合电容，L_1、L_2、C 组成选频回路。反馈信号从电感两端取出送至输入端，所以叫电感反馈式振荡器。因电感的三个抽头分别接晶体管的三个电极，所以又称电感三点式振荡器（哈特莱振荡器）。

2. 相位平衡条件的判断和振荡频率

（1）相位平衡条件的判断 如图 5-8b 所示，X_{cb} 为 C，X_{be} 为 L_1，X_{ce} 为 L_2，故 X_{be} 与 X_{ce} 是同类电抗（即同为感抗），X_{cb} 与 X_{be}、X_{ce} 为异类电抗。满足三点式振荡器的组成原则，满足相位平衡条件。

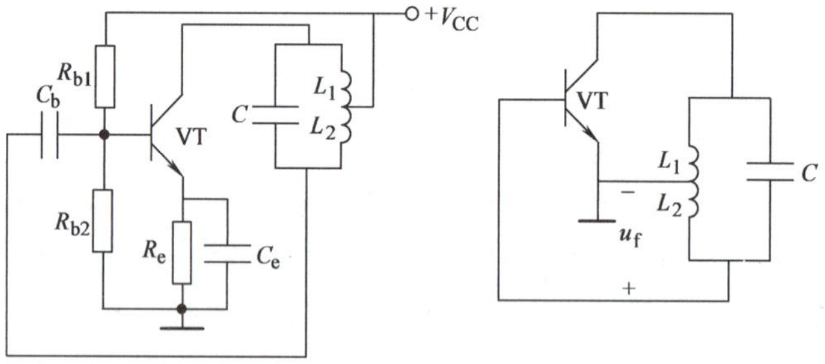

a) 电路　　　　　　　　　　　　b) 交流通路

图 5-8 电感三点式振荡器

（2）振荡频率 当不考虑分布参数的影响，且 Q 值较高时，振荡频率近似等于回路的谐振频率，即

$$f_0 = \frac{1}{2\pi \sqrt{LC}} \tag{5-11}$$

式中，$L = L_1 + L_2 + 2M$（M 为 L_1 和 L_2 间的互感，不考虑互感时 $M = 0$）。

对于 f_0 以外的其他频率成分，因回路失谐而被抑制掉。

3. 电感三点式振荡器的特点

1）振荡波形较差。由于反馈电压取自电感，而电感对高次谐波阻抗大，反馈信号较强，使输出谐波分量较大，所以同标准正弦波相比，波形失真较大。

2）振荡频率较低。由电路结构可见，当考虑电路的分布参数时，晶体管的输入、输出电容并联在 L_1、L_2 两端，频率越高，回路 L、C 的容量要求越小，分布参数的影响也就越严重，使振荡频率的稳定度大大降低。因此，一般最高振荡频率只能达几十兆赫。

3）由于起振的相位条件和幅度条件很容易满足，所以容易起振。

4）调整方便。若将振荡回路中的电容选为可变电容，便可使振荡频率在较大的范围内连续可调。另外，若将线圈 L 中装上可调磁心，当磁心旋进时，电感量 L 增大，振荡频率下降；当磁心旋出时，电感量 L 减小，振荡频率升高，但电感量的变化很小，只能实现振荡频率的微调。

5.2.5　电容三点式振荡器

1. 电路结构

如图 5-9a 所示，振荡管为晶体管，R_{b1}、R_{b2} 和 R_e 构成稳定偏置电路；C_e 为交流旁路电容；C_b、C_c 为隔直耦合电容；L_c 为扼流圈，防止交流分量通过电源短路；C_1、C_2 和 L 组成选频网络。反馈信号从电容 C_2 两端取出，送往输入端，故称电容反馈式振荡器（考毕兹振荡器）。

2. 相位平衡条件的判断和振荡频率

（1）相位平衡条件的判断　如图 5-9b 所示，对交流而言，振荡回路中两个电容的三根引线分别接晶体管三个电极（电容三点式振荡器的名称正是缘于此），且两个电容的中间抽头接晶体管的发射极。X_{cb} 为 L，X_{be} 为 C_2，X_{ce} 为 C_1，故 X_{be} 与 X_{ce} 是同类电抗（即同容抗），则 X_{cb} 与 X_{be}、X_{ce} 为异类电抗。满足三点式振荡器的组成原则，满足相位平衡条件。

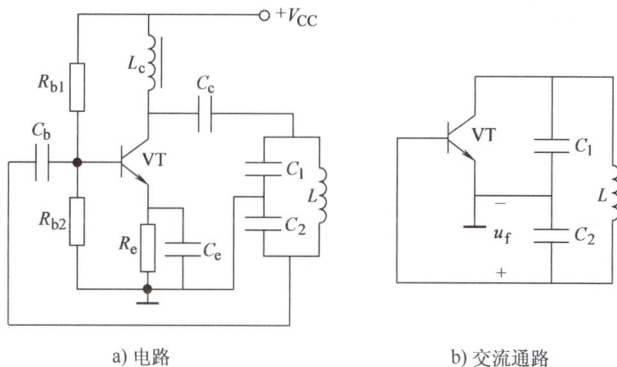

图 5-9　电容三点式振荡器

（2）振荡频率　当不考虑分布参数的影响，且 Q 值较高时，振荡频率近似等于回路的谐振频率，计算表达式与式（5-6）相同，即

$$f_0 = \frac{1}{2\pi\sqrt{LC}} \tag{5-12}$$

式中，C 为 L 两端的等效电容。当不考虑分布电容时，C 为 C_1、C_2 的串联等效电容，即

$$C = \frac{C_1 \cdot C_2}{C_1 + C_2} \tag{5-13}$$

对于 f_0 以外的其他频率成分，因回路失谐而被抑制掉。

3. 电容三点式振荡器的特点

1）输出波形好。由于反馈信号取自电容两端，而电容对高次谐波阻抗小，相应地反馈量也小，所以输出量中谐波分量也较小，波形较好。

2）加大回路电容可提高振荡频率稳定度。由于晶体管不稳定的输入、输出电容 C_i 和

$C_。$与谐振回路的电容 C_1、C_2 相并联，增大 C_1、C_2 的容量，可减小 C_i 和 $C_。$ 对振荡频率稳定度的影响。

3）振荡频率较高。电容三点式振荡器可利用器件的输入、输出电容作为回路电容（甚至不需外接回路电容），可获得很高的振荡频率，一般可达几百兆赫甚至上千兆赫。

4）调整频率不方便。若调节频率时，改变电感显然很不方便，一是频率高时，电感量小，一般采用空芯线圈，只能靠伸缩匝间距改变电感量，准确性太差；二是采用有抽头的电感，但也不能使振荡频率连续可调。若改变电容来调节振荡频率，则需同时改变 C_1、C_2 而保持其比值不变，否则反馈系数 $F = C_1/C_2$ 将发生变化，反馈信号的大小也会随之而变，甚至可能破坏起振条件，造成停振。解决的办法是：在 L 两端并接可变电容 C_3，容量大小要满足 $C_3 \ll C_1$、C_2。只有这样，在调节频率时，对反馈系数的影响才比较小。

> **想一想**
>
> LC 振荡器分为哪几种？各有什么特点？
> 三点式振荡器的组成原则是什么？

5.3　石英晶体振荡器

在电子技术中，作为时间基准的振荡器，其频率稳定度要求高达 $10^{-8} \sim 10^{-9}$ 数量级。对于 LC 振荡器，尽管可以在电路的选择、元器件选用、工艺安装等方面采取一系列的稳频措施，但因 L、C 的 Q 值较低，一般在几十，最高达一、二百的数量级，其频率稳定度为 $10^{-4} \sim 10^{-5}$ 数量级，这种稳定度不能满足标准性要求很高的场合。石英晶体振荡器是控制振荡频率的一种振荡器，其频率稳定度随采用的石英晶体谐振器、电路形式以及稳频措施的不同而不同，一般在 $10^{-4} \sim 10^{-11}$ 范围内。

5.3.1　石英谐振器

石英晶体的化学成分是二氧化硅（SiO_2），外形呈六角形锥体。石英晶体的导电性与晶体的晶格方向有关，按一定方位把石英晶体切成具有一定几何形状的石英片，两面敷上银层，焊出引线，装在支架上，再用外壳封装，就制成了石英谐振器，其图形符号如图 5-10 所示。

1. 正反压电效应

当石英片两面加机械力时，石英片两面将产生电荷，电荷的多少基本上与机械力所引起的形变成正比，电荷的正负将取决于所加机械力是张力还是压力。由机械形变引起产生电荷的效应称为正压电效应，交变电场引起石英片发生机械形变（压缩或伸展）的效应称为反压电效应。

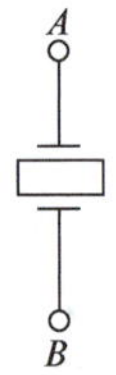

实验证明，当石英片外加不同频率的交变信号时，其机械形变的大小也不相同。当外加交变信号为某一频率时，机械形变最大，石英

图 5-10　石英谐振器
图形符号

片的机械振动最强，相应地石英片表面所产生的电荷量也最大，外电路中的电流也最大，即发生了谐振现象，说明石英片具有谐振电路的特性。石英片和其他物体一样存在着固有振动频率，当外加信号的频率与石英片的固有振动频率相等时，将产生谐振，且谐振频率由石英片机械振动的固有频率（又称基频）所决定。石英片的固有频率与石英片的几何尺寸有关，一般来说石英片愈薄，则频率愈高。但石英片愈薄，机械强度愈差，加工也愈困难。目前，石英片的基频频率最高可达 20MHz。

2. 石英片的等效电路

当石英片发生谐振时，在外电路上可以产生很大的电流，这种情况与电路的谐振现象非常相似。因此，可以采用一组电路参数来模拟这种现象，其等效电路如图 5-11 所示。L_1、C_1、R_1 分别为石英片的模拟动态等效电感、等效电容和损耗电阻，C_0 为静态电容，它是以石英为介质在两极板间所形成的电容。一般石英谐振器的参数范围：R_1 为 $10 \sim 150\Omega$，L_1 为 $0.01 \sim 10$H，C_1 为 $0.005 \sim 0.1$pF，C_0 为 $2 \sim 5$pF。

图 5-11 石英谐振器等效电路

3. 石英谐振器的特点

（1）高 Q 值 由于参数 L_1 很大，而 C_1 又很小，故 L_1、C_1、R_1 串联支路中的 Q 值为

$$Q = \frac{1}{R_1}\sqrt{\frac{L_1}{C_1}} \tag{5-14}$$

其 Q 值很高，可达 $10^5 \sim 10^6$，这是普通 LC 电路无法相比的。

（2）有两个谐振频率 f_1 和 f_2 由图 5-11 分析可得，石英晶体有两个谐振频率。一是由 L_1、C_1 和 R_1 串联支路决定的串联谐振频率 f_1，它就是石英片本身的自然谐振频率，为

$$f_1 = \frac{1}{2\pi\sqrt{L_1 C_1}} \tag{5-15}$$

二是由石英片和静态电容 C_0 组成的并联电路所决定的并联谐振频率 f_2。对回路电感 L_1 而言，总等效电容 C_1 和 C_0 为串联关系，则 $f_2 > f_1$，所以串联支路等效为电感，与 C_0 并联谐振，故

$$f_2 = \frac{1}{2\pi\sqrt{L_1\dfrac{C_0 C_1}{C_0 + C_1}}} = f_1\sqrt{1 + \frac{C_1}{C_0}} \tag{5-16}$$

因为 $C_1 \ll C_0$，故上式可近似为

$$f_2 = f_1\left(1 + \frac{C_1}{2C_0}\right) \tag{5-17}$$

则

$$f_2 - f_1 \approx f_1\frac{C_1}{2C_0} \tag{5-18}$$

其差值随不同的石英谐振器而不同，一般为几十赫至几百赫。

（3）石英片的电抗特性曲线 当 L_1、C_1、R_1 支路发生串联谐振时，电抗为零，则 AB 间的阻抗为纯电阻 R_1，由于 R_1 很小，可视为短路，说明石英片在这种情况下可充当特殊短

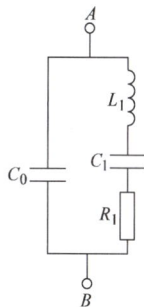

路元件使用。当石英片发生并联谐振时，AB 两端间的阻抗为无穷大。当 $f > f_2$ 或 $f < f_1$ 时，等效电路呈容性，石英片充当一个等效电容；当 $f_1 < f < f_2$ 时，等效电路呈电感性，这个区域很窄，石英片充当一个等效电感。不过此电感是一个特殊的电感，它仅存在于 f_1 与 f_2 之间，且随频率 f 的变化而变化。石英片的电抗特性曲线如图 5-12 所示。

5.3.2　石英晶体振荡电路

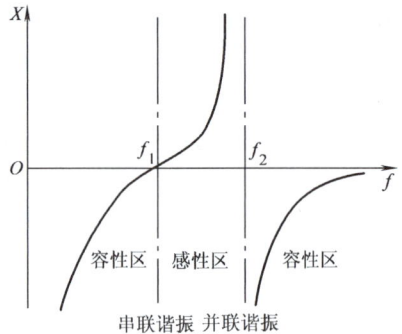

图 5-12　石英片的电抗特性曲线

根据石英片电抗特性曲线可知，石英片在电路中可以起三种作用：一是充当等效电感，石英片工作在接近于并联谐振频率 f_2 的狭窄感性区域内，这类振荡器称为并联谐振型石英晶体振荡器；二是充当短路元件，并串接在反馈支路内，用以控制反馈系数，它工作在石英晶体的串联谐振频率 f_1 上，称为串联谐振型石英晶体振荡器；三是充当等效电容，使用较少。

1. 并联型晶体振荡电路

这类石英晶体振荡的工作原理及振荡电路和一般的三点式 LC 振荡器相同，只是将三点式振荡回路中的电感元件用晶体取代，分析方法也和 LC 三点式振荡器相同。在实际中，常用的石英晶体振荡器是将石英晶体接在振荡管的 c—b 间（或场效应晶体管的D—G间）或b—e间（或场效应晶体管的G—S间）。前者相当于电容三点式振荡电路，又称皮尔斯电路；后者相当于电感三点式振荡电路，又称密勒电路。振荡管可以是晶体管，也可以是场效应晶体管，图 5-13 为它们的基本电路和等效电路。

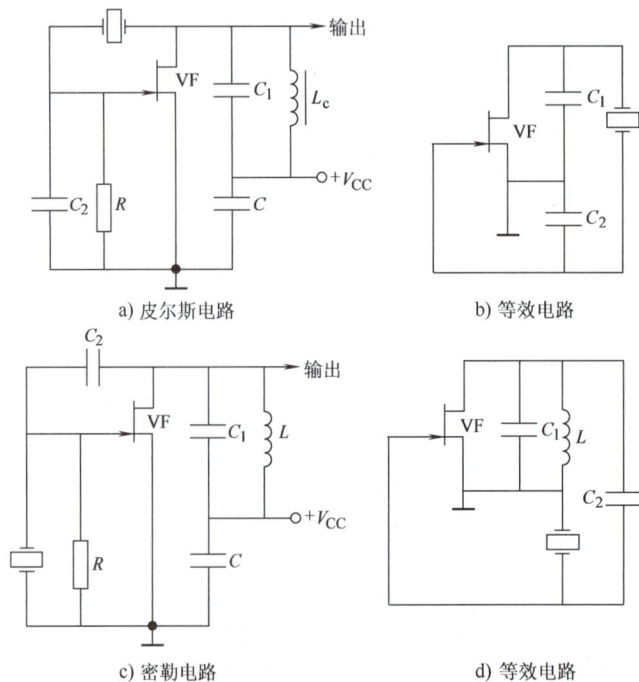

a) 皮尔斯电路

b) 等效电路

c) 密勒电路

d) 等效电路

图 5-13　并联型晶体振荡电路

与 LC 三点式振荡电路相比，皮尔斯电路的等效电路可看成是考毕兹振荡器，而密勒电路则可看成是哈特莱振荡器，电路中的石英晶体只有等效为电感元件，振荡电路才能成立。

2. 串联型晶体振荡电路

石英晶体作为短路元件应用的振荡电路就是串联型晶体振荡电路，如图 5-14 所示。电路中既可用基频晶体，也可用泛音晶体。在这两种振荡器中，石英晶体的作用类似于一个容量很大的耦合电容或旁路电容，并且，只有使石英晶体基本工作在串联谐振频率上，才能获得这种特性。

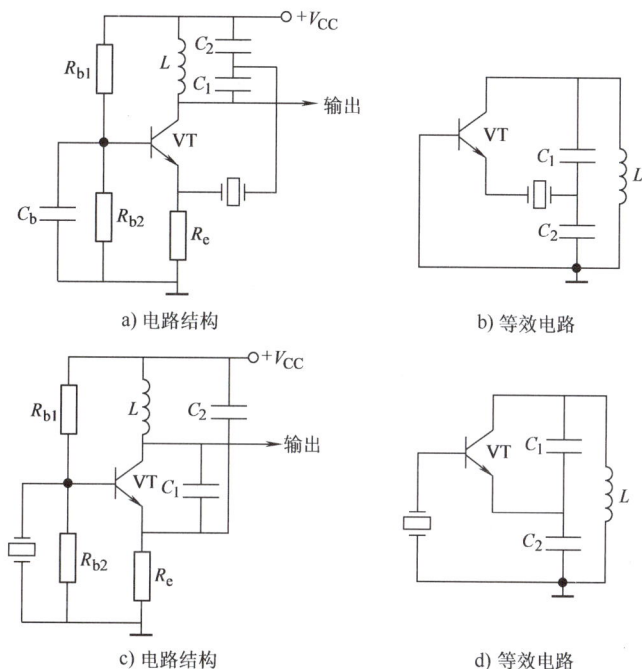

图 5-14　串联型晶体振荡电路

在图 5-14b 中，视石英晶体为短路元件，等效电路与电容三点式毫无区别。根据这个原理，应将振荡回路的振荡频率调谐到石英晶体的串联谐振频率上，使石英晶体的阻抗最小，电路的正反馈最强，满足振荡条件。而对于其他频率的信号，晶体的阻抗较大，正反馈减弱，电路不能起振。对于图 5-14d 所示的电路，石英晶体则是串联在交流信号的反馈回路中，它的作用类似于旁路电容。

上述两种电路的振荡频率以及频率稳定度，都是由石英谐振器和串联谐振频率所决定的，而不取决于振荡回路。但是，振荡回路的元件也不能随意选用，而应该使所选用元件构成的回路的固有频率与石英谐振器的串联谐振频率相一致。

想一想

什么是"正压电效应"和"反压电效应"？什么是压电谐振？

为什么石英谐振器具有很高的频率稳定性？

5.4 *RC* 正弦波振荡器

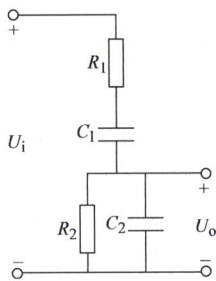

图 5-15 *RC* 串并联电路

RC 正弦波振荡器分为 *RC* 串、并联电路式（桥式）、移相式和双 T 式电路等类型，最常见的是 *RC* 串、并联电路式。

5.4.1 *RC* 串、并联电路的选频特性

图 5-15 所示电路由 R_1、C_1 串联组合与 R_2、C_2 并联组合串联而成，它在 *RC* 正弦波振荡器中一般既是反馈网络又是选频网络。

在图 5-15 中，R_1 与 C_1 的串联阻抗 $Z_1 = R_1 + 1/\mathrm{j}\omega C_1$，$R_2$ 与 C_2 的并联阻抗 $Z_2 = R_2 /\!/ (1/\mathrm{j}\omega C_2) = R_2/(1 + \mathrm{j}\omega R_2 C_2)$，而电路输出电压 $\dot{U}_\mathrm{o}$ 与输入电压 $\dot{U}_\mathrm{i}$ 的关系为

$$\dot{F} = \frac{\dot{U}_\mathrm{o}}{\dot{U}_\mathrm{i}} = \frac{Z_2}{Z_1 + Z_2} = \frac{R_2/(1 + \mathrm{j}\omega R_2 C_2)}{R_1 + (1/\mathrm{j}\omega C_1) + R_2/(1 + \mathrm{j}\omega R_2 C_2)}$$

$$= \frac{1}{(1 + C_2/C_1 + R_1/R_2) + \mathrm{j}(\omega R_1 C_2 - 1/\omega C_1 R_2)}$$

通常取 $R_1 = R_2 = R$，$C_1 = C_2 = C$，于是

$$\dot{F} = \frac{1}{3 + \mathrm{j}(\omega/\omega_0 - \omega_0/\omega)} \tag{5-19}$$

式中，$\omega_0 = 1/RC$ 是电路的特征角频率，$\dot{F}$ 的幅频特性为

$$|\dot{F}| = \frac{1}{\sqrt{3^2 + (\omega/\omega_0 - \omega_0/\omega)^2}} \tag{5-20}$$

相频特性为

$$\varphi_\mathrm{F} = -\arctan \frac{\omega/\omega_0 - \omega_0/\omega}{3} \tag{5-21}$$

根据式（5-20）和式（5-21）画出 $\dot{F}$ 的频率特性如图 5-16 所示。可见，当 $\omega = \omega_0 = 1/RC$ 时，$|\dot{F}|$ 达到最大，其值为 1/3；而当 ω 偏离 ω_0 时，$|\dot{F}|$ 急剧下降。因此，*RC* 串联电路具有选频特性。另外，当 $\omega = \omega_0$ 时，$\varphi_\mathrm{F} = 0°$，电路呈现纯阻性，即 $\dot{U}_\mathrm{i}$ 与 $\dot{U}_\mathrm{o}$ 同相。利用 *RC* 串并联电路的幅频特性和相频特性的特点，既可把它作为选频网络，又可作为反馈网络。

5.4.2 *RC* 桥式振荡器

由图 5-16 可知，若用 *RC* 串并联电路作为振荡器的反馈网络，组成 *RC* 正弦波振荡器，则要求在 $\omega = \omega_0$ 时，放大电路的输出与输入同相，即 $\varphi_\mathrm{A} = 0°$，这样才能满足相位平衡条件。同时，要求放大电路的放大倍数略

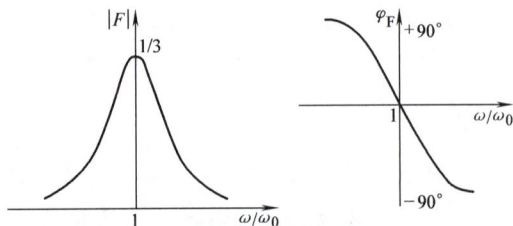

图 5-16 *RC* 串并联电路的选频特性

大于 3，以满足起振条件 $|\dot{A}\dot{F}| > 1$（因为在 $\omega = \omega_0$ 时，$|\dot{F}| = 1/3$）。在振荡器中还应加入稳幅环节，使幅值平衡条件得以满足。图 5-17 为采用 RC 串并联电路的正弦波振荡器，该电路又称为文氏电桥振荡器。

下面结合图 5-17 介绍分析 RC 振荡器的步骤和方法。

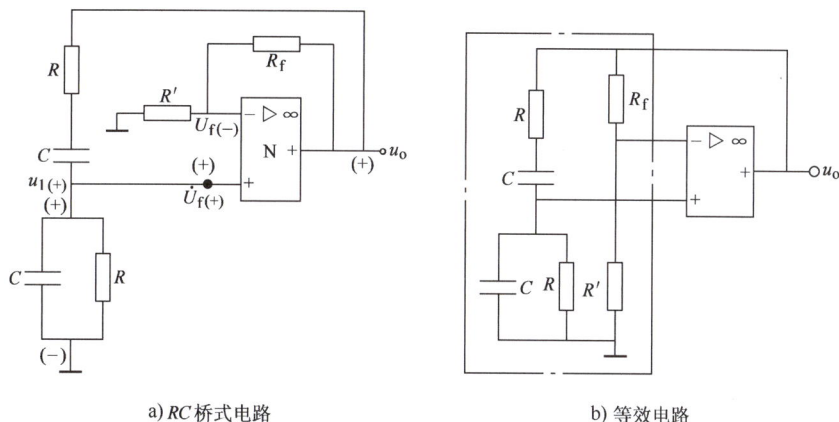

a) RC 桥式电路   b) 等效电路

图 5-17 采用 RC 串并联电路的正弦波振荡器

1. 看组成

即检查电路是否包括放大电路、反馈电路和选频网络三部分。图 5-17a 中，集成运放和电阻 R_f、R' 共同组成同相比例放大电路，其中通过 R_f、R' 为集成运放引入一个负反馈，其反馈电压为 $\dot{U}_{f(-)}$。但是，这个反馈网络并没有选频作用。RC 串并联电路为集成运放引入另一个反馈，其反馈电压为 $\dot{U}_{f(+)}$，这个电路既是反馈网络，又是选频网络。

2. 看反馈

我们可以把带负反馈的集成运放看成是 $A_u = 1 + R_f/R'$ 的一个不带反馈的放大电路。因此，主要是分析由 $\dot{U}_{f(+)}$ 引入的反馈极性。如果是正反馈，则能满足产生自激振荡的相位平衡条件，反之则不能。例如，可以假定断开 $\dot{U}_{f(+)}$ 到集成运放同相输入端的连线，并在断开处加一假想的输入信号 $\dot{U}_i'$。然后，通过标注瞬时极性的方法，判断 $\dot{U}_{f(+)}$ 与 $\dot{U}_i'$ 的相位关系。实际上，在图 5-17a 中不难看出，由于集成运放是同相输入，$\dot{U}_o$ 与 $\dot{U}_i'$ 同相。又根据 RC 串并联电路的频率特性，在 $\omega = \omega_0$ 时，从 $\dot{U}_o$ 到 $\dot{U}_{f(+)}$ 也是同相，因此，$\dot{U}_{f(+)}$ 与假想的输入信号 $\dot{U}_i'$ 同相。电路满足产生振荡的相位平衡条件（$\varphi_A = 0°$，$\varphi_F = 0°$，$\varphi_{AF} = \varphi_A + \varphi_F = 0°$）。

应该注意，为了产生振荡，电路必须同时满足相位平衡条件和幅值平衡条件。但是，我们在本章中往往首先检查电路是否满足相位平衡条件。

3. 看放大

如果采用分立元件放大电路，应检查管子的静态是否合理。如果用集成运放，则应检查输入端是否有直流通路，运放有无放大作用。

4. 看产生振荡的幅值平衡条件

在图 5-17a 中，如果忽略放大电路的输入电阻和输出电阻与反馈网络的相互影响，并把由集成运放组成的同相比例电路看作是一个不带反馈的放大电路，则其电压增益为

$$A_u = 1 + R_f/R' \tag{5-22}$$

由图 5-16 可知，当 $\omega = \omega_0$ 时，$|\dot{F}| = 1/3$。因此，只有满足

$$A_u = 1 + \frac{R_f}{R'} > 3 \tag{5-23}$$

才能满足 $|\dot{A}\dot{F}| > 1$ 的起振条件。由此得出

$$R_f > 2R' \tag{5-24}$$

再从图 5-17a 中的两个反馈看，在 $\omega = \omega_0$ 时，正反馈电压 $\dot{U}_{f(+)} = \dot{U}_o/3$，负反馈电压 $\dot{U}_{f(-)} = \dot{U}_o R'/(R' + R_f)$。显然，只有 $\dot{U}_{f(+)} > \dot{U}_{f(-)}$，才是正反馈，才能产生自激振荡。因此，必须有 $(\dot{U}_o/3) > [\dot{U}_o R'/(R' + R_f)]$，或 $R_f > 2R'$。

式（5-24）就是图 5-17 电路的起振条件，而 $R_f = 2R'$ 则是维持振荡的幅值平衡条件。而振荡频率为

$$f_0 = \frac{1}{2\pi RC} \tag{5-25}$$

如果把图 5-17a 改画成图 5-17b，则可看出点线框中的电路接成了电桥形式，因此，这种 RC 正弦波振荡器又可叫作 RC 桥式振荡器。

> **想一想**
>
> RC 振荡器有什么特点？
>
> 分析 RC 振荡器有哪几个步骤？

5.5 技能训练：RC 正弦波振荡器的连接与测试

【实训目标】

1）了解正弦波振荡起振条件 $|\dot{A}\dot{F}| > 1$。

2）学会测量、调试振荡器。

【实训器材】

直流稳压电源、双踪示波器、万用表、频率计各 1 个，集成运放 1 只，电阻、电容若干。

【实训要求】

1）严禁带电对电路进行连接及拆除操作。

2）正确使用仪器仪表及实训设备。

3）不要乱动与本次实训无关的仪器仪表。

4）实训结束要进行整理、清理等7S活动。

【实训内容及步骤】

1. RC 桥式振荡器工作原理

RC 桥式振荡器由 RC 串并联选频网络和一个负反馈放大电路两部分构成，当振荡频率 $f_0 = 1/(2\pi RC)$，反馈系数 $F = 1/3$ 时，才满足 $|\dot{A}\dot{F}| > 1$ 起振条件。因此当满足 $A = 1 + \dfrac{R_f}{R'} > 3$ 时，即 $R_f > 2R'$ 时电路起振。当 $R_f = 2R'$ 时，振荡器输出稳定的波形并维持在平衡状态。

2. RC 正弦波振荡器的连接

按照图 5-17 连接 RC 桥式振荡器实训电路，其中集成运放为 μA74，$R_f = 10\text{k}\Omega$，R' 为 10kΩ 的可变电阻。把 R' 调整到较小阻值（小于 1kΩ），集成运放连接 ±12V 电源。

3. RC 正弦波振荡器的测试

调整实训电路到最佳工作状态，测试实训数据，并记录到表 5-1 中。

1）取 $R = 1\text{k}\Omega$，$C = 0.01\mu\text{F}$ 时，观察输出波形并测量振荡频率。

逐渐增大 R'，用示波器观察输出端的波形，电路起振后输出波形幅度适当时，再调小 R' 值，电路输出稳定的正弦波状态下，用频率计测量振荡电路的振荡频率。

表 5-1 RC 振荡器的振荡频率

电阻 R/kΩ	电容 C/μF	实测频率	计算频率
1	0.01		
1	0.1		
5.1	0.01		
5.1	0.1		

2）取 $R = 1\text{k}\Omega$，$C = 0.1\mu\text{F}$ 时，观察输出波形并测量振荡频率。

3）取 $R = 5.1\text{k}\Omega$，$C = 0.01\mu\text{F}$ 时，观察输出波形并测量振荡频率。

4）取 $R = 5.1\text{k}\Omega$，$C = 0.1\mu\text{F}$ 时，观察输出波形并测量振荡频率。

【实训效果评价】

1）正确连接 RC 正弦波振荡电路。（30 分）

2）调整实训电路到最佳工作状态，测试实训数据与计算。（50 分）

3）实训过程中安全文明操作。（20 分）

【分析与思考】

1）RC 桥式振荡器是由哪几部分组成的？

2）RC 桥式振荡器中 RC 网络有何作用？R' 有何作用？

本章小结

（1）正弦波振荡器是一种非线性电路，由基本放大器、选频网络、反馈网络和稳幅环节组成。要产生正弦波振荡信号，振荡器在直流偏置合理的前提下，还必须满足起振条件和平衡条件。

（2）反馈式 LC 振荡器可以产生频率很高的正弦波信号，它有变压器反馈式、电感三点式和电容三点式三种基本形式。LC 振荡器的振荡频率为 $f_0 = \dfrac{1}{2\pi\sqrt{LC}}$。

（3）石英晶体振荡器有串联型和并联型两种电路，石英晶体振荡器具有很高的频率稳定度。

（4）RC 正弦波振荡器的振荡频率较低。常用的 RC 振荡器是文氏电桥振荡器，其振荡频率为 $f_0 = \dfrac{1}{2\pi RC}$。

各种正弦波振荡器的性能比较见表 5-2。

表 5-2　各种正弦波振荡器性能比较

振荡器名称	频率稳定度	振荡波形	适 用 频 率	频率调节范围	其 他
变压器反馈式	$10^{-2} \sim 10^{-4}$	一般	几千赫～几十兆赫	可在较宽范围内调节频率	易起振，结构简单
电感三点式	$10^{-2} \sim 10^{-4}$	差	几千赫～几十兆赫	同上	易起振，输出振幅大
电容三点式	$10^{-3} \sim 10^{-4}$	好	几兆赫～几百兆赫	只能在小范围内调节频率（适用于固定频率）	常采用改进电路
石英晶体	$10^{-5} \sim 10^{-11}$	好	几百千赫～几百兆赫	只能在极小范围内微调频率（适用于固定频率）	用在精密仪器设备中
文氏电桥	$10^{-2} \sim 10^{-3}$	差	200kHz 以下	频率调节范围较宽	在低频信号发生器中被广泛采用

习 题 五

5-1　用相位条件的判别规则说明图 5-18 所示几个三点式振荡器等效电路中，哪个电路可以起振？哪个电路不能起振？

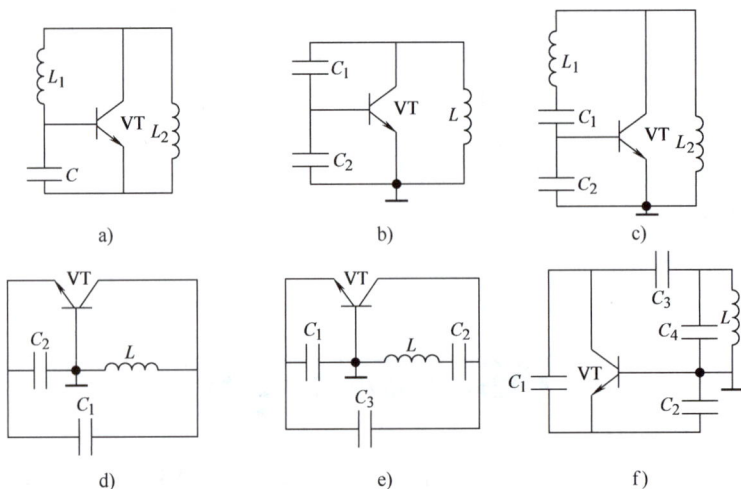

图 5-18　习题 5-1 图

5-2 画出电感三点式振荡器和电容三点式振荡器的交流等效电路，分析它们是怎样满足自激振荡的相位条件的？写出振荡频率的计算公式。

5-3 已知电视机的本振电路如图 5-19 所示，试画出它的交流等效电路，指出振荡类型。

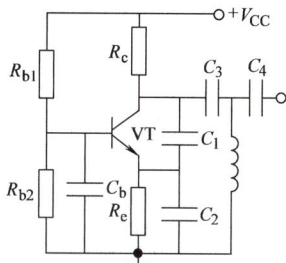

图 5-19 习题 5-3 图

5-4 试用相位平衡条件判断图 5-20 各电路能否振荡？

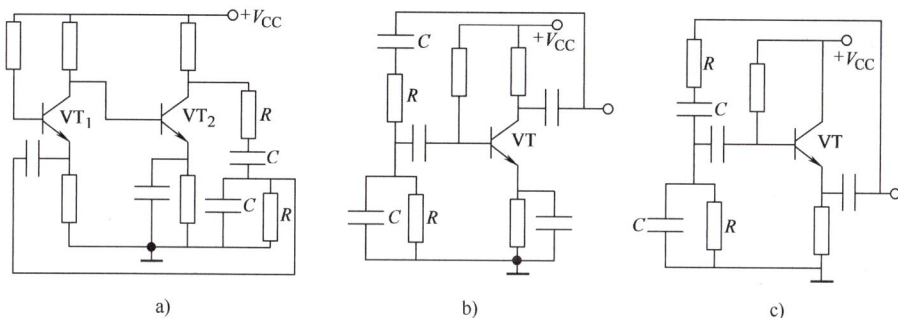

图 5-20 习题 5-4 图

第 ⑥ 章
功率放大电路

☑ 本章导读

　　功率放大电路是一种以输出较大功率为目的的放大电路。为了获得大的输出功率，必须使输出信号电压和电流大，放大电路的输出电阻与负载匹配。本章首先介绍功率放大电路的任务、基本要求及类型，着重分析 OCL、OTL 电路的组成和原理；然后介绍 DG4100 和 LM386 两种常用的集成功率放大电路的原理和应用。集成功率放大电路性能稳定、可靠，能适应长时间连续工作。

☑ 学习目标

　　知识目标：熟悉功率放大电路的基本概念和分类；了解 OCL、OTL 电路的组成和工作原理；了解典型集成功率放大电路。

　　能力目标：会分析 OCL、OTL 典型应用电路。

　　素质目标：培养学生分析解决问题的能力，树立工程思维，启发创新意识。

☑ 课题引入

　　从 MP3 耳机插孔输出的信号很小，只能用耳机听音乐，如果想要让更多的人来分享，就必须先接功放，将信号放大，再接到音箱，这样大家就都能听到音乐了。究竟什么是功放呢？

☑ 提　示

　　在电子电路中，当电路中负载为扬声器、继电器或伺服电动机等设备时，要求为负载提供足够的功率，通常把此类电子电路的输出级称为功率放大器，简称功放。

6.1　功率放大电路的基本概念

6.1.1　功率放大电路的任务及基本要求

　　一般电子设备中放大电路的最后一级总是用来推动负载工作，例如使扬声器发出悦耳动听的声音、使电动机旋转、使继电器动作以及使仪表指针偏转等。末级放大电路不但要向负载提供大的电压信号，而且要向负载提供大的电流信号，因此要求有大的输出功率。这种以提供给负载足够大的信号功率为目的的输出级电路称为功率放大器。

　　就放大信号而言，功率放大器和电压放大器没有本质的区别。但是对电压放大器要求电压放大倍数大，工作稳定；而对功率放大器则要求输出功率大、效率高。放大器的效率定义

为负载得到的信号功率 P_o 与电源供给的直流功率 P_V 之比，即

$$\eta = \frac{P_\text{o}}{P_\text{V}} \qquad (6\text{-}1)$$

式中，输出功率 P_o 为输出电压与输出电流的有效值之积，即

$$P_\text{o} = U_\text{o}I_\text{o} = \frac{U_\text{o}^2}{R_\text{L}} \qquad (6\text{-}2)$$

电源供给的直流功率 P_V 为电源电压与流过电源的平均电流之积，即

$$P_\text{V} = V_\text{CC}I_\text{o} \qquad (6\text{-}3)$$

6.1.2 功率放大电路的分类及特点

功率放大电路按工作方式来分，有甲类、乙类、甲乙类和丙类四种，如图 6-1 所示。在输入信号的整个周期内都有集电极电流通过晶体管，这种工作方式称为甲类，如前面介绍的电压放大器就是甲类；仅在输入信号的半个周期内有集电极电流通过晶体管，这种工作方式称为乙类；在输入信号超过半个周期内有集电极电流通过晶体管则为甲乙类；在输入信号小于半个周期内有集电极电流通过晶体管称为丙类。甲类放大由于晶体管始终导通，静态工作点比较适中，因此失真很小，但随之带来的是耗电多、效率低，理想情况下效率仅为 50%。乙类放大由于晶体管只在半个周期内导通，而在另半个周期内晶体管处于截止状态，因此耗电少、效率高，理想情况下效率可达 78.5%。

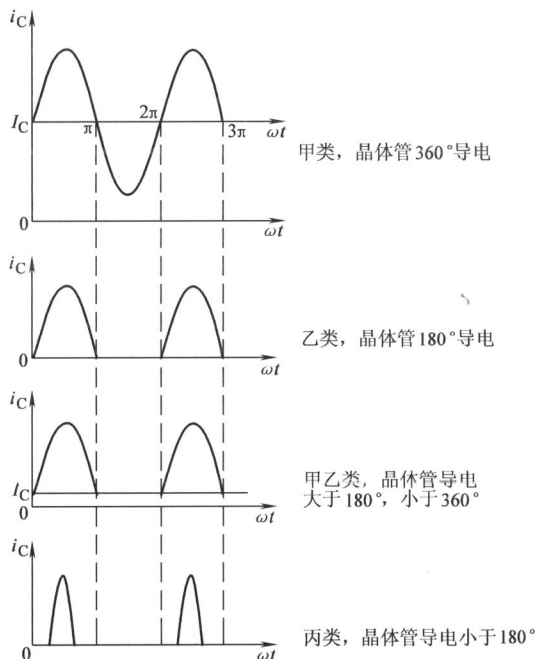

图 6-1 功率放大电路的四种工作状态

功率放大电路按电路形式来分，主要有变压器耦合功率放大电路和互补推挽功率放大电路。变压器耦合功率放大电路是利用输出变压器实现阻抗匹配，以获得最大的输出功率，这类功率放大电路由于体积大、重量重、成本高以及不能集成化等原因现已很少使用。互补推

挽功率放大电路是由射极输出器发展而来的，它不需要输出变压器，因其具有体积小、重量轻、成本低以及便于集成化等优点而被广泛使用。

想一想

功率放大电路和电压放大电路有什么不同？

功率放大电路怎样分类？有哪些特点？

6.2 互补对称式功率放大电路

6.2.1 OCL 功放电路

1. 电路组成

乙类互补功率放大电路如图 6-2 所示。它由一对特性相同的 NPN、PNP 互补晶体管组成，采用正、负两组电源供电，当电路对称时，输出端的静态电位等于零，这种电路也称为 OCL 互补功率放大电路。

2. 工作原理

静态时，VT_1 和 VT_2 均截止。

当输入信号处于正半周，且幅度远大于晶体管的开启电压时，NPN 型晶体管 VT_1 导通，PNP 型晶体管 VT_2 截止，有电流 i_{E1} 由上到下通过负载 R_L。

当输入信号处于负半周，且幅度远大于晶体管的开启电压时，PNP 型晶体管 VT_2 导通，NPN 型晶体管 VT_1 截止，有电流 i_{E2} 由下到上通过负载 R_L。

于是两个晶体管一个正半周、一个负半周轮流导通，在信号的一个周期内，负载上得到一个完整的不失真波形。如图 6-3a 所示。

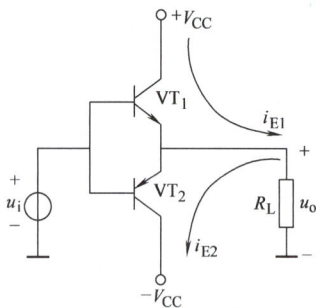

图 6-2   乙类互补功率放大电路   图 6-3   乙类互补功率放大电路波形的合成

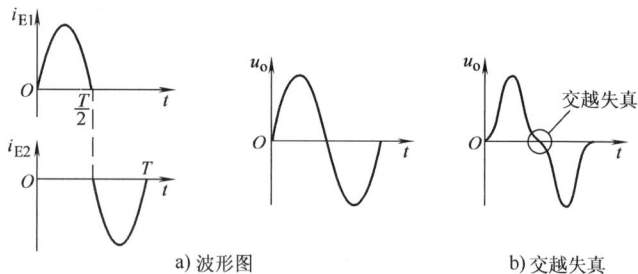

严格来说，当输入信号很小时，达不到晶体管的开启电压，晶体管不导通。因此在正、负半周交替过零处会出现一些非线性失真，这个失真称为交越失真，如图 6-3b 所示。

为解决交越失真，可给晶体管稍稍加一点偏置电压，使之工作在甲乙类电路中。此时的互补功率放大电路如图 6-4 所示。

a) 利用晶体管恒压源提供偏置电压　　　　b) 利用二极管提供偏置电压

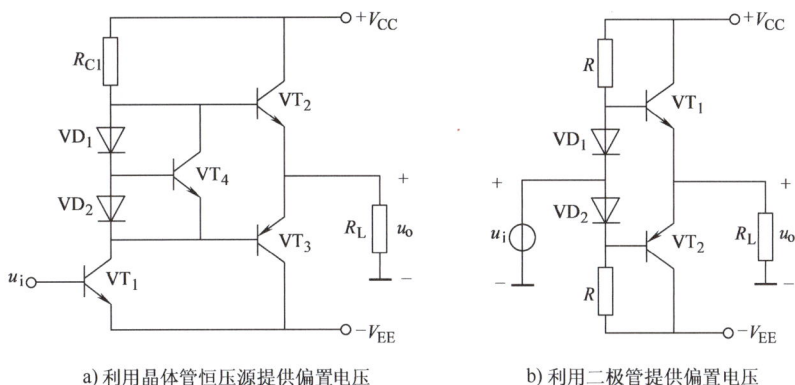

图6-4　甲乙类互补功率放大电路

3. 参数计算

（1）最大不失真输出功率 P_{omax}　设互补功率放大电路为乙类工作状态，输入为正弦波。当信号幅度足够大时，忽略晶体管的饱和压降，晶体管最大输出电压幅值为 $U_{om} \approx V_{CC} - U_{CES}$，负载上的最大不失真功率为

$$P_{omax} = \frac{\left[\, (V_{CC} - U_{CES})/\sqrt{2}\,\right]^2}{R_L} = \frac{(V_{CC} - U_{CES})^2}{2R_L} \approx \frac{V_{CC}^2}{2R_L} \tag{6-4}$$

（2）电源功率 P_V　每个直流电源提供的功率为半个正弦波的平均功率，信号越大，电流越大，电源功率也越大。正负电源的总功率为

$$P_V = V_{CC}\frac{2}{2\pi}\int_0^\pi I_{om}\sin\omega t\,\mathrm{d}(\omega t) = V_{CC}\frac{2}{2\pi}\int_0^\pi \frac{U_{om}}{R_L}\sin\omega t\,\mathrm{d}(\omega t)$$

$$= \frac{2}{\pi}\frac{V_{CC}U_{om}}{R_L} \approx \frac{2}{\pi}\frac{V_{CC}^2}{R_L} = \frac{4}{\pi}P_{om} \tag{6-5}$$

（3）晶体管的管耗 P_T　电源提供的功率，有一部分通过晶体管转换为输出功率，剩余的部分则消耗在晶体管上，形成晶体管的管耗。显然

$$P_T = P_V - P_0 = \frac{2V_{CC}U_{om}}{\pi R_L} - \frac{U_{om}^2}{2R_L} \tag{6-6}$$

可用 P_T 对 U_{om} 求导的办法找出最大值 P_{Tmax}。P_{Tmax} 发生在 $U_{om} = 0.64V_{CC}$ 处，将 $U_{om} = 0.64V_{CC}$ 代入 P_T 表达式，可得 P_{Tmax} 为

$$P_{Tmax} = \frac{2V_{CC}U_{om}}{\pi R_L} - \frac{U_{om}^2}{2R_L} = \frac{2V_{CC}\times 0.64V_{CC}}{\pi R_L} - \frac{(0.64V_{CC})^2}{2R_L}$$

$$= \frac{2.56V_{CC}^2}{\pi 2R_L} - \frac{0.64^2 V_{CC}^2}{2R_L} \approx 0.8P_{omax} - 0.4P_{omax} = 0.4P_{omax}$$

对一只晶体管，有

$$P_{Tmax} \approx 0.2P_{omax} \tag{6-7}$$

（4）效率 η 为

$$\eta = \frac{P_0}{P_V} = \frac{I_{om}U_{om}}{2}\bigg/\frac{2V_{CC}I_{om}}{\pi} = \frac{\pi}{4}\frac{U_{om}}{V_{CC}} \tag{6-8}$$

当 $U_{om} = V_{CC}$ 时效率最大，$\eta = \pi/4 = 78.5\%$。

4. 功率管的选择

由于每个功率管的 $u_{CEmax} \approx 2V_{CC}$（一个管子截止而另一个管子临界饱和时），$i_C \approx V_{CC}/R_L$，且 $P_{Tm} \approx 0.2P_{om}$，故功率管的选择应满足

$$P_{CM} \geqslant 0.2P_{om}$$
$$|U_{BR(CEO)}| \geqslant 2V_{CC}$$
$$I_{CM} \geqslant \frac{V_{CC}}{R_L}$$

式中，P_{om} 为最大不失真输出功率；P_{CM} 为集电极最大允许耗散功率。

6.2.2 OTL 功放电路

1. 电路组成

单电源 OTL 互补功率放大电路如图 6-5 所示。当电路对称时，输出端的静态电位等于 $V_{CC}/2$。为了使负载上仅获得交流信号，用一个电容器串联在负载与输出端之间，这种功率放大电路也称为 OTL 互补功率放大电路。电容器的容量由放大电路的下限频率确定，即

$$f_L = \frac{1}{2\pi R_L C} \qquad C \geqslant \frac{1}{2\pi R_L f_L} \tag{6-9}$$

2. 工作原理

静态时，VT_1 和 VT_2 均截止。

当输入信号处于正半周，且幅度远大于晶体管的开启电压时，NPN 型晶体管 VT_1 导通，PNP 型晶体管 VT_2 截止，有电流 i_{E1} 由上到下通过负载 R_L，同时对电容充电，使电容 C 两端直流电压为 $V_{CC}/2$。

当输入信号处于负半周，且幅度远大于晶体管的开启电压时，电容两端电压相当于负电源，PNP 型晶体管 VT_2 导通，NPN 型晶体管 VT_1 截止，有电流 i_{E2} 由下到上通过负载 R_L。

这样，在信号的一个周期内，负载上仍可得到一个完整的不失真波形。

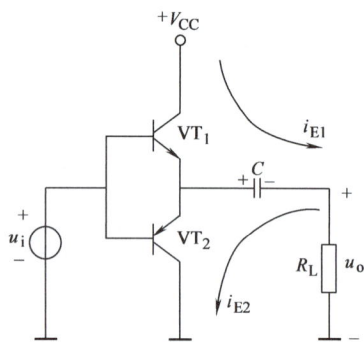

图 6-5 单电源 OTL 互补功率放大电路

3. 参数计算

单电源互补功率放大电路的参数计算方法与双电源互补功率放大电路的参数计算方法一样，只是此时的供电电压为 $V_{CC}/2$，故可得

最大不失真输出功率为 $\qquad P_{om} = \frac{1}{8}\frac{V_{CC}^2}{R_L}$ $\qquad\qquad$ (6-10)

电源功率为 $\qquad P_V = \frac{2}{\pi}\frac{\left(\dfrac{V_{CC}}{2}\right)^2}{R_L}$ $\qquad\qquad$ (6-11)

一只晶体管最大管耗为 $\qquad P_{Tmax} \approx 0.2P_{omax}$ $\qquad\qquad$ (6-12)

效率为
$$\eta = \frac{P_O}{P_V} = \frac{\pi}{4}\frac{U_{om}}{V_{CC}} \tag{6-13}$$

想一想

互补对称功率放大电路有什么特点？

怎样选择 OTL 电路中的功率管？

6.3　集成功率放大器

6.3.1　集成功率放大器概述

集成功率放大器广泛用于音响、电视和小电动机的驱动方面。集成功放是在集成运算放大器的电压互补输出级后，加入互补功率输出级而构成的。大多数集成功率放大器实际上也就是一个具有直接耦合特点的运算放大器。它的使用方法原则上与集成运算放大器相同。

集成功放使用时不能超过规定的极限参数，极限参数主要有功耗和最大允许电源电压。集成功放要加有足够大的散热器，保证在额定功耗下温度不超过允许值。集成功放一般允许加上较高的工作电压，但许多集成功放可以在欠电压下工作，适用于无交流供电的场合。此时集成功放电源电流较大，非线性失真也较大。

随着集成电路技术的发展，集成功率放大电路的产品越来越多，下面以 DG4100 和 LM386 集成功率放大电路为例来讨论集成功率放大电路的内部结构和使用方法。

6.3.2　DG4100

1. DG4100 的内部结构

DG4100 型集成功放的内部结构如图 6-6 所示，它是由三级直接耦合放大电路和一级互

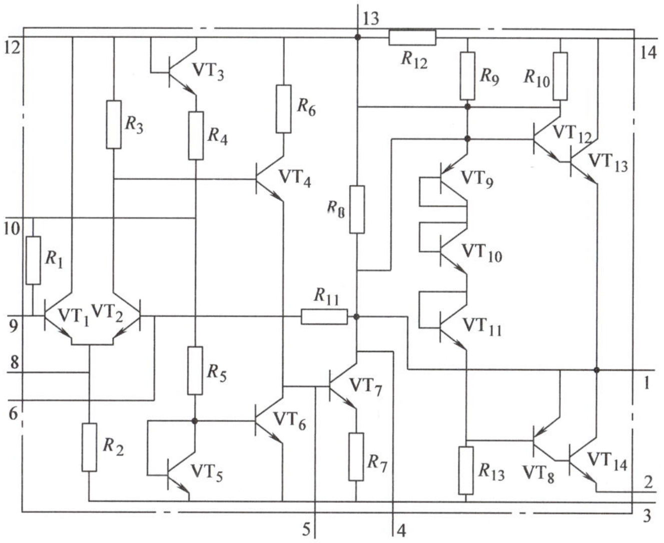

图 6-6　DG4100 型集成功率放大器的内部电路

补对称功放电路组成。图中各晶体管的作用是：VT_1 和 VT_2 组成单端输入、单端输出的差动放大器；VT_3 为差动放大器提供偏流；VT_4 是共发射极电压放大器，起中间放大的作用；VT_5 和 VT_6 组成该放大器的有源负载；VT_7 也是共发射极电压放大器，也是起中间放大的作用，该级电路通常又称为功放的推动电路；VT_{12} 和 VT_{13} 组成 NPN 复合管，VT_8 和 VT_{14} 组成 PNP 复合管，这四个晶体管组成互补对称功率放大器；VT_9、VT_{10} 和 VT_{11} 为功放电路提供合适的偏置电压，以消除交越失真。

该电路中的电阻 R_{11} 将第 1 脚的输出信号反馈到晶体管 VT_2 的基极，经第 6 脚与外电路相连引入串联电压负反馈来改善电路的性能。

2. DG4100 的使用方法

DG4100 型集成功率放大器共有 14 个引脚，该集成电路组成 OTL 电路的典型连接方法如图 6-7 所示。

图中的 C_1 是输入耦合电容，C_2 是电源滤波电容；C_3、R_f 和内部电阻 R_{11} 组成串联电压交流负反馈电路，引入深度负反馈来改善电路的交流性能，该电路的闭环电压放大倍数为 $A_{uf} = 1 + \dfrac{R_{11}}{R_f}$；$C_4$ 是滤波电容，C_5 是

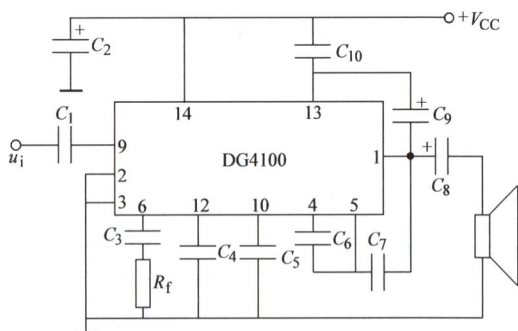

图 6-7　DG4100 组成 OTL 电路

去耦电容，用来保证 VT_1 偏置电流的稳定；C_6 和 C_7 是消振电容，用来消除电路的寄生振荡；C_8 是输出电容，C_9 是"自举电容"，该电容的作用是将输出端的电位信号反馈到 VT_7 的集电极，使 VT_7 集电极的电位随输出端电位信号的变化而变化，以加大 VT_7 的动态范围，提高功放电路输出信号的幅度；C_{10} 的作用是高频衰减，以改善电路的音质。

6.3.3　LM386

1. LM386 的特点

LM386 的内部电路和引脚排列如图 6-8 所示。它是 8 脚 DIP 封装，消耗的静态电流约为 4mA，是应用电池供电的理想器件。该集成功率放大器同时还提供电压增益放大，其电压增益通过外部连接的变化可在 20～200 范围内调节。其供电电源电压范围为 4～15V，在 8Ω 负

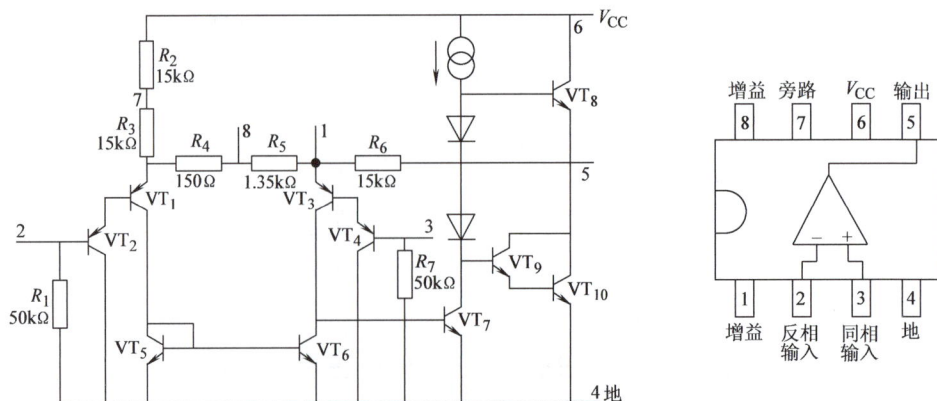

图 6-8　LM386 内部电路及引脚排列图

载下，最大输出功率为 325mW，内部设有过载保护电路。功率放大器的输入阻抗为 50kΩ，频带宽度为 300kHz。

2. LM386 的典型应用

LM386 使用非常方便，它的电压增益近似等于 2 倍的 1 脚和 5 脚之间的电阻值除以 VT_1 和 VT_3 发射极间的电阻值（图 6-8 中为 $R_4 + R_5$）。所以图 6-9 中由 LM386 组成的最小增益功率放大器总的电压增益为

$$A_u = 2 \times \frac{R_6}{R_5 + R_4} = 2 \times \frac{15}{1.35 + 0.15} = 20$$

图 6-9 $A_u = 20$ 的功率放大器

C_2 是交流耦合电容，将功率放大器的输出交流送到负载上；输入信号通过 RP 接到 LM386 的同相端。C_1 是退耦电容，$R_1 - C_3$ 网络起到消除高频自激振荡的作用。

若要得到最大增益的功率放大器电路，可采用图 6-10 所示电路。在该电路中，LM386 的 1 脚和 8 脚之间接入一电解电容器，则该电路的电压增益将变得最大，即

$$A_u = 2 \times \frac{R_6}{R_4} = 2 \times \frac{15}{0.15} = 200 \tag{6-14}$$

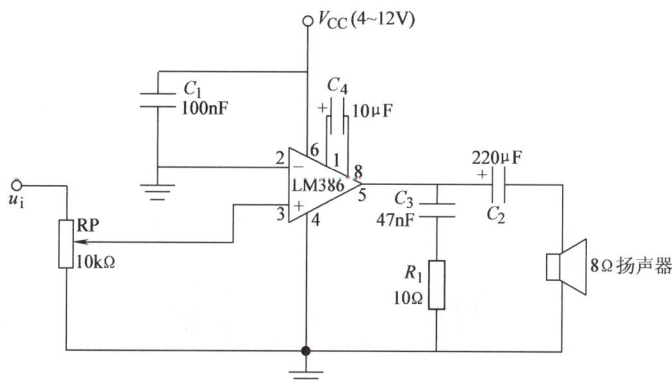

图 6-10 $A_u = 200$ 的功率放大器

电路其他元件的作用与图 6-9 相同。若要得到任意增益的功率放大器，可采用图 6-11 所示电路。该电路的电压增益为

$$A_u = 2 \times \frac{R_6}{R_4 + R_5 /\!/ R_2} \qquad (6\text{-}15)$$

在给定参数下，该功率放大器的电压增益为50。

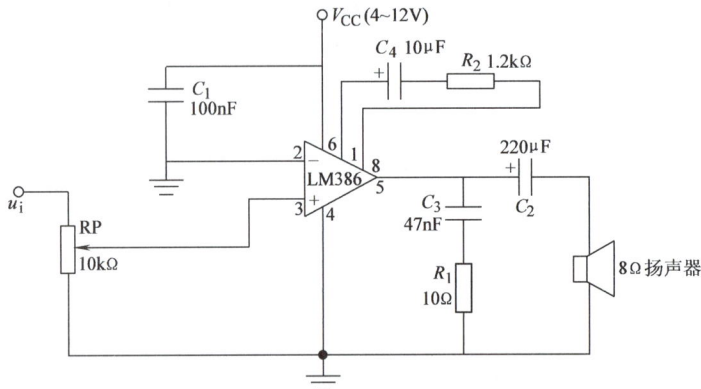

图 6-11 $A_u = 50$ 的功率放大器

想一想

集成功放在使用时有什么注意事项？

本章小结

（1）功率放大器和电压放大器本质上都是能量转换器，功率放大器要求有大的功率输出。互补推挽功率放大器中晶体管只在信号的半个周期内导通工作，称为乙类工作状态。

（2）乙类互补对称功率放大电路的主要优点是效率高。为保证功率放大器的正常工作，电路功放管的器件极限参数应满足

$$P_{CM} \geqslant 0.2 P_{om}, \quad |U_{BR(CEO)}| \geqslant 2V_{CC}, \quad I_{CM} \geqslant \frac{V_{CC}}{R_L}$$

（3）为了减少非线性失真，常采取适当增加正向偏置的措施，让功率管工作在甲乙类状态。OCL 电路、OTL 电路在功率放大电路中被广泛使用。

（4）集成功率放大器产品的种类繁多，可以通过查阅产品手册，了解各引脚功能，确定外接元件，达到正确使用的目的。

习 题 六

6-1 填空。

（1）功率放大电路的主要作用是_____。

（2）放大电路按工作方式来分有_____、_____、_____和_____等几类。在输入信号的整个周期内都有集电极电流通过晶体管，这种工作方式称为_____；只有在输入信号的半个周期内有集电极电流通过晶体管，这种工作方式称为_____。

（3）互补推挽功率放大电路是由_____型晶体管射极输出器和_____型晶体管射极输出器组合而成。在输入信号的正半周期，_____型管导通；在输入信号的负半周期，_____型管导通。在输入信号的整个周期中，每个晶体管只有_____周期导通，因此互补推挽功率放大电路是_____类放大电路。

6-2 什么是乙类工作状态？为避免交越失真，应当怎样选择推挽功率放大器的工作点？

6-3 电路如图 6-2 所示，电源电压为 12V，负载电阻为 8Ω。若 $U_{CE(sat)} = 1V$，求电路的最大不失真输出功率、直流电源供给的功率、晶体管管耗和效率。

6-4 电路如图 6-2 所示，若 $U_{CE(sat)}$ 可忽略，晶体管 $P_{CM} = 5W$，负载电阻为 4Ω，为使电路能安全工作，求电源电压 V_{CC}。

6-5 电路如图 6-2 所示，$U_{CE(sat)}$ 可忽略不计，$R_L = 8Ω$，要求 $P_{om} = 9W$。

（1）求 V_{CC} 的最小值。

（2）根据确定的 V_{CC}，确定晶体管的参数 P_{CM}、I_{CM} 和 $\left| U_{BR(CEO)} \right|$。

（3）求输出功率最大时的 P_V 和 U_i（有效值）。

6-6 电路如图 6-5 所示，其中 $R_L = 16Ω$，C 容量很大。

（1）若 $V_{CC} = 12V$，$U_{CE(sat)}$ 可以忽略不计，试求 P_{om} 与 P_{Tm1}。

（2）若 $P_{om} = 2W$，$U_{CE(sat)} = 1V$，求晶体管的参数 P_{CM}、I_{CM} 和 $\left| U_{BR(CEO)} \right|$。

第 7 章　直流稳压电源

本章导读

电源可分为交流与直流电源，它是任何电子设备都不可缺少的组成部分。交流电源一般以 220V、50Hz 交流电为能源，但许多家用电器设备的内部电路都要采用直流电源作供电能源。直流电源又分两类：一类是能直接供给直流电流或电压的，如电池、蓄电池、太阳能电池、硅光电池和生物电池等；另一类是将交流电变换成所需的稳定的直流电流或电压，这类变换电路统称为直流稳压电源。本章重点讨论如何将 220V、50Hz 交流市电变换成所需的直流电压的直流稳压电路。

学习目标

知识目标：了解直流稳压电源的组成、作用和主要技术指标；熟悉串、并联型稳压电路的工作原理及应用。

能力目标：能识读桥式整流电容滤波电路图；会应用典型的三端集成稳压器。

素质目标：分析稳压电源电路，培养学生的工匠精神；拓展清洁能源知识，融入生态文明理念，提高学生节能降耗意识。

课题引入

日常生活中，我们经常给手机、笔记本计算机、电动自行车等用电器及各类充电电池充电，但电池输出的是直流电，而家里插座提供的是交流电，那么交流电是如何充进用电器电池的呢？

提　示

解决问题的关键就是充电器，是充电器中的整流滤波电路及稳压电路将交流电转换成了稳定的直流电。

7.1　直流稳压电源概述

7.1.1　直流稳压电源的组成与分类

直流稳压电源的组成框图如图 7-1 所示。

直流稳压电源一般由电源变压器、整流器、滤波器和稳压器四大部分组成。

1. 电源变压器

电源变压器的作用是将交流电网提供的 220V、50Hz 市电变成所需的交流电压。

图 7-1　直流稳压电源的组成框图

2. 整流器

整流器的作用是将交流电变成单向脉动的直流电。整流电路通常有半波整流电路、全波整流电路和桥式整流电路等，桥式整流较为常用。

3. 滤波器

滤波器的作用是将整流所得的脉动直流电中的交流成分滤除。常用的滤波电路有电容滤波、电感滤波及复式滤波等电路。

4. 稳压器

稳压器的作用是将滤波电路输出的直流电压稳定不变，即输出直流电压不随电网电压和负载的变化而变化。

直流稳压电源有三类：一类是并联式稳压电源，它的特点是电路结构简单、功率小、稳压精度低；二类是晶体管串联调整式稳压电源，它的主要特点是电路结构比较简单、工作可靠、功率较大、稳压精度高、无电磁干扰，但效率低；三类是开关式稳压电源，它的主要特点是效率高、温升低、电路便于集成化，但电路较复杂，并有高频干扰存在。

7.1.2　直流稳压电源的质量指标

稳压电源的质量指标是用来衡量其性能优劣、质量好坏的主要依据，不同的电子设备对技术指标的要求不相同。

1. 输出电压范围

通用稳压电源的输出电压通常可在一定的范围内调节，如 0～10V、0～30V 等，且输出电压在该范围内连续可调。

在家用电器设备中，所使用的稳压电源的输出电压几乎都是固定的，如电视机中的直流供电电源是 12V，计算机芯片所需的直流电源有 5V 或 12V 等。

2. 额定负载电流

额定负载电流是稳压电源长时间工作所允许输出的最大电流，如果使用中超过这一电流，电源就不能正常工作，甚至被烧毁。所以在使用、检修电源电路时，应防止电源过载或负载短路。

3. 稳定程度

正常情况下，电源电路允许电网市电电压变化 ±10%，若电网电压在这一范围内变化，直流电源的输出电压应是稳定的。可用抗电网不稳定度 S_r 来衡量，它表明稳压电源抗拒电网电压变化的能力。定义为

$$S_r = \left| \frac{\Delta U_o / U_o}{\Delta U_i / U_i} \right|_{负载=常数} \tag{7-1}$$

上式表明，抗电网不稳定度 S_r 是输出直流电压相对变化量与输入交流电压相对变化量之比，S_r 越小越好，通常为千分之几。

4. 电源内阻

电源内阻是衡量直流电源适应负载电流变化能力的一项指标。内阻越小，电源的输出电压越稳定，理想恒压源的内阻为零。

5. 纹波电压

纹波电压指稳压电源输出的直流电压中所含的交流成分（50Hz 或 100Hz 的交流量），通常以有效值或峰峰值表示。

想一想

直流稳压电源一般由哪几部分组成？各部分的作用是什么？

直流稳压电源有哪些质量指标？

7.2 整流滤波电路

7.2.1 整流电路

整流电路有单相整流电路和三相整流电路之分，在常用家用电器设备中，主要是单相整流电路。常见的单相整流电路有半波、全波、桥式及倍压整流电路。

1. 半波整流电路

（1）工作原理 半波整流电路如图 7-2a 所示。变压器二次电压 $u_2 = \sqrt{2}\, U_2 \sin\omega t$，由于二极管的单向导电性只允许某半周的交流电通过二极管加在负载上，这样负载电流只有一个方向，从而实现了整流。导通过程为：当二次绕组电压极性上正下负时，VD 导通，输出电压 u_o 与 u_2 相同；而另半个周期内 VD 因加反向电压不导通，R_L 上无电压。负载电压 u_o、电流 i_o 波形如图 7-2b 所示。

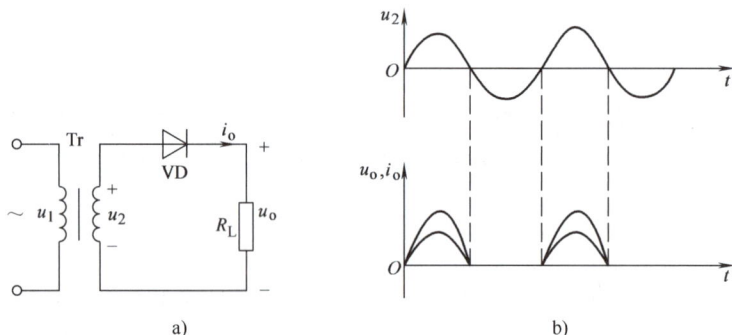

图 7-2 半波整流电路及波形

（2）特点 半波整流电路的优点是电路简单、元器件少，缺点是交流电压中只有半个周期得到利用、输出直流电压低，$U_o \approx 0.45 U_2$。

2. 全波整流电路

（1）工作原理 图 7-3 是全波整流电路及整流波形。

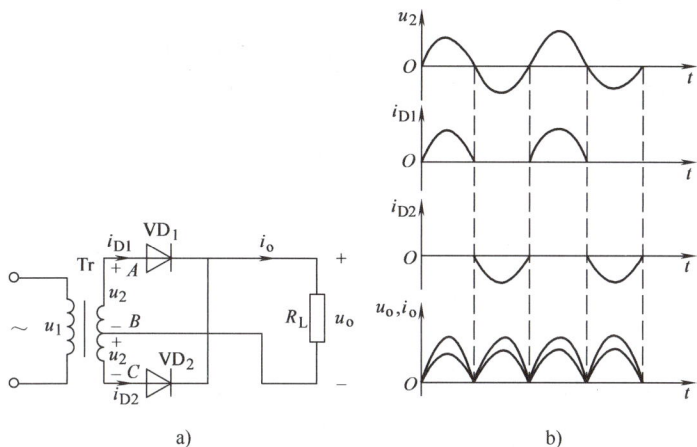

图 7-3　全波整流电路及整流波形

由图 7-3 可见，它由两个半波整流电路构成。在交流电正半周（u_2 极性如标识" + "和" – "所示）时，由于变压器有中心抽头，A 点电位最高，B 点居中，C 点最低，VD$_1$ 加正向电压导通，VD$_2$ 加反向电压截止，$u_o \approx u_2$，电流 i_{D1} 由点 A 经 VD$_1$ 和 R_L 至 B 点形成回路，R_L 上有自上而下的电流流过；在负半周（u_2 极性与前相反）时，C 点电位最高，B 点居中，A 点最低，VD$_2$ 加正向电压导通，VD$_1$ 加反向电压截止，$u_o \approx u_2$，电流 i_{D2} 由点 C 经 VD$_2$ 和 R_L 至 B 点形成回路，R_L 上也有自上而下的电流流过。R_L 上的电流应是正负半周的合成，这样就在 R_L 上获得单方向脉动电流，由于整个周期均被利用，故称全波整流，其输出直流电压为

$$U_o \approx 0.9U_2 \tag{7-2}$$

（2）特点　输出电压高、输出电流大、电源利用率高，但要求变压器具有中心抽头，体积大、笨重、电路的利用率低，适用于大功率输出场合。

3. 桥式整流电路

（1）工作原理　常见桥式整流电路及整流波形如图 7-4 所示，四个整流器件接成电桥形状（简化符号见图 7-4b），电路因此而得名。

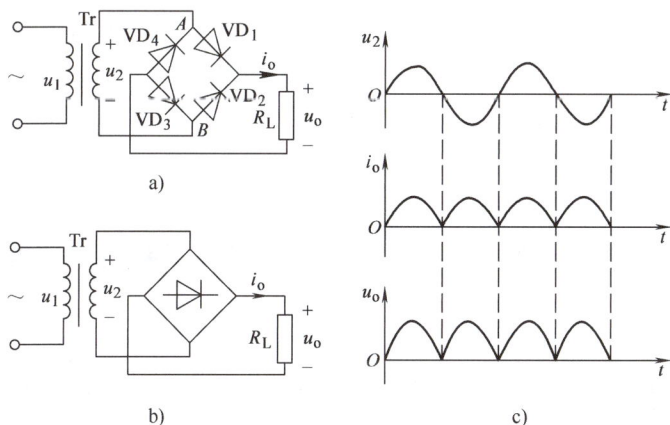

a)

b)

c)

单相桥式整流
电路

图 7-4　常见桥式整流电路及波形

由图 7-4 可见，当 u_2 为正半周（A 端为"＋"，B 端为"－"）时，VD_1 和 VD_3 因加正向电压而导通，而 VD_2、VD_4 因加反向电压而截止，导通电流由 A 端→VD_1→R_L→VD_3→B 端，在 R_L 上电流的方向由上至下；当 u_2 为负半周（极性与前相反）时，VD_2、VD_4 导通，VD_1、VD_3 截止，导通电流由 B 端→VD_2→R_L→VD_4→A 端，在 R_L 上电流的方向由上至下。这样在 u_2 的一个周期内 VD_1、VD_3 和 VD_2、VD_4 轮流导通，在 R_L 上获得同全波整流一样的脉动电流或电压。

> **练一练**
>
> 合上课本，试着画一下单相桥式整流电流的电路图，并简述其工作原理。

（2）R_L 上的直流电压和电流　桥式整流电路输出的直流电压与变压器二次电压的关系为

$$U_o \approx 0.9 U_2 \tag{7-3}$$

流过 R_L 的电流与 R_L 大小有关，根据欧姆定律可有：

$$I_o \approx \frac{0.9 U_2}{R_L} \tag{7-4}$$

（3）整流器件的选择　流过二极管的平均电流为

$$I_D = \frac{1}{2} I_o = 0.45 \frac{U_2}{R_L} \tag{7-5}$$

二极管截止时承受的最大反向电压是 U_2 的峰值，即

$$U_R = \sqrt{2} U_2 \tag{7-6}$$

选择二极管时，应选极限参数为

$$I_F > I_D$$

$$U_{RM} > \sqrt{2} U_2$$

I_F 为二极管的最大整流电流；U_{RM} 为最高反向工作电压。

（4）特点　桥式整流电路具有变压器利用率高、平均直流电压高、整流器件承受的反向电压较低等优点，故应用广泛。

例 7-1　一桥式整流电路，要求输出直流电压 12V 和直流电流 100mA，如何选择整流元件？现有 VD 是 2CP10（$I_F = 100mA$，$U_{RM} = 25V$）和 2CP11（$I_F = 100mA$，$U_{RM} = 50V$）。

解： 变压器二次电压：$U_2 = 1.11 U_o = 1.11 \times 12V = 13.32V$；

流过二极管 VD 的电流为：$I_D = I_o/2 = 100mA/2 = 50mA$；

二极管承受的最大反向电压为：$U_R = \sqrt{2} U_2 = 18.84V$。

在选择二极管时，极限参数应满足：$I_F > I_D$，$U_{RM} > U_R$。考虑到电网电压有 ±10% 的波动，故 U_{RM} 应至少有 10% 的余量。

可见，选用 2CP10 和 2CP11 均可以满足电路要求。

但是，由于选择过高最大反向工作电压的二极管，因制造工艺会有区别，可能会造成电路正向导通电阻增大。

因此，本例选用 2CP10 较为合适。

7.2.2 滤波电路

交流电经过整流后可得到单向脉动直流电，即它仍含有较多的交流成分。能滤除这些交流成分的电路称为滤波电路。滤波电路一般由 L、C 等元件组成，它是利用电容两端电压不能突变和通过电感的电流不能突变这一特性来实现的。

1. 电容滤波电路

（1）滤波电路及原理 下面以图 7-5 所示桥式整流电容滤波电路为例来说明滤波原理。

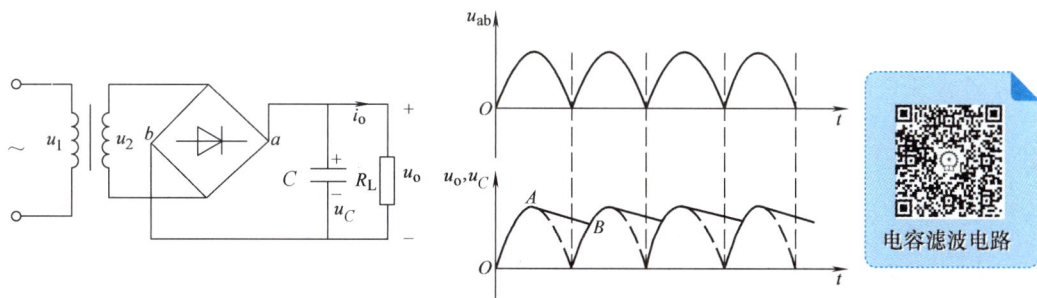

图 7-5 桥式整流电容滤波电路及波形

由图 7-5 可见，在整流电路中的 R_L 两端并联一个大电容（一般为大容量电解电容），就构成了电容滤波电路。在不加滤波电容的情况下，R_L 两端的电压波形为脉动直流电。接入滤波电容 C 后，在接通电源的瞬间，当 u_{ab} 上升时，电容 C 两端电压跟随上升，如图 7-5 中 OA 段，在二次电压的一个周期中，第二个 $1/4$ 周期以及第三个 $1/4$ 周期的部分时间内，由于 u_{ab} 小于电容 C 上电压，而电容 C 两端电压又不能突变，故电容 C 上的电荷将通过 R_L 放电，直到图中 B 点，此后 u_{ab} 大于电容 C 上电压，又开始对 C 充电，如此继续下去。可见，接入电容 C 后，不但脉动大大变小，而且输出直流电压提高了。

（2）特点

① 电路结构简单，当 R_L 较大时，滤波效果好。但因二次绕组及二极管正向电阻很小，在接通电源 VD 导通瞬间，充电电流很大，对整流管的冲击很大。实用中，一般要在每个整流管的支路中，串入（0.05～0.1）R_L 作限流电阻，并在整流管两端并接一小容量的电容器，以此来保护 VD 管，但这将增大损耗和电源内阻。

② 决定放电快慢的是时间常数 CR_L，该值越大，放电越慢，平滑程度越好，当 R_L 为 ∞ 时，电容 C 上电压最高可达 $\sqrt{2}\,U_2$。相反，CR_L 越小，则放电越快，输出电压脉动幅度越大，说明负载能力差。为了输出平滑的直流电压，一般要求 CR_L 的取值满足

$$CR_L \geqslant (3 \sim 5)\frac{T}{2} \tag{7-7}$$

由此可确定电容 C 的值为

$$C \geqslant (3 \sim 5)\frac{T}{2R_L} \tag{7-8}$$

③ 输出直流电压一般为

$$U_o = (1 \sim 1.2)U_2 \tag{7-9}$$

整流管承受的最高反向电压仍为 $\sqrt{2}\,U_2$。

例7-2 一桥式整流电容滤波电路如图7-5所示，由变压器输入50Hz的交流市电，要求输出直流电压24V、$I_o = 1A$，试选择VD和滤波电容C。

解：1）整流管VD的选择。通过每个整流管的平均电流为

$$I_D = \frac{1}{2} I_o = \frac{1}{2} \times 1A = 0.5A$$

取$U_o = 1.2U_2$，则U_2为

$$U_2 = \frac{U_o}{1.2} = 20V$$

$$U_{RM} = \sqrt{2} U_2 = \sqrt{2} \times 20V \approx 28V$$

由此可选2CZ11A（$I_F = 1A$，$U_R = 100V$）。

2）滤波电容C的选择。因为$T = 1/f = 1/50Hz = 0.02s$，$R_L = 24V/1A = 24\Omega$，由式（7-8）得

$$C \geqslant (3 \sim 5) \frac{T}{2R_L} = 5 \times \frac{0.02s}{2 \times 24\Omega} = 2000\mu F$$

而电容的耐压值取$(1.5 \sim 2) U_2 = (1.5 \sim 2) \times 20V = (30 \sim 40)V$。

故可选择耐压为40V、容量为2000μF的电解电容器。

2. 电感滤波电路

电容滤波电路的负载能力差，且每次打开电源时，有浪涌电流对整流管冲击，容易造成整流管的损坏，若采用电感滤波则可以避免这种情况。

（1）电感滤波电路及原理　以桥式整流电感滤波电路为例加以分析，如图7-6所示。

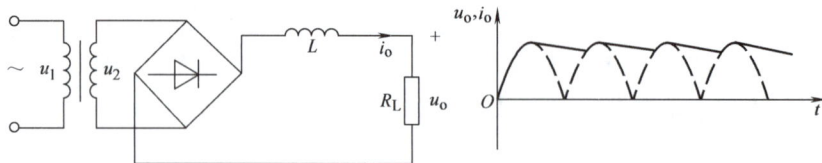

图7-6　桥式整流电感滤波电路及波形

电感也是一种储能元件，当电流发生变化时，L中的感应电动势将阻止其变化，使流过L中的电流不能突变。当电流有变大的趋势时，感生电流的方向与原电流方向相反，阻碍电流增大，将部分能量储存起来；当电流有变小的趋势时，感生电流的方向与原电流方向相同，释放部分储存能量，阻碍电流减小，于是使输出电流与电压的脉动减小。

（2）特点

① 通过二极管的电流不会出现瞬间值过大，对二极管的安全工作有利。

② 当不考虑L的直流电阻时，L对直流无影响，对交流起分压作用。L选得越大，R_L越小，滤波效果愈好。但L大会使电路体积大、笨重、成本高，不利于小型化。

③ 因L的直流电阻很小，负载上得到的输出电压和纯电阻负载基本相同，即

$$U_o \approx U_{RL} = 0.9U_2 \tag{7-10}$$

可见，电感滤波电路适用于电流较大、负载较重的场合。

提　示

电感滤波电路体积大、比较笨重、成本高，且随着线圈电感量的增大直流能量的损耗也增大，主要用于负载电流较大且经常变化的场合，在一般的电子仪器中，则很少采用。

3. 组合滤波电路

图 7-7 所示为常见的组合滤波电路，或称复式滤波电路，其工作原理是上述两种滤波电路的组合，此处不再详加讨论。

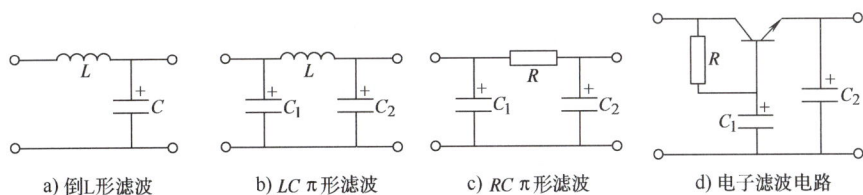

a) 倒 L 形滤波　　b) LC π 形滤波　　c) RC π 形滤波　　d) 电子滤波电路

图 7-7　常见组合滤波电路

想一想

单相半波、全波和桥式整流电路有哪些优点和缺点？

电容和电感为什么能起滤波作用？它们在滤波电路中应如何与负载连接？

7.3　稳压管稳压电路

7.3.1　稳压管稳压电路及稳压原理

1. 稳压电路

图 7-8 为稳压管稳压电路。其中 R 是限流电阻，R_L 是负载电阻，VS 是稳压二极管。

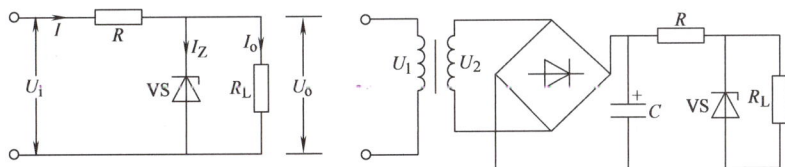

图 7-8　稳压管稳压电路

图 7-8 中稳压管与负载相并联，又称并联式稳压电路。整流滤波电路的输出电压作为稳压电路的输入电压 U_i，稳压电路的输出电压 U_o 就是稳压管两端的电压，即稳压值 U_Z。

2. 稳压原理

稳压管是一种特殊二极管，它工作在反向击穿区域，电流可在很大的范围内变化，稳压管两端电压基本不变或变化甚小，其动态内阻很低。现将稳压管的伏安特性曲线重画于

图 7-9 中，图中 A 点至 B 点区域是稳压管的稳压区域，超过 B 点稳压管容易损坏。

对于图 7-8，根据基尔霍夫定律有

$$U_o = U_i - IR$$
$$I = I_Z + I_o$$

稳压过程如下：

（1）电网电压波动时，使 U_i 变化时的稳压过程 当电网电压升高使 U_i 增大时，则输出电压 U_o 也有增加的趋势，但由稳压管的伏安特性曲线可知，U_o 的少许增加将使 I_Z 急剧增加，I_Z 的增加将使总电流 I 增加，从而使电阻 R 上的电压增加。这样，U_i 的增加量就转移到电阻 R 上，使输出电压 U_o 保持不变或变化很小。这一过程可简单地表示为

$$U_i \uparrow \rightarrow U_o \uparrow \rightarrow I_Z \uparrow \rightarrow I \uparrow \rightarrow U_R \uparrow$$
$$U_o \downarrow \leftarrow$$

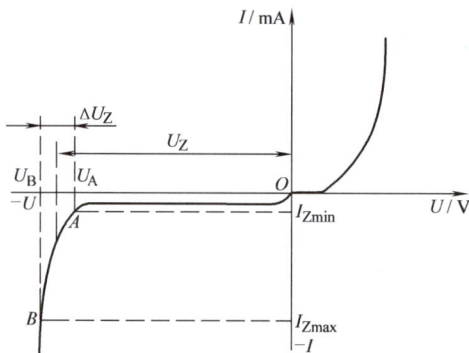

图 7-9 稳压管的伏安特性曲线

如果电网电压下降，则稳压过程与上述过程相似，原理完全相同。

（2）负载电流 I_o（负载电阻 R_L）变化时的稳压过程 当负载电流 I_o 增加时，总电流 I 有增加的趋势，电阻上的压降 U_R 也要跟着增加。在输入电压 U_i 不变的条件下，根据式（7-9），输出电压 U_o 将要减小。但 U_o 的减小，将会使稳压管的电流大大减小，结果使总电流 I 减小。可见，负载电流的增加会自动引起流过稳压管中电流减小，结果使流过限流电阻上的总电流保持不变或变化很小，从而保证了输出电压的稳定。这一过程可简单地表示为

$$I_o \uparrow \rightarrow I \uparrow \rightarrow U_R \uparrow \rightarrow U_o \downarrow \rightarrow I_Z \downarrow \rightarrow I \downarrow \rightarrow U_R \downarrow$$
$$U_o \uparrow \leftarrow$$

同理，当负载电流 I_o 减小时，则稳压过程与上述过程相似，不再重述。由此可见，负载上的电流发生变化时，输出电压却不变化或变化很小，这说明稳压电源内阻是很小的。

提 示

限流电阻 R 除了起电压调整作用外，还起限流作用。如果稳压管不经限流电阻 R 而直接并在滤波电路的输出端，不仅没有稳压作用，还可能使稳压管中电流过大而损坏，所以稳压管稳压电路中必须串接限流电阻。

3. 稳压管稳压电路的特点

优点是：电路简单、工作可靠、稳压效果也较好。缺点是：输出电压的大小要由稳压管的稳压值来决定、不能根据需要加以调节；负载电流 I_o 变化时，要靠 I_Z 的变化来补偿，而 I_Z 的变化范围仅在 I_{Zmin} 和 I_{Zmax} 之间，负载变化小；电压稳定度不够高，动态内阻还比较大（约几欧到几十欧）。

所以，稳压管稳压电路一般用于要求不太高、功率比较小、负载电流比较小且负载变化不大的场合，如作晶体管稳压电源中的"基准电压"或"辅助电源"之用等。

7.3.2 限流电阻的计算

由上述分析可知，稳压管稳压电路的稳压过程，实际上是使通过稳压管的电流增加或减小来调节限流电阻上的电压而保持输出电压稳定不变，因此限流电阻的合理选择将会直接影响稳压电路的性能指标。选取限流电阻的基本原则是：保证稳压管处于反向工作的安全区，即处在图 7-9 中的 $I_{Zmin} \sim I_{Zmax}$ 区域。I_Z 过小，稳压管稳压性能差或不能稳压，过大会损坏稳压管。因此，选择限流电阻应遵从的条件为

$$I_{Zmin} < I_Z < I_{Zmax}$$

上式是稳压管正常工作的限定条件，实际上对应了两种极限情况：

1）当输入电压 U_i 最高和负载电流 $I_o = I_{omin}$（即负载最小）时，流过稳压二极管的电流最大，但不能超过 I_{Zmax}，为此，限流电阻要取得足够大，即

$$R \geqslant \frac{U_{imax} - U_Z}{I_{Zmax} + I_{omin}}$$

2）当输入电压最低和负载电流最大时，流过稳压二极管的电流最小，但不能小于 I_{Zmin}，为此限流电阻应尽量取小，即

$$R \leqslant \frac{U_{imin} - U_Z}{I_{Zmin} + I_{omax}}$$

限流电阻 R 应在其可选的最大值与最小值之间选取，即

$$\frac{U_{imax} - U_Z}{I_{Zmax} + I_{omin}} \leqslant R \leqslant \frac{U_{imin} - U_Z}{I_{Zmin} + I_{omax}} \tag{7-11}$$

例 7-3 设图 7-8 中稳压管 VS 为 2CW16，参数为 $U_Z = 9V$、$I_{Zmin} = 5mA$、$I_{Zmax} = 33mA$，输入电压 $U_i = 15V$（变化率为 ±10%）、负载电流为 $I_{omin} = 2mA$、$I_{omax} = 10mA$。试选取限流电阻 R。

解：先求 U_i 变化的最大、最小值：

$$U_{imax} = 15V + 15V \times 10\% = 16.5V$$

$$U_{imin} = 15V - 15V \times 10\% = 13.5V$$

根据式（7-11）可求出限流电阻的选取范围为

$$\frac{U_{imax} - U_Z}{I_{Zmax} + I_{omin}} \leqslant R \leqslant \frac{U_{imin} - U_Z}{I_{Zmin} + I_{omax}}$$

$$214\Omega \leqslant R \leqslant 300\Omega$$

限流电阻应在 214 ~ 300Ω 范围内选取，例如取 $R = 240\Omega$ 或 270Ω 均可。

想一想

稳压管稳压电路的特点是什么？

7.4 串联型稳压电路

虽然稳压管稳压电路结构简单、使用方便，但其输出电压不可调、稳压精度较低、负载能力较差，不能适应高精度、大功率的场合。针对这一问题，可以采用另一种稳压电路——

串联型稳压电路（又叫串联负反馈式稳压电路）。

串联型稳压电路具有稳压性能好、输出电压连续可调、负载能力较强等优点，故应用较为广泛。

7.4.1　电路原理

串联型稳压电路的电路原理与稳压管稳压电路相似，它是将固定形式的限流电阻用具有动态电阻的放大器件——调整器件所取代，并把调整器件与负载相串联，使调整器件上的电压 U_R 能随意调节，保证负载 R_L 上的电压稳定不变。电路原理示意图如图 7-10 所示。

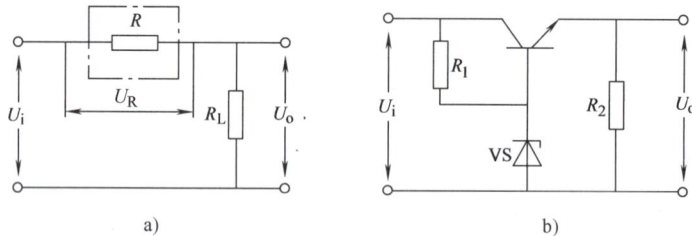

图 7-10　串联型稳压电路原理示意图

由图 7-10a 可知，$U_o = U_i - U_R$，若 U_i 增加，会引起 U_o 增加，可调节可变电阻 R，使压降 U_R 加大，U_i 的增量完全可以通过调整由 R 分走，使 U_o 基本不变，从而达到稳压的目的；反之，若 U_i 减小，会引起 U_o 减小，可调节可变电阻 R 使压降 U_R 减小，使 U_o 基本不变，从而也达到稳压的目的。但是这种调整不能靠手动去完成，必须使 R 能自动调节。常用的方法是用晶体管的 U_{CE} 去代替 U_R，如图 7-10b 所示。改变基极电流 I_B，I_C、U_{CE} 也会随之而变，从而使 U_{CE} 随 I_B 的控制而变化，这就是串联型稳压电路的基本原理。

7.4.2　串联型晶体管稳压电路

1. 电路组成

串联型稳压电路的基本组成部分有：

1）调整电路：作用是调节自身的压降，保证输出电压不变。

2）比较放大电路：将输出电压同参考电压比较后所得的控制信号加以放大。

3）基准电压电路：获得恒定不变的电压，作为比较输出电压变化与否的标准。

4）取样电路：用于取出一部分输出电压。

各部分的连接关系框图如图 7-11a 所示。

图 7-11b 是由框图产生的电路原理图，图中 VT_1 是调整管，VT_2 是比较放大管，VS 与 R_Z 构成基准电压电路，R_1、R_P、R_2 构成取样电路。

2. 稳压原理

引起输出电压变化的原因主要是电网电压的波动和负载的变化，下面就从这两个方面讨论其稳压过程。

1）当 U_i 减小而 R_L 不变时，电路可使 U_o 基本不变。其稳压过程如下：

$$U_i \downarrow \rightarrow U_o \downarrow \rightarrow U_{B2} \downarrow \rightarrow I_{C2} \downarrow \rightarrow U_{C2} \uparrow \rightarrow U_{BE1} \uparrow \rightarrow$$

$$U_o \uparrow \leftarrow U_{CE1} \downarrow \leftarrow I_{C1} \uparrow \leftarrow I_{B1} \uparrow \leftarrow$$

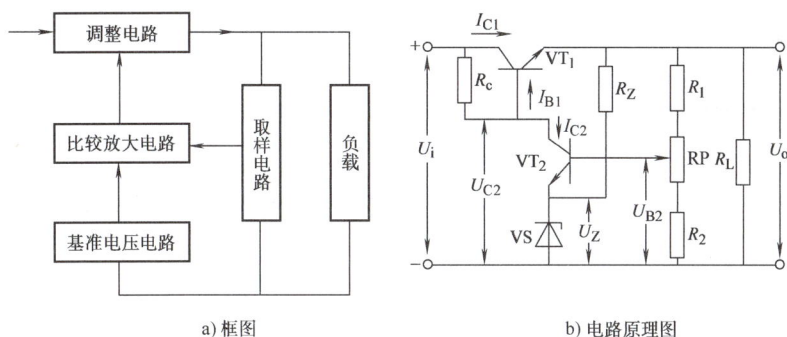

图 7-11　串联型稳压电路

反之，若 U_i 升高，分析方法类似。

2）当 U_i 不变而 R_L 增大时，电路可使 U_o 基本不变。其稳压过程如下：

$$R_L \uparrow \rightarrow U_o \uparrow \rightarrow U_{B2} \uparrow \rightarrow I_{C2} \uparrow \rightarrow U_{C2} \downarrow \rightarrow U_{BE1} \downarrow$$

$$U_o \downarrow \leftarrow U_{CE1} \uparrow \leftarrow I_{C1} \downarrow \leftarrow I_{B1} \downarrow$$

反之，若 U_i 不变而 R_L 下降时，分析方法类似。

在通常情况下，上述两种情况有可能同时发生，但无论如何都会表现在 U_o 的变化上，只要 U_o 变化，其取样电路中间点电压 U_{B2} 会偏离原来值，使 VT_2 放大状态变化，由此引起 VT_1 放大状态的变化，对 U_o 进行调整，使其基本保持不变，达到了稳压的目的。

3. 输出电压的调整方法

串联型稳压电路的输出电压可以通过 R_P 进行调整，其调整原理如下：从电路上看，可将 R_P 分为上下两部分，分别同 R_1、R_2 合二为一成 R_1' 和 R_2'，在忽略 VT_2 基极电流的情况下，流过 R_1' 和 R_2' 中的电流近似相等，由此有

$$U_Z + U_{BE2} = \frac{R_2'}{R_1' + R_2'} U_o$$

由于 $U_Z \gg U_{BE2}$，$R_1' + R_2' = R_1 + R_P + R_2$，则有

$$U_o \approx \frac{R_1 + R_P + R_2}{R_2'} U_Z \qquad (7\text{-}12)$$

则最高输出电压 U_{omax} 和最低输出电压 U_{omin} 分别为

$$U_{omax} \approx \frac{R_1 + R_P + R_2}{R_2} U_Z \qquad (7\text{-}13)$$

$$U_{omin} \approx \frac{R_1 + R_P + R_2}{R_2 + R_P} U_Z \qquad (7\text{-}14)$$

由此可见，只要对 R_P 进行调整，则可得到不同的输出电压 U_o。

7.4.3　影响输出电压稳定的因素

1. 取样电路的影响

必须保持取样电压只与输出电压有关，选取样电阻时，要选择温度特性好、精度高的电阻。为了提高瞬态响应，一般要在 R_1 两端并接一容量较大的电解电容。

2. 基准环节的影响

输出电压 U_o 的大小与 U_Z 有关，必须保持 U_Z 恒定，才能使 U_o 稳定。为此，选择稳压管时，一般都要选用动态电阻小、温度系数小的稳压管。

3. 比较放大环节的影响

一般要求比较放大电路的放大倍数大、稳定以及零漂要小，才能提高输出电压的稳定度。因此比较放大电路通常采用集成运放构成。

4. 调整管的影响

调整灵敏度要高，取决于比较放大环节提供的推动电流的大小，在 I_o 较大的场合，单级比较放大器不能提供足够的推动电流，因而，使输出电压的变化不能及时得到调整，为了解决这个问题，调整管一般都采用复合管。

想一想

串联型稳压电路主要由哪几部分组成？作用是什么？

7.5 三端集成稳压电路

实用电子电路发展的趋势之一是小型化和集成化，早在 20 世纪 70 年代，集成稳压电路已广泛使用，特别是三端集成稳压电路具有性能好、可靠性高、体积小、使用方便以及成本低廉等优点，使用更加普遍。下面对它的组成框图、分类、品种选择、使用注意事项和典型应用等，分别做简单的介绍。

7.5.1 结构框图

三端集成稳压电路的组成实质上和串联稳压电路基本相同，其组成框图如图 7-12 所示。

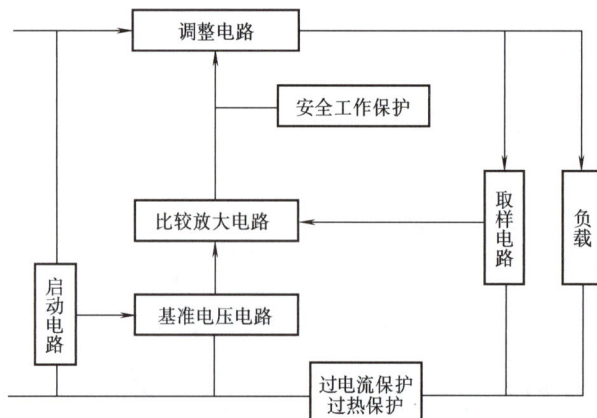

图 7-12 三端集成稳压电路组成框图

三端集成稳压电路只有三个引出端：输入端、输出端和公共端（调整端），使用十分方便。

7.5.2 三端集成稳压器的类型

1. 三端固定电压稳压器

三端固定电压稳压器又分两种：

1）三端固定正电压稳压器，如 78 系列等，输出电压值有 5V、6V、8V、9V、10V、12V、15V、18V、24V 等，输出电流有 100mA、500mA、1A、1.5A、3A 等。

2）三端固定负电压稳压器，如 79 系列等，输出电压值有 –5V、–6V、–8V、–9V、–10V、–12V、–15V、–18V、–24V 等，输出电流有 100mA、500mA、1A、1.5A、3A 等。

2. 三端可调电压稳压器

三端可调电压稳压器也分两种：

1）三端可调正电压稳压器，如 CW317（LM317）：输出电压为 1.2～37V，输出电流有 1.5A 等。

2）三端可调负电压稳压器，如 CW337（LM337）：输出电压为 –37～–1.2V，输出电流有 1.5A 等。

7.5.3 三端集成稳压电路的应用

1. 品种选择方法

实用中选择三端集成稳压块时，可从以下三个方面加以考虑：

1）选择合适的类型，主要考虑输出电压是否可调，输出电流范围有多大。

2）对不同使用场合，选择不同的参数，主要考虑性能指标（如电压调整率、纹波抑制比等）、工作参数（如最大输入电压、功耗等）和环境温度等。

3）是否需要附加功能，如过电流保护、短路保护和芯片过热保护等。

2. 使用中的注意事项

三端集成稳压块在使用过程中，必须注意以下几点，否则容易造成元器件损坏。

1）严格区分输入端与输出端，防止将引脚中的输入端与输出端弄错，一般当输出端电压超过输入电压时，将会击穿集成块内的调整管。

2）接地要良好，特别是通过散热器连接时，应考虑使用一段时间后接点因氧化、振动等原因有可能导致接触不良。

3）防止输入端发生短路，特别是稳压电路输出端接有大电容时，若因停电、过载熔丝烧断等，大电容的电荷在释放之前将使输出端电压高于输入端电压 7V 以上，导致调整管击穿损坏。为避免这种情况的发生，可在稳压块的输入、输出端反向接入保护二极管。

4）防止瞬态过电压损坏稳压块，可在输入端（贴近稳压块）与公共端之间接入容量为 0.1～0.47μF 的电容加以解决。

提 示

为使三端稳压器正常工作，其输入电压至少应高于输出电压 2V 以上，但又不能太大。如 7812 的输入电压至少要在 14V 以上。

3. 应用电路举例

实际应用电路的种类很多，下面仅举几例。

1）固定输出正电压，输入端加短路保护的稳压器，如图 7-13 所示，图中的 C_1、C_2 为高频旁路电容，可抑制电路引入的高频干扰。

2）扩展输出电压的稳压器，如图 7-14 所示，图中的稳压管也可用电阻 R 代替。

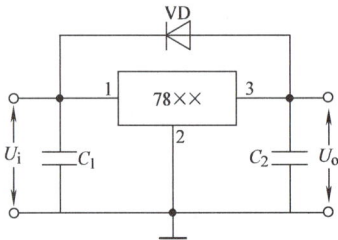

图 7-13　输入端加短路保护的稳压器

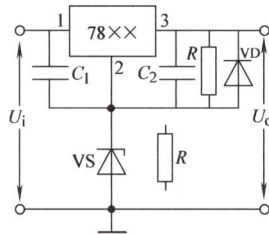

图 7-14　扩展输出电压的稳压器

3）用 PNP 型大功率管扩展输出电流的稳压器，如图 7-15 所示。输出电流为晶体管的集电极电流与稳压块的输出电流之和。

4）输出电压连续可调的集成稳压器，如图 7-16 所示。图中 VD_1、VD_2 都是用于保护集成稳压内的调整管，改变 RP 的阻值，可使输出电压在一定范围内变化。

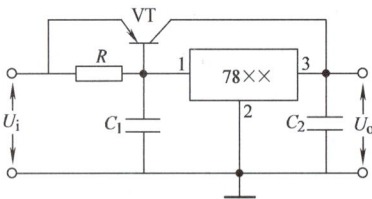

图 7-15　扩展输出电流的稳压器

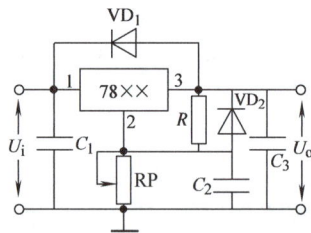

图 7-16　输出电压连续可调的集成稳压器

5）图 7-17 为三端可调式集成稳压器 CW317 的基本应用电路，其输出电压 $U_o = 1.2(1 + R_2/R_1)$，为保证空载时 U_o 的稳定，R_1 不宜大于 240Ω。

6）图 7-18 为 CW317 的低电压输出电路，它把调整端直接接地，$U_o = 1.2V$。

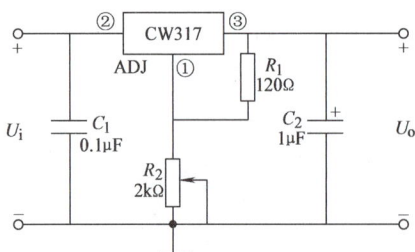

图 7-17　CW317 的基本应用电路

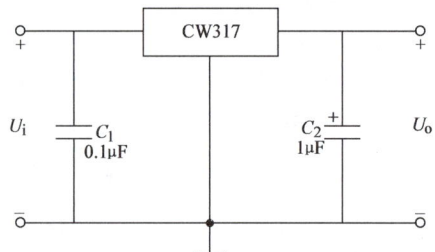

图 7-18　CW317 的低电压输出电路

7）图 7-19 为 CW317 的可调高精度恒流源电路，由于 I_{ADJ} 很小可忽略，故输出电流 $I_o = 1.2/R_P$，其中 RP 的值为 $0.8 \sim 12\Omega$，则 I_o 为大于 100mA 的高精度恒流源。

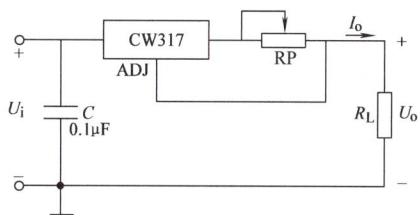

图 7-19　CW317 的可调高精度恒流源电路

想一想

如何把 220V、50Hz 的交流电压变换为 12V 的直流电压？

7.6　技能训练：直流稳压电源的安装与测试

【实训目标】

1）加深理解直流稳压电源的工作原理。

2）学会简易直流稳压电路的安装与测试。

【实训器材】

双踪示波器、万用表各 1 只，所用元器件见表 7-1。

表 7-1　元器件明细表

代号	名称	型号或标称值	数量
R_1	电阻器	100Ω	1
RP	电位器	1kΩ/2W	1
C_1	电解电容器	1000μF/25V	1
C_2	涤纶电容器	0.33μF	1
C_3	电解电容器	100μF/16V	1
C_4	涤纶电容器	0.1μF	1
$VD_1 \sim VD_5$	二极管	1N4001	5
IC_1	三端集成稳压器	78L12	1
S_1、S_2	开关		2
Tr	自耦变压器	TDGC2	1

【实训要求】

1）注意安全操作，严禁带电对电路进行连接及拆除操作。

2）安装电路时要求元器件布局合理，电路调整方便，电路与仪器连接方便。

3）调试电路参数时应力求精准。

4）实训结束要进行整理、清理等 7S 活动。

【实训内容及步骤】

1）实训中所采用的直流稳压电源电路如图 7-20 所示。图中点画线框中为三端稳压器的典型应用电路。

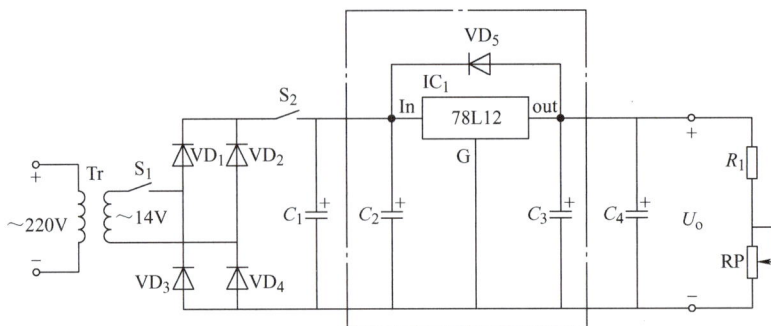

图 7-20　直流稳压电源电路

2）对实训所用的各元器件进行质量检测。

3）参考图 7-20 直流稳压电源电路，在面包板上进行安装和接线。

4）对电路进行调试和测量。

① 断开开关 S_1，调节自耦变压器，使输出电压为 14V，用示波器观察变压器输出交流电压波形。

② 闭合开关 S_1，断开开关 S_2，用示波器观察桥式整流电路输出电压波形。

③ 闭合开关 S_2，调节电位器旋钮使电位器阻值分别为最大及最小，用万用表测量直流稳压电源的输出电压 U_o，将结果填入表 7-2 中。

表 7-2　负载变化引起的输出电压变化

负载/Ω	100	1100
输出电压 U_o/V		

【实训效果评价】

1）正确识别与检测元器件。（20 分）

2）完成电路安装，元器件安装规范、正确、电路整齐美观。（30 分）

3）调试实训电路到最佳工作状态，正确测试输出电压。（30 分）

4）实训过程中安全文明操作。（20 分）

【分析与思考】

1）当变压器的输出电压小于 12V，该电路是否能起到稳压作用？

2）二极管 VD_5 在电路中起什么作用？

本章小结

（1）电子设备都需要直流稳压电源供电，直流稳压电源是由电源变压器、整流器、滤波器和稳压器组成的。

（2）整流电路是利用二极管的单向导电性将交流电转变为脉动的直流电。在小功率整流电路中常见的是单相桥式整流电路。

（3）滤波电路是利用电抗性元件的储能作用将脉动的直流电转变为平滑的直流电。在负载电流较小的情况下，常采用电容滤波电路。

（4）稳压管稳压电路（并联式稳压电路）是将调整器件（稳压二极管）与负载相并联，限流电阻的选取原则是保证稳压二极管处于反向击穿状态又不会损坏。电路结构简单，但稳压精度低、功率小，只适用要求低的小功率场合。

（5）串联式稳压电路是将调整器件与负载相串联。它由取样电路、基准电压电路、比较放大电路和调整器件组成。虽然电路结构比较复杂，但稳压精度高、输出纹波电压小、输出功率大、稳压效果好，在电子电路中应用较广。

（6）三端集成稳压电路因集成块体积小、外围元器件少、输出电压范围宽以及输出电流较大，在现代整机电路中被广泛使用。

习 题 七

7-1　为了使二极管在整流电路中安全可靠地工作，在选用时应注意哪些问题？

7-2　在电容滤波的半波、全波和桥式整流电路中，二极管所承受的最高反向电压各是多少？

7-3　若利用具有中心抽头的变压器是否可以同时得到一个对地为正和一个对地为负的电源（又叫正负电源）？试画出电路图。

7-4　电路如图 7-21 所示，若已知变压器二次电压有效值 $U_2 = 20V$，现测得 U_L 为下述四组数据：（1）9V；（2）18V；（3）24V；（4）28V。问哪一组数据是正常的？对不正常的测量数据，试分析电路可能出现了什么故障（元器件的开路或短路）？

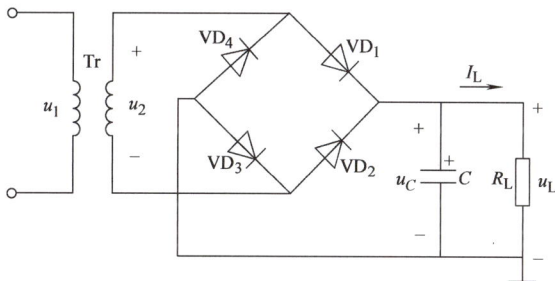

图 7-21　习题 7-4 图

7-5　在图 7-22 中，R、L、C 等元件能否起到滤波作用？

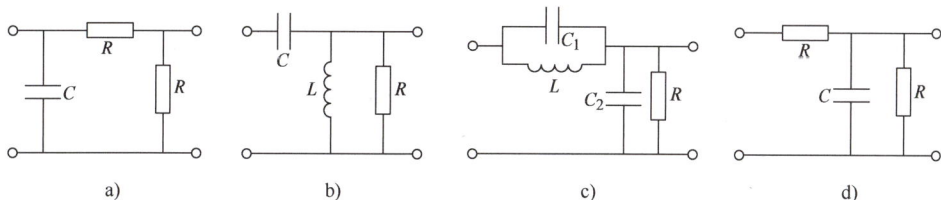

图 7-22　习题 7-5 图

7-6　试叙述并联、串联稳压器的稳压过程。

7-7　稳压电路如图 7-23 所示，其中 $U_i = 24V$，$U_Z = 5.3V$，晶体管的 $U_{BE} = 0.7V$，$U_{CE(sat)1} = 2V$，$R_3 = R_4 = RP = 300\Omega$。

（1）计算 U_o 的可调范围。

（2）求变压器二次电压 U_2。

（3）若把 RP 改为 600Ω，则 U_{omax} 为多少？

（4）为提高 U_o 的稳定性，能否把 R_1 改接到比 U_i 稳定性好的 U_o（即 VT$_1$ 的发射极）上？把 R_2 改接到 U_o 上呢？

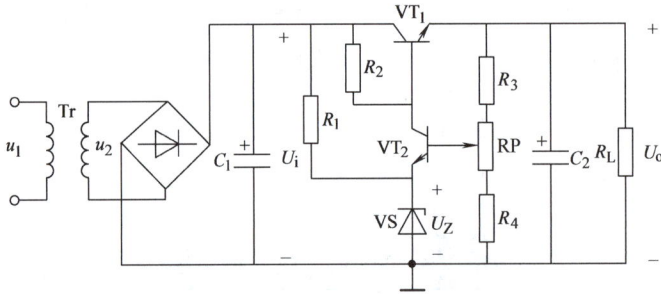

图 7-23 习题 7-7 图

第 8 章

数制及逻辑代数

本章导读

本章主要介绍数的进制、编码和逻辑代数的基本知识。简要讲述数字电路中常用的二进制数、十六进制数以及 BCD 码的概念，然后介绍逻辑代数的基本运算、基本定律、常用公式和规则；讲述逻辑函数及其表示方法，讨论化简逻辑函数的代数法和卡诺图法。

学习目标

知识目标：熟悉二进制与十进制数之间的相互转换；掌握 8421BCD 码的编码规则；熟悉逻辑代数的基本定律及运算规则；了解用卡诺图化简逻辑函数的方法。

能力目标：能运用逻辑代数法化简逻辑函数；能进行逻辑电路图、逻辑表达式与真值表之间的相互转换。

素质目标：认识二进制发明与数字电路诞生，激发学生科学精神；分析逻辑关系，培养学生逻辑思维。

课题引入

随着现代电子技术的发展，用数字电路进行信号处理的优势也更加突出，数字产品体积越来越小、功能越来越强、可靠性越来越高，如一部智能手机已然取代了我们身边很多常用的电子设备，改变着我们的生活方式以及周边的行业。什么是数字电路呢？

提　示

数字电路是指对数字信号进行传递、处理、运算和存储的电路。

信号是运载消息的工具，是消息的载体。从广义上讲，它包含光信号、声信号和电信号等。

在电子线路中传输和处理的信号是电信号，即随时间变化的电压或电流。比如电视、手机接收的是无线电信号，固定电话传输的是电流信号等。模拟电路是指用于处理时间连续变化信号的电路；而数字电路是用于处理在数值和时间上均离散（也就是不连续）信号的电路。例如，人们广泛使用的计算机、智能手机，其内部电路就是数字电路。数字电路中采用的计数制常用的是二进制和十六进制。

8.1　数制与编码

8.1.1　数制

按进位的原则进行计数，称为进位计数制，简称"数制"或"进制"。数制有很多种，在数字电路中主要有以下几种。

1. 十进制

十进制是日常生活和生产中最常用的计数体制。它的每一位都用 0~9 十个数码中的一位来表示，基数为 10，超过 9 的数则需要用多位数表示，其中相邻位数间的关系是逢十进一或借一当十。一个有 n 位整数和 m 位小数的十进制数应是各个位值的和。它的权展开式为

$$N_{10} = a_{n-1} \times 10^{n-1} + a_{n-2} \times 10^{n-2} + \cdots + a_1 \times 10^1 + a_0 \times 10^0 + $$
$$a_{-1} \times 10^{-1} + a_{-2} \times 10^{-2} + \cdots + a_{-m} \times 10^{-m}$$

式中，a_i 为 0~9 中的一位数码；10 为十进制的基数；10^i 为第 i 位的权；m、n 为正整数，n 为整数部分的位数，m 为小数部分的位数。

2. 二进制

在数字电路中应用最广泛的是二进制。在二进制数中，每一位仅有 0、1 两个数码，所以计数的基数为 2，相邻位数间的关系是逢二进一或借一当二。

对于任意一个二进制数可表示为

$$N_2 = a_{n-1} \times 2^{n-1} + a_{n-2} \times 2^{n-2} + \cdots + a_1 \times 2^1 + a_0 \times 2^0 + $$
$$a_{-1} \times 2^{-1} + a_{-2} \times 2^{-2} + \cdots + a_{-m} \times 2^{-m}$$

想一想

为什么在数字电路中不使用十进制数或其他非二进制的数呢？

3. 十六进制

十六进制是计算机系统中除二进制数之外使用较多的进制。它有 0、1、2、3、4、5、6、7、8、9、A、B、C、D、E、F 十六个数码，其分别对应于十进制数的 0~15；十六进制数的加减法的进/借位规则为：借一当十六、逢十六进一。表 8-1 列出了十进制数 0~16 对应的二进制数和十六进制数。

表 8-1 十进制数 0~16 对应的二进制数和十六进制数

十进制数	二进制数	十六进制数	十进制数	二进制数	十六进制数
0	0000	0	9	1001	9
1	0001	1	10	1010	A
2	0010	2	11	1011	B
3	0011	3	12	1100	C
4	0100	4	13	1101	D
5	0101	5	14	1110	E
6	0110	6	15	1111	F
7	0111	7	16	10000	10
8	1000	8			

在数制使用时，常将各种数制用简码来表示：如十进制数用 D 表示或省略；二进制数用 B 来表示；十六进制数用 H 来表示。如：十进制数 35 表示为 35D 或者 35；二进制数 1001 表示为 1001B；十六进制数 5C9 表示为：5C9H。

4. 二进制数与十进制数之间的相互转换

数字电路采用二进制方便，但人们习惯十进制，因此，经常需要在二者之间进行转换。

（1）二进制数转换为十进制数　由二进制数转换为十进制数通常用按权展开相加法。例如：

$$100110.101B = 2^5 + 2^2 + 2^1 + 2^{-1} + 2^{-3} = 32 + 4 + 2 + 0.5 + 0.125 = 38.625D$$

（2）十进制数转换为二进制数　整数部分转换——连除 2 取余倒记法。

例 8-1　将十进制数 35 转换为二进制数。

解：
$$
\begin{array}{r|l}
2 & 35 \\
\hline
2 & 17 \quad\cdots\quad 1 \\
2 & 8 \quad\cdots\quad 1 \\
2 & 4 \quad\cdots\quad 0 \\
2 & 2 \quad\cdots\quad 0 \\
2 & 1 \quad\cdots\quad 0 \\
& 0 \quad\cdots\quad 1
\end{array}
$$
（余数，自下而上）

转换结果为 35D = 100011B

小数部分转换——连乘 2 取整顺记法。

例 8-2　将十进制小数 0.125D 转换为二进制小数。

解：
$$0.125 \times 2 = 0.25 \qquad 整数 \quad 0$$
$$0.25 \times 2 = 0.5 \qquad 整数 \quad 0$$
$$0.5 \times 2 = 1.0 \qquad 整数 \quad 1$$

转换结果为 0.125D = 0.001B

8.1.2　编码

1. BCD 编码

用四位二进制数码来表示一位十进制数码的方法称为二-十进制码，简称 BCD 码。常用 BCD 码列于表 8-2 中。

（1）8421BCD 码　这是一种最常用的 BCD 码。由于这种编码的四位数码从最高有效位开始到最低有效位对应权值分别为 8、4、2、1，所以叫作 8421BCD 码。在使用 8421BCD 码时要注意其有效的代码仅十个，即 0000～1001。

例 8-3　写出十进制数 49.36 对应的 8421BCD 码。

解： 49.36D = （0100 1001.0011 0110）$_{8421BCD}$

例 8-4　写出 8421BCD 码（0101001.01110011）$_{8421BCD}$ 对应的十进制数。

解：（0101001.01110011）$_{8421BCD}$ = 29.73D

（2）余 3 码　余 3 码也是一种 BCD 码，但是它各位没有固定权，所以它是无权码。由于它的每个代码与对应的 8421BCD 码之间相差 3，故称为余 3 码。具体的编码见表 8-2。

表8-2　常见 BCD 编码表

十 进 制 数	有 权 码		无 权 码
	8421	5421	余3码
0	0000	0000	0011
1	0001	0001	0100
2	0010	0010	0101
3	0011	0011	0110
4	0100	0100	0111
5	0101	1000	1000
6	0110	1001	1001
7	0111	1010	1010
8	1000	1011	1011
9	1001	1100	1100

2. 格雷码

格雷码又称循环码、反射码，是一种无权码，不是 BCD 码。其特点是任意两个相邻的码之间只有一个数不同，见表8-3。

表8-3　格雷码

十 进 制 数	格 雷 码	十 进 制 数	格 雷 码
0	0000	8	1100
1	0001	9	1101
2	0011	10	1111
3	0010	11	1110
4	0110	12	1010
5	0111	13	1011
6	0101	14	1001
7	0100	15	1000

想一想

二进制数与十进制数之间是如何转换的？

如何进行不同进制之间的相互转换？

什么是 BCD 码？常见的 BCD 码有哪些？

8.2 逻辑代数的基本定律

8.2.1 逻辑代数的基本概念

逻辑代数是由英国数学家乔治·布尔创立的，故又称布尔代数。它是分析和设计数字电路的数学基础。

参与逻辑运算的变量叫逻辑变量，用字母 A、B、C、…表示。逻辑变量只有 0 和 1 两种取值，0 和 1 不表示数值的大小，而是表示两种不同的逻辑状态。例如，用 1 和 0 表示是和非、高和低、有和无、开和关等状态。因此逻辑代数所表示的是逻辑关系，不是数量关系。

对于任何一个逻辑问题，如果把引起事件的条件作为输入逻辑变量，把事件的结果作为输出逻辑变量，则该问题的因果关系是一种函数关系，可用逻辑函数来描述。一般地，若输入变量 A、B、C、…的取值确定后，输出变量 Y 的值也被唯一确定，则称 Y 是 A、B、C、…的逻辑函数，记作 $Y = F(A, B, C, \cdots)$。

8.2.2 逻辑代数的基本运算

基本逻辑关系有与、或、非三种，因此基本逻辑运算有与运算、或运算和非运算。

1. 与运算

与运算又称逻辑乘。若决定某一件事的所有条件全部满足，这件事才发生，这样的因果关系称为与逻辑关系。

从图 8-1 可以看出，当开关 A、B 有一个或两个断开时，灯泡处于灭的状态，只有当两个开关同时闭合时，灯泡才会亮。这里定义逻辑变量 A、B 分别代表开关 A、B，逻辑值取 1 表示条件满足，取 0 表示条件不满足；逻辑变量 F 代表灯亮这一事件，逻辑值取 1 表示事件发生，取 0 表示事件不发生。于是可以将与逻辑的关系记为："有 0 出 0，全 1 出 1"。对于上述与逻辑关系，用与运算表达式的形式表示，记作

$$F = A \cdot B \quad \text{或} \quad F = AB$$

与逻辑符号如图 8-2 所示。

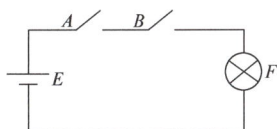

图 8-1　与逻辑关系　　　　　图 8-2　与逻辑符号

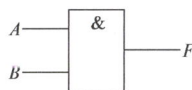

表 8-4 列出了两个开关的所有组合，以及灯泡状态的情况，这种完整表达所有可能组合逻辑关系的表格称为真值表。

表 8-4　与逻辑真值表

A	B	F	A	B	F
0	0	0	1	0	0
0	1	0	1	1	1

2. 或运算

又称逻辑加。只要决定某一件事的所有条件中的任意一个或一个以上的条件满足，这件事就发生。这样的因果关系称为或逻辑关系。

从图8-3可以看出，只要开关A、B中有一个或两个闭合时，灯就亮。灯亮和开关闭合满足或逻辑关系。于是我们可以将或逻辑的关系记为："有1出1，全0出0"。或逻辑表达式为

$$F = A + B$$

式中，"＋"表示或逻辑运算。要特别注意，F是A、B的逻辑加，而不是代数和，例如$1 + 1 = 1$。

或逻辑符号如图8-4所示。同与逻辑一样，可列出或逻辑真值表8-5。

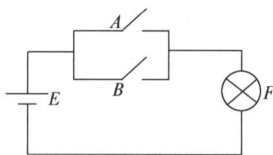

图8-3　或逻辑关系　　　图8-4　或逻辑符号

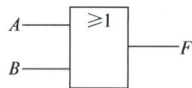

表8-5　或逻辑真值表

A	B	F	A	B	F
0	0	0	1	0	1
0	1	1	1	1	1

3. 非运算

某件事的发生取决于某个条件的否定，即条件满足，这件事就不发生；条件不满足，这件事反而发生。这样的因果关系称为非逻辑关系。

在图8-5中，开关A接通，灯就灭；开关A断开，灯就亮。灯亮与开关闭合断开满足非逻辑关系。非逻辑关系可记为"有0出1，有1出0"。非逻辑表达式为

$$F = \overline{A}$$

非逻辑符号如图8-6所示。按前述逻辑规定，可列出非逻辑真值表8-6。

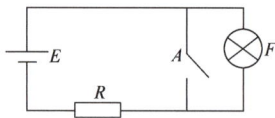

图8-5　非逻辑关系　　　图8-6　非逻辑符号

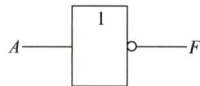

表8-6　非逻辑真值表

A	F	A	F
0	1	1	0

提　示

非逻辑符号中输出端的小圆圈表示非的意思。非运算的逻辑关系就是取反。

8.2.3 逻辑代数的基本定律和运算规则

逻辑代数中的公式反映了逻辑运算的基本规律，其中有些与普通代数相似，有些则完全不同。

1. 逻辑代数的基本定律

（1）交换律
$$A + B = B + A$$
$$A \cdot B = B \cdot A$$

（2）结合律
$$(A + B) + C = A + (B + C)$$
$$(A \cdot B) \cdot C = A \cdot (B \cdot C)$$

（3）分配律
$$A(B + C) = AB + AC$$
$$A + BC = (A + B)(A + C)$$

（4）0-1律
$$A \cdot 0 = 0$$
$$A + 0 = A$$
$$A \cdot 1 = A$$
$$A + 1 = 1$$

（5）重叠律
$$A + A = A$$
$$A \cdot A = A$$

（6）否定律
$$A = \overline{\overline{A}}$$

（7）互补律
$$A + \overline{A} = 1$$
$$A \cdot \overline{A} = 0$$

（8）反演律
$$\overline{A + B} = \overline{A} \cdot \overline{B}$$
$$\overline{AB} = \overline{A} + \overline{B}$$

上述基本定律都可以用真值表加以证明。

例 8-5 用真值表证明 $\overline{A + B} = \overline{A} \cdot \overline{B}$。

解：（1）令等式左边为 $F_1 = \overline{A + B}$；等式右边为 $F_2 = \overline{A} \cdot \overline{B}$。

（2）列出函数 F_1 和 F_2 的真值表，见表8-7。

表8-7 函数 F_1 和 F_2 的真值表

A $\quad$ B	$\overline{A}$ $\quad$ $\overline{B}$	$F_1 = A + B$	$F_2 = A \cdot B$
0 $\quad$ 0	1 $\quad$ 1	1	1
0 $\quad$ 1	1 $\quad$ 0	0	0
1 $\quad$ 0	0 $\quad$ 1	0	0
1 $\quad$ 1	0 $\quad$ 0	0	0

可见，函数 $F_1 = F_2$，所以 $\overline{A + B} = \overline{A} \cdot \overline{B}$ 成立。

2. 常用公式

（1）$AB + A\overline{B} = A$

证明：$AB + A\overline{B} = A(B + \overline{B}) = A \cdot 1 = A$

（2）$A + AB = A$

证明：$A + AB = A(1 + B) = A \cdot 1 = A$

（3）$A + \overline{A}B = A + B$

证明：$A + \overline{A}B = (A + \overline{A})(A + B)$ （分配律）

$\qquad\qquad = A + B$ （互补律）

（4）$AB + \overline{A}C + BC = AB + \overline{A}C$

证明：$AB + \overline{A}C + BC = AB + \overline{A}C + (A + \overline{A}) \cdot B \cdot C$ （互补律）

$\qquad\qquad\qquad\quad = AB + \overline{A}C + ABC + \overline{A} \cdot B \cdot C$ （分配律）

$\qquad\qquad\qquad\quad = AB + \overline{A}C$

3. 基本规则

逻辑代数有以下三个基本规则：

（1）代入规则　在任何一个逻辑等式中，如果将等式两边所有出现的同一变量都代之以另一个逻辑函数，则等式仍然成立，这一规则称为代入规则。

例8-6　有逻辑等式 $A(B + C) = AB + AC$，若用 $F = DE$ 代替等式中的 C，则 $A(B + DE) = AB + ADE$。

（2）反演规则　若将逻辑函数 F 中所有的原变量换成反变量，反变量换成原变量；所有"+"换成"·"，所有"·"换成"+"；"0"换成"1"，"1"换成"0"；并保证原来的运算顺序不变，那么得到的逻辑函数表达式为 $\overline{F}$。这就是逻辑函数的反演规则，可见，用反演规则可求一个逻辑函数的反函数。

例8-7　若 $F = AC + \overline{B}D$，则它的反函数 $\overline{F} = (\overline{A} + \overline{C}) \cdot (B + \overline{D})$。

（3）对偶规则　若将逻辑函数表达式 F 中的所有"+"换成"·"，"·"换成"+"；"0"换成"1"，"1"换成"0"；并保持运算顺序不变，那么就得到一个新的逻辑函数式 F'，称为 F 的对偶式。可见，用对偶规则可求一个逻辑函数的对偶式。

例8-8　若 $F = A + \overline{A}B$，则它的对偶式 $F' = A \cdot (\overline{A} + B)$。

💡 **想一想**

逻辑代数有哪几种基本运算？

生活中有哪些与、或、非的逻辑关系实例？

8.3　逻辑函数的化简

8.3.1　化简的意义

这里讲述的逻辑函数化简，是将逻辑函数化简成最简的与或表达式。最简与或表达式的标准是：表达式中包含的与项个数最少，并且每个与项中包含的变量个数也是最少。

逻辑函数化简的意义在于：第一，使逻辑函数的形式简洁明了，关系清楚；第二，可以得到最简单的逻辑电路，从而降低成本；第三，简化逻辑函数表达式，可以提高电路工作速度，提高工作可靠性。

逻辑函数化简方法有代数化简法和卡诺图化简法等。

8.3.2 逻辑函数的代数化简

代数法化简就是运用逻辑代数的基本公式和常用公式对逻辑函数进行的化简，以求得最简与或式。代数法化简中经常使用以下方法：

1. 吸收法

利用公式 $A + AB = A$，消去多余的乘积项。

例 8-9 化简函数 $F = AC + \overline{A}B + B$。

解：$F = AC + \overline{A}B + B$

$\quad = AC + (\overline{A}B + B)$

$\quad = AC + B$

2. 并项法

利用公式 $AB + A\overline{B} = A$，把两项合并为一项，并消去一个变量。

例 8-10 化简函数 $F = AC + A\overline{C} + \overline{A}B$。

解：$F = AC + A\overline{C} + \overline{A}B$

$\quad = (AC + A\overline{C}) + \overline{A}B$

$\quad = A + \overline{A}B$

$\quad = A + B$

3. 消去法

利用公式 $A + \overline{A}B = A + B$，消去多余的因子，或利用公式 $AB + \overline{A}C + BC = AB + \overline{A}C$，消去多余的乘积项。

例 8-11 化简函数 $F = A\overline{B}\,\overline{C} + \overline{A}\,\overline{B} + \overline{A}D + C + BD$。

解：$F = A\overline{B}\,\overline{C} + \overline{A}\,\overline{B} + \overline{A}D + C + BD$

$\quad = (A\overline{B}\,\overline{C} + C) + \overline{A}\,\overline{B} + \overline{A}D + BD$

$\quad = C + A\overline{B} + \overline{A}\,\overline{B} + \overline{A}D + BD$

$\quad = C + \overline{B} + \overline{A}D + BD$

$\quad = C + \overline{B} + D + \overline{A}D$

$\quad = C + \overline{B} + D$

4. 配项法

利用公式 $A + \overline{A} = 1$，将某项拆成两项，然后再用上述方法进行化简。

例 8-12 化简函数 $F = A\bar{B} + B\bar{C} + \bar{B}C + \bar{A}B$。

解：$F = A\bar{B} + B\bar{C} + \bar{B}C + \bar{A}B$

$= A\bar{B} + B\bar{C} + \bar{B}C(A + \bar{A}) + \bar{A}B(C + \bar{C})$

$= A\bar{B} + B\bar{C} + \bar{B}CA + \bar{B}C\bar{A} + \bar{A}BC + \bar{A}B\bar{C}$

$= (A\bar{B} + \bar{B}CA) + (B\bar{C} + \bar{A}B\bar{C}) + (\bar{B}C\bar{A} + \bar{A}BC)$

$= A\bar{B} + B\bar{C} + \bar{A}C$

5. 添项法

利用公式 $AB + \bar{A}C + BC = AB + \bar{A}C$，在函数式中添加多余的项，再设法化简。

例 8-13 化简函数 $F = AC + B\bar{C} + \bar{A}B$。

解：$F = AC + B\bar{C} + \bar{A}B$

$= AC + B\bar{C} + \bar{A}B + BC$

$= (AC + \bar{A}B) + (B\bar{C} + BC)$

$= AC + \bar{A}B + B$

$= AC + B$

由上述例子可以看到，用代数法化简逻辑函数，需要记住公式，还需要能够灵活、交替地运用各种化简方法，有时还很难判断所得结果是否是最简。卡诺图化简法则可以弥补这一不足，可以比较简单地得到最简的逻辑函数表达式。

8.3.3 逻辑函数的卡诺图化简

对于四变量以下逻辑函数的化简，卡诺图化简是一种更简捷、更方便的化简法。

1. 卡诺图

逻辑函数的卡诺图是一种按照逻辑相邻原则排列的最小项的方格图，它是一种描述逻辑函数的特殊方法。图 8-7a、b、c 分别是二变量、三变量和四变量的卡诺图。

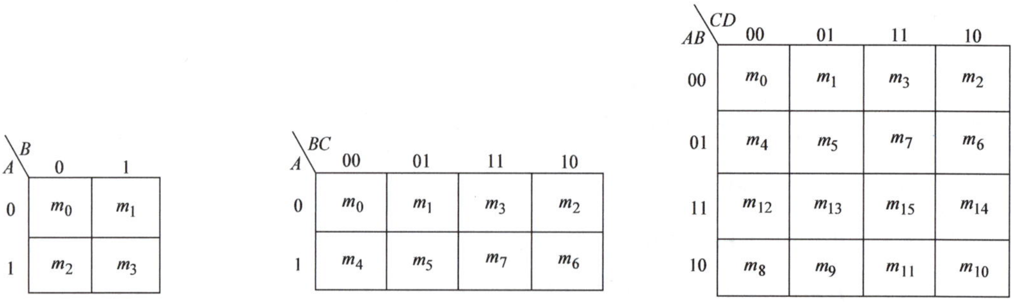

a) 二变量卡诺图   b) 三变量卡诺图   c) 四变量卡诺图

图 8-7 二变量、三变量和四变量的卡诺图

卡诺图中的每一个小方格对应一个最小项，m_i 是它的编号。最小项是指在 n 个变量组成的与项中，每个变量都以原变量或反变量的形式作为一个因子出现且仅出现一次。n 个变

量有 2^n 个最小项。

例如，A、B、C 三个变量的最小项有：$\overline{A}\,\overline{B}\,\overline{C}$、$\overline{A}\,\overline{B}C$、$\overline{A}B\overline{C}$、$\overline{A}BC$、$A\overline{B}\,\overline{C}$、$A\overline{B}C$、$AB\overline{C}$、$ABC$。它们都含三个变量，而每个变量都以原变量或反变量形式在一个与项中出现一次，故共有 $2^3 = 8$ 个。同理，四个变量的最小项有 $2^4 = 16$ 个。

逻辑相邻，是指两小方格所表示的最小项中只有一个因子互为反变量，其余变量均为相同。逻辑相邻的最小项在卡诺图的几何位置上也相邻。例如图 8-7b 中，ABC（m_7）的相邻项有 $\overline{A}BC$（m_3）、$A\overline{B}C$（m_5）、$AB\overline{C}$（m_6）三项。

2. 用卡诺图化简逻辑函数

依据公式 $AB + A\overline{B} = A$，可以将卡诺图中的逻辑相邻项合并成一项，并消去不同的变量。2^n 个最小项合并成一项时可以消去 n 个变量。

合并最小项的方法如下：

1）将最小项填入卡诺图中，并以 "1" 代表。

2）将相邻的 "1" 圈起来，注意 "1" 必须构成矩形块，且个数为 2^n。

3）每个 "1" 至少被圈一次，可被圈多次，但每个圈中至少有一个 "1" 未被其他圈圈过。

4）合并圈中的最小项。

通常，用卡诺图化简逻辑函数有以下步骤：

第一，画出逻辑函数的卡诺图。

第二，按照合并最小项的方法，将能够合并的最小项圈起来。

第三，每个包围圈作为一个乘积项，将各乘积项相加即是化简后的与或表达式。

例 8-14　求 $F(A,B,C) = \sum m(2,\ 3,\ 5,\ 7)$ 的最简与或式。

解：画出三变量卡诺图，如图 8-8a 所示；将 F 各最小项用 1 填入对应小方格；合并最小项，写出最简与或式，即

$$F = \overline{A}B + AC$$

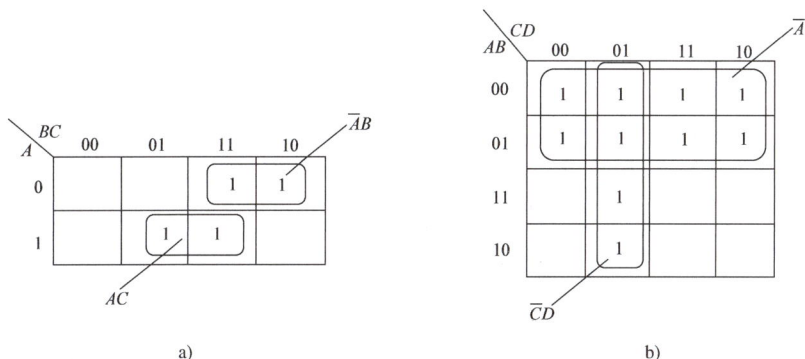

图 8-8　例 8-14 和例 8-15 图

二维码：卡诺图化简逻辑函数

例 8-15　化简卡诺图 8-8b 所示的逻辑函数。

解：相邻四小方格为 1，可合并成一项；相邻八小方格为 1，可合并成一项；同一方格可以参与几个方格群，以得到最简表达式

$$F = \overline{CD} + \overline{A}$$

可见，要得到最简的与或式，就要尽可能选少的方格群，且每个方格群尽可能地大。

使用卡诺图化简时，还可以利用约束项进行化简。这里不做介绍，有兴趣的同学可以阅读有关资料。

想一想

什么是最简与或式？如何用代数化简法化简逻辑函数？

卡诺图化简逻辑函数时，应注意什么问题？

8.4 逻辑函数的表示方式及相互转换

逻辑电路图、逻辑表达式和真值表都是逻辑函数的表示方式。在分析和设计逻辑电路时，常会遇到这三种描述方式之间的转换。本节讨论它们三者之间的转换方法。

1. 由逻辑图列出真值表

步骤如下：

1）求出每个逻辑门输出的逻辑表达式。

2）求出电路输出的逻辑表达式，并进行化简。

3）填写真值表。

例8-16 分析图8-9所示的逻辑电路，求：（1）输出表达式；（2）列出真值表。

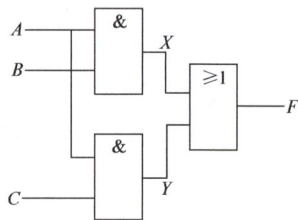

图8-9　例8-16 题图

解：（1）求出每个逻辑门的输出逻辑表达式：

$$X = AB, Y = AC, F = X + Y$$

求出电路输出的逻辑表达式，并进行化简：

$$F = X + Y = AB + AC$$

（2）填写真值表。（见表8-8）

表8-8　真值表

A	B	C	F
0	0	0	0
0	0	1	0
0	1	0	0
0	1	1	0
1	0	0	0
1	0	1	1
1	1	0	1
1	1	1	1

2. 由真值表写出对应的逻辑表达式

步骤如下：

1）考虑输出为1对应的输入组合情况。

2）每个组合是一个与项，每个组合之间为或的关系。

3）写出逻辑表达式，并进行化简。

例8-17 表8-9是三变量的函数真值表，求它的逻辑表达式。

表8-9 真值表

A	B	C	F
0	0	0	0
0	0	1	0
0	1	0	0
0	1	1	1
1	0	0	0
1	0	1	1
1	1	0	1
1	1	1	1

解：（1）考虑输出为1对应的输入组合情况：

表8-9中F为1有四种情况，这四种情况分别是：$A=0$且$B=1$且$C=1$；$A=1$且$B=0$且$C=1$；$A=1$且$B=1$且$C=0$；$A=1$且$B=1$且$C=1$。

（2）于是对应与项为$\overline{A}BC$、$A\overline{B}C$、$AB\overline{C}$、ABC。

（3）逻辑表达式为：$F=\overline{A}BC+A\overline{B}C+AB\overline{C}+ABC$。

（4）化简逻辑表达式为：$F=AC+BC+AB$。

3. 由真值表画出逻辑图

由真值表画出逻辑图，可以先由真值表写出对应的逻辑表达式，再根据表达式画出逻辑图。

例8-18 表8-10是三变量的函数真值表，请画出对应的逻辑图。

表8-10 真值表

A	B	C	F
0	0	0	0
0	0	1	0
0	1	0	1
0	1	1	1
1	0	0	1
1	0	1	0
1	1	0	0
1	1	1	1

解：（1）由真值表写出逻辑表达式：

$$F = \overline{A}\,\overline{B}\,\overline{C} + \overline{A}BC + A\overline{B}\,\overline{C} + ABC$$

化简逻辑表达式：

$$F = A\overline{B}\,\overline{C} + BC + \overline{A}B$$

（2）由表达式画出逻辑图（见图 8-10）。

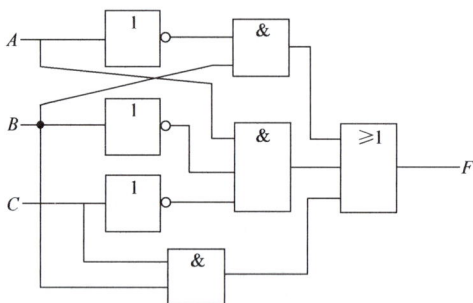

图 8-10   例 8-18 题图

想一想

由逻辑图如何列出真值表？

由真值表如何写出对应的逻辑表达式？

本章小结

（1）按进位的原则进行计数，称为进位计数制，简称数制。常用数制有十、二、十六进制。各数制之间可以相互转换。

（2）用四位二进制数码来表示一位十进制数码的方法称为二-十进制码，简称 BCD 码。

（3）逻辑代数是研究数字电路的重要工具。逻辑变量是用来表示逻辑关系的二值量，它有"0"和"1"两种取值，代表两种对立的逻辑状态。基本的逻辑关系有与逻辑、或逻辑和非逻辑三种；基本逻辑运算有与、或、非三种。

（4）熟记逻辑代数中的运算规则、基本定律和常用公式。

（5）逻辑函数的化简方法有代数法和卡诺图法。

（6）逻辑函数的表示方法有逻辑电路图、逻辑表达式和真值表等，它们之间可以相互转换。

习 题 八

8-1 将下列十进制数转换为二进制数：

52   69   2.55   36.5   78   454

8-2 将下列二进制数转换为十进制数：

1001   1101   110010.1011   1111.1111

8-3 求下列函数的反函数。

(1) $F = \overline{A}B + CD$

(2) $F = A(B + C) + CD$

(3) $F = A + B(CD + AD)$

8-4 求下列函数的对偶式。

(1) $F = A(B + \overline{D})$

(2) $F = (A + B)(B + D)(C + \overline{B})$

8-5 用代数法证明下列等式。

(1) $A(\overline{A} + B) + B(B + C) + B = B$

(2) $A + \overline{A}B + A(\overline{A} + B) = A + B$

(3) $AB + BCD + \overline{A}C + \overline{B}C = AB + C$

8-6 用代数法将下列逻辑函数化简成最简与或式:

(1) $F = A + \overline{B} + \overline{\overline{CD}} + \overline{\overline{AD}} + \overline{B}$

(2) $F = A + ABC + A\overline{BC} + BC + \overline{B}C$

(3) $F = A\overline{BC} + CD + B\overline{D} + \overline{C}$

8-7 用卡诺图法化简下列逻辑函数:

(1) $F(A, B, C) = \sum m (1, 2, 6)$

(2) $F(A, B, C, D) = \sum m (0, 1, 2, 3, 5, 7)$

(3) $F(A, B, C, D) = \sum m (0, 2, 4, 6, 8, 10)$

(4) $F(A, B, C, D) = \sum m (1, 3, 4, 6, 9, 12, 14, 15)$

8-8 写出图8-11中各逻辑图输出 F 的逻辑表达式。

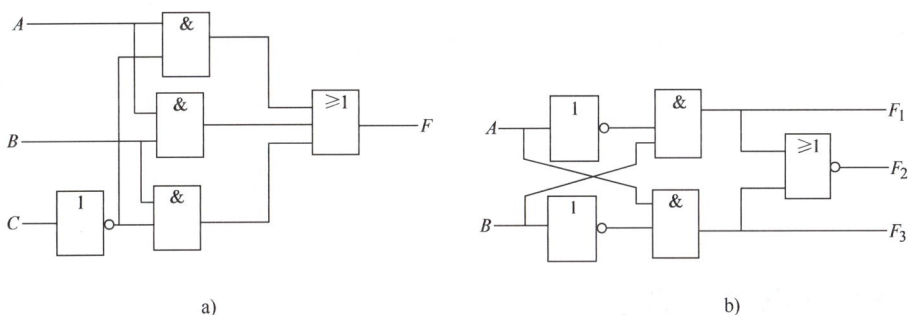

a)   b)

图8-11 习题8-8图

8-9 根据逻辑函数 F_1、F_2、F_3 的真值表(见表8-11),分别写出它们的与或式,并画出对应的逻辑图。

表8-11 真值表

A	B	F_1	F_2	F_3
0	0	0	0	1
0	1	0	1	0
1	0	0	1	0
1	1	1	1	1

第 9 章

逻辑门电路

本章导读

我们初步认识了与、或、非三种基本逻辑运算和与非、或非、异或等常用逻辑运算，这些运算关系都是用逻辑符号来表示的。而在工程中每一个逻辑符号都对应着一种电路，并通过集成工艺制作成一种集成器件，称为集成逻辑门电路，逻辑符号仅是这些集成逻辑门电路的"黑匣子"。本章将逐步揭开这些"黑匣子"的奥秘，介绍集成逻辑门电路的两种主要类型 TTL 和 MOS 门电路的工作原理、逻辑功能及外部特性，同时对内部结构也作一简要介绍。

学习目标

知识目标：了解分立元件门电路和集成门电路工作原理；掌握集成门电路逻辑功能；熟悉 TTL 和 CMOS 集成门电路的电气特性及主要参数。

能力目标：会正确使用 TTL 和 CMOS 集成门电路。

素质目标：分析分立元件门电路逻辑功能，培养学生逻辑思维和"知其然且知其所以然"的工匠精神。

课题引入

在数字电路中，数字信号的高、低电平可以看成是逻辑关系的"真"与"假"或二进制数当中的"1"和"0"，因此数字电路可以方便地实现逻辑运算。

在集成电路技术迅速发展和广泛运用的今天，分立元器件门电路已经很少使用了。但无论功能多么强，结构多么复杂的集成门电路，都是以分立元器件门电路为基础，经过改造演变而来的。了解分立元器件门电路的工作原理，有助于学习和掌握集成门电路。分立元器件门电路包括二极管门电路和三极管门电路两类。

9.1 分立元器件门电路

能够实现逻辑运算的电路称为逻辑门电路。在用电路实现逻辑运算时，用输入端的电压或电平表示自变量，用输出端的电压或电平表示因变量。

9.1.1 与门电路

二极管与门电路及逻辑符号如图 9-1 所示。

1）$V_A = V_B = 0V$。此时二极管 VD_1 和 VD_2 都导通，由于二极管正向导通时的钳位作用，$V_L \approx 0V$。

2）$V_A = 0V$，$V_B = 5V$。此时二极管 VD_1 导通，由于钳位作用，$V_L \approx 0V$，VD_2 受反向电压而截止。

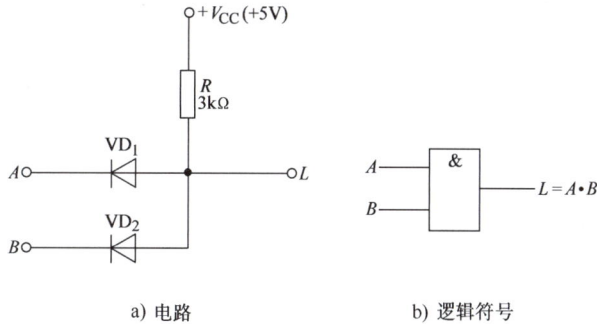

a) 电路   b) 逻辑符号

图9-1 二极管与门电路及逻辑符号

3) $V_A = 5V$，$V_B = 0V$。此时 VD$_2$ 导通，$V_L \approx 0V$，VD$_1$ 受反向电压而截止。

4) $V_A = V_B = 5V$。此时二极管 VD$_1$ 和 VD$_2$ 都截止，$V_L = V_{CC} = 5V$。

把上述分析结果归纳起来列入表9-1 中，与表9-2 比较，如果采用正逻辑体制，很容易看出它实现逻辑运算

$$L = A \cdot B$$

增加一个输入端和一个二极管，就可变成三输入端与门。按此办法可构成更多输入端的与门。

表9-1 与门输入输出电压关系

输 入		输 出
V_A/V	V_B/V	V_L/V
0	0	0
0	5	0
5	0	0
5	5	5

表9-2 与逻辑真值表

输 入		输 出
A	B	L
0	0	0
0	1	0
1	0	0
1	1	1

9.1.2 或门电路

二极管或门电路及逻辑符号如图9-2 所示。

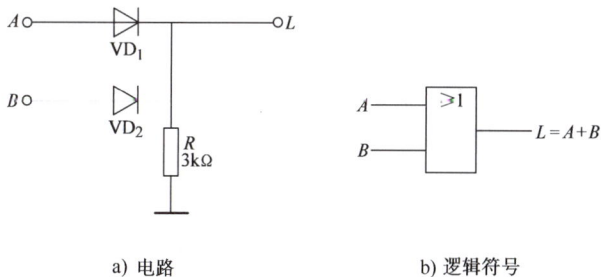

a) 电路   b) 逻辑符号

图9-2 二极管或门电路及逻辑符号

将分析结果归纳起来列入表9-3 中，与表9-4 比较可见，它实现逻辑运算。

$$L = A + B$$

表 9-3 或门输入输出电压关系

输　　　入		输　　出
V_A/V	V_B/V	V_L/V
0	0	0
0	5	5
5	0	5
5	5	5

表 9-4 或逻辑真值表

输　　　入		输　　出
A	B	L
0	0	0
0	1	1
1	0	1
1	1	1

同样，可用增加输入端和二极管的方法，构成更多输入端的或门。

9.1.3 非门电路和复合门电路

1. 晶体管非门电路

图 9-3a 是由晶体管组成的非门电路，非门又称反相器。晶体管的开关特性已在第一章中做过讨论，这里重点分析它的逻辑关系。仍设输入信号为 5V 或 0V，此电路只有以下两种工作情况：

1）$V_A = 0V$。此时晶体管的发射结电压小于死区电压，满足截止条件，所以晶体管截止，$V_L = V_{CC} = 5V$。

2）$V_A = 5V$。此时晶体管的发射结正偏，晶体管导通，只要合理选择电路参数，使其满足饱和条件 $I_B > I_{BS}$，则晶体管工作于饱和状态，有 $V_L = V_{CES} \approx 0V$（0.3V）。

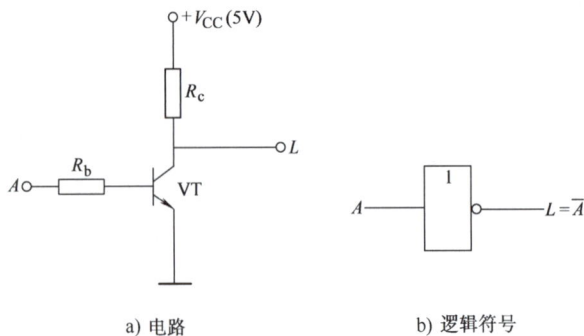

a) 电路　　　　　　　b) 逻辑符号

图 9-3 晶体管非门

把上述分析结果列入表 9-5 中，与表 9-6 比较可看出：此电路不管采用正逻辑体制还是负逻辑体制，都满足非运算的逻辑关系。

表 9-5 非门输入输出电压关系

输入	输出
V_A/V	V_L/V
0	5
5	0

表 9-6 非逻辑真值表

输入	输出
A	L
0	1
1	0

2. 复合门电路

与、或、非是三种最基本的逻辑关系，任何其他的复杂逻辑关系都可由这三种逻辑关系组合而成。例如，将与门和非门按图 9-4a 连接，可得图 9-4b 所示的与非门。表 9-7 是几种常见的复合逻辑函数及其对应门电路的图形符号。

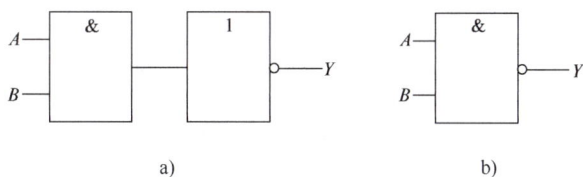

图9-4 与非门的复合

表9-7 几种常见的复合逻辑关系

逻辑关系	含　义	逻辑表达式	记忆口诀	图形符号
与非	条件 A、B 等都具备了，则事件 Y 不发生	$Y = \overline{AB}$	有 0 出 1，全 1 为 0	
或非	条件 A、B 中任一具备了，则事件 Y 不发生	$Y = \overline{A + B}$	有 1 出 0，全 0 为 1	
异或	条件 A、B 中一个具备，另一个不具备，则事件 Y 发生	$Y = \overline{A}B + A\overline{B}$ $= A \oplus B$	相同出 0，相异出 1	
同或	条件 A、B 同时具备，或者同时不具备，则事件 Y 发生	$Y = \overline{A}\ \overline{B} + AB$ $= \overline{A \oplus B}$	相同出 1，相异出 0	

提　示

逻辑问题往往要比与、或、非逻辑复杂，不过它们都可以用与、或、非逻辑的组合来实现。

9.2 集成逻辑门电路

9.2.1 TTL 逻辑门电路

DTL 电路虽然结构简单，但因工作速度低而很少应用。由此改进而成的 TTL 电路，问世几十年来，经过电路结构的不断改进和集成工艺的逐步完善，至今仍广泛应用，几乎占据着数字集成电路领域的半壁江山。

1. TTL 与非门的基本结构及工作原理

电路如图9-5所示，由三个部分组成。

（1）输入级　由多发射极晶体管 VT_1 及电阻 R_{b1} 组成。VT_1 的三个发射极与基极形成的三个发射结可等效为三只二极管，起与门的作用，故 VT_1 具有与逻辑功能。用多发射极晶体管代替二极管作与门，有利于提高门电路的工作速度。

（2）中间级　由 VT_2、R_{c2}、R_{e2} 组成。

（3）输出级　由 VT_3、VT_4、VD 及 R_{c4} 组成。VT_3、VT_4 构成推拉式结构的输出级，两管在不同输入信号作用下轮流导通，输出高低电平。

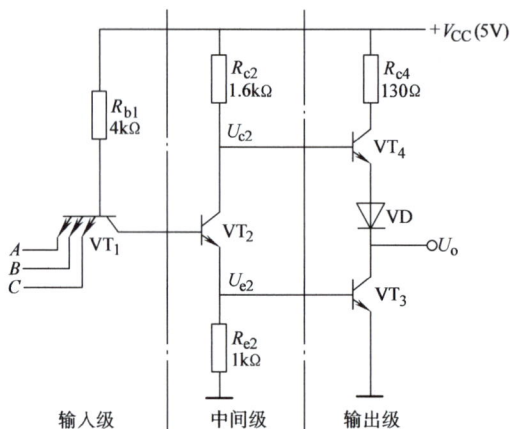

图9-5　TTL与非门电路

经工作原理分析（有兴趣的同学可参看有关书籍）可知，输出与输入间具有与非逻辑关系，其输出逻辑表达式为 $F = \overline{ABC}$。它的逻辑符号、真值表均和分立元器件与非门相同。

2. TTL 与非门的电压传输特性及主要参数

（1）电压传输特性曲线　电压传输特性曲线是指输出电压与输入电压之间的对应关系曲线，即 $u_o = f(u_i)$，它反映了电路的静态特性。与非门传输特性的测试方法如图 9-6 所示，其电压传输特性如图 9-7 所示。

TTL 与非门的电压传输特性曲线可分为四段：AB 段（截止区）、BC 段（线性区）、CD 段（过渡区）和 DE 段（饱和区）。

（2）几个重要参数　从 TTL 与非门的电压传输特性曲线上，我们可以定义几个重要的电路参数。

① 输出高电平电压 U_{OH}——U_{OH} 的理论值为 3.6V，产品规定输出高电平的最小值 $U_{OH(min)} = 2.4V$，即大于 2.4V 的输出电压就可称为输出高电平 U_{OH}。

② 输出低电平电压 U_{OL}——U_{OL} 的理论值为 0.3V，产品规定输出低电平的最大值 $U_{OL(max)} = 0.4V$，即小于 0.4V 的输出电压就可称为输出低电平 U_{OL}。

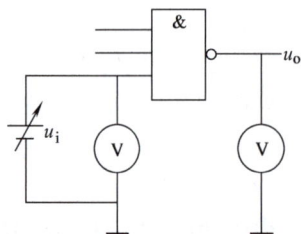

图9-6　与非门传输特性的测试方法

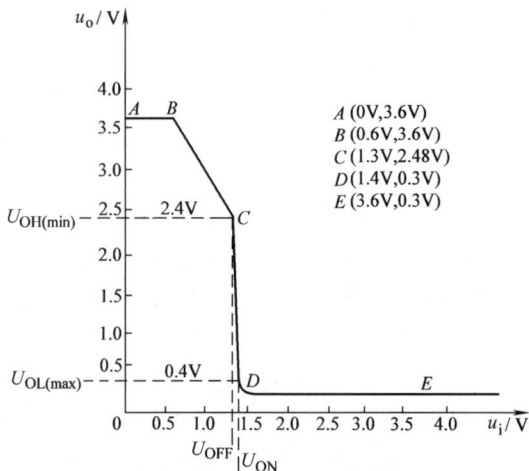

图9-7　TTL 与非门的电压传输特性

由上述规定可以看出，TTL门电路的输出高低电平都不是一个值，而是一个范围。

③ 关门电平电压 U_{OFF}——是指输出电压下降到 $U_{OH(min)}$ 时对应的输入电压。显然只要 $U_i < U_{OFF}$，U_o 就是高电平，所以 U_{OFF} 就是保证输出有效高电压（平）时所允许输入低电压的最大值，可用 $U_{IL(max)}$ 表示。其典型值为 1V，一般产品规定 $U_{IL(max)} = 0.8V$ 合格。

④ 开门电平电压 U_{ON}——是保证输出为低电平时所允许的输入高电压的最小值，用 $U_{IH(min)}$ 表示。从电压传输特性曲线上看 $U_{IH(min)}$（U_{ON}）略大于 1.3V，典型值为 1.5V，产品规定 $U_{IH(min)} = 1.8V$ 合格。

⑤ 阈值电压 U_{th}——指电压传输特性曲线上过渡区中点所对应的输入电压值，也即是决定输出高、低电压的分界线。U_{th} 是一个很重要的参数，在近似分析和估算时，常把它作为决定与非门工作状态的关键值，即 $U_i < U_{th}$，与非门开门，输出低电平；$U_i > U_{th}$，与非门关门，输出高电平。U_{th} 又常被形象化地称为门槛电压，U_{th} 的值为 1.3 ~ 1.4V。

⑥ 噪声容限——TTL门电路的输出高低电平不是一个值，而是一个范围。同样，它的输入高低电平也有一个范围，即它的输入信号允许一定的容差，称为噪声容限。它是反映门电路抗干扰能力强弱的参数，噪声容限越大，电路的抗干扰能力越强。

通过这一段的讨论，也可看出二值数字逻辑中的"0"和"1"都是允许有一定容差的，这也是数字电路一个突出的特点。

⑦ 扇出系数 N_0——指与非门正常工作时能驱动的同类门的个数。对于典型电路，$N_0 \geq 8$。

3. TTL 与非门举例——74LS00

74LS00 是一种典型的 TTL 与非门器件，内部含有 4 个 2 输入端与非门，共有 14 个引脚，如图 9-8 所示。

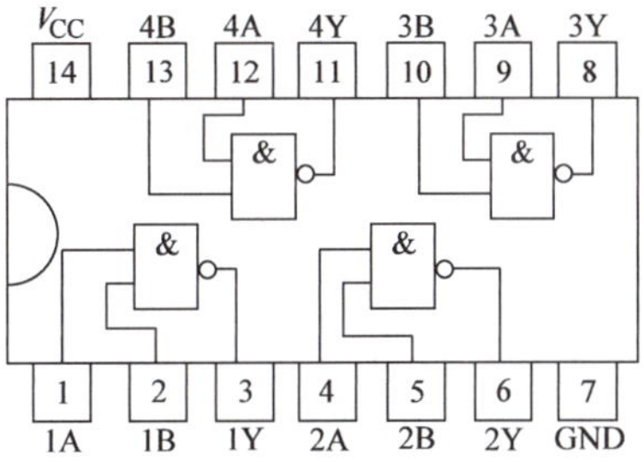

图 9-8 74LS00 引脚排列图

提示

一般一个逻辑门集成电路内部包含几个相同模块的逻辑功能单元，它们在集成电路内部相互独立，占用不同的引脚作为输入和输出端，但共用电源和接地引脚。

4. TTL 门电路的其他类型

（1）集电极开路门（OC 门） 在工程实践中，有时需要将几个门的输出端并联使用，以实现与逻辑，称为线与。如果将 G_1、G_2 两个 TTL 与非门的输出直接连接起来，如图 9-9 所示，当 G_1 输出为高，G_2 输出为低时，从 G_1 的电源 V_{CC} 通过 G_1 的 VT_4、VD 到 G_2 的 VT_3，形成一个低阻通路，产生很大的电流，输出既不是高电平也不是低电平，逻辑功能将被破坏，还可能烧毁器件，所以普通的 TTL 门电路是不能进行线与的。

为满足实际应用中实现线与的要求，专门生产了一种可以进行线与的门电路——集电极开路门，简称 OC 门，其电路结构及逻辑符号如图 9-10 所示。

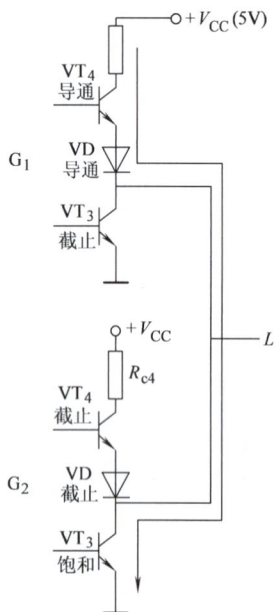

图 9-9　普通的 TTL 门电路输出并联使用　　图 9-10　OC 门的电路结构与逻辑符号

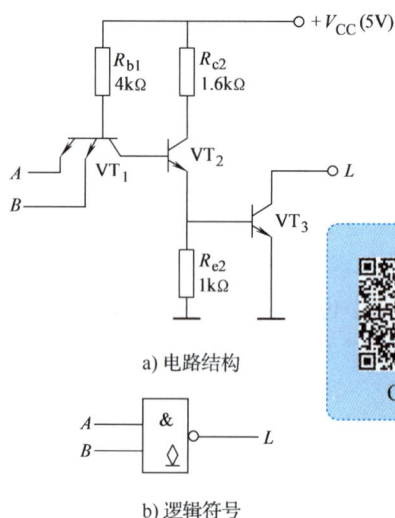

集电极开路与非门开关速度较低，但逻辑功能灵活，应用广泛。

1）实现线与。2 个 OC 门实现线与时的电路如图 9-11 所示。

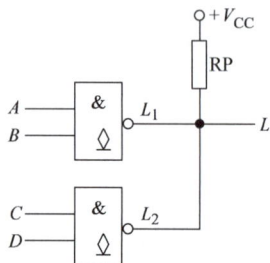

图 9-11　2 个 OC 门实现线与时的电路

此时的逻辑关系为 $L = L_1 \cdot L_2 = \overline{AB} \cdot \overline{CD} = \overline{AB + CD}$，从表达式看，相当于在输出端增加了"与"功能，但这种"与"功能并不是由与门来实现的，而是通过输出线相连而获得的，故称"线与"。

在使用 OC 门进行线与时，外接上拉电阻 RP 的选择非常重要，只有 RP 选择得当，才能保证 OC 门输出满足要求的高电平和低电平。

2）实现电平转换。在数字系统的接口部分（与外部设备相连接的地方）需要有电平转换的时候，常用 OC 门来完成。图 9-12 所示为上拉电阻接到 10V 电源上，这样在 OC 门输入普通的 TTL 电平，而输出高电平就可以变为 10V。

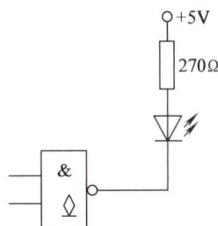

3）用作驱动器。可用 OC 门来驱动发光二极管、指示灯、继电器和脉冲变压器等。图 9-13 是用 OC 门来驱动发光二极管的电路。

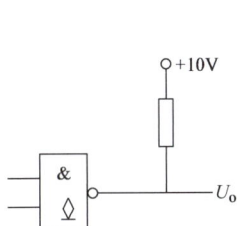

图 9-12　OC 门实现电平转换　　　　图 9-13　OC 门驱动发光二极管

（2）三态输出门（TS 门）　　三态门除了可以输出高、低电平外，还可以输出禁止状态，或称高阻状态、悬浮状态，此为第三态。

图 9-14a 为一种三态与非门，它和普通与非门不同的地方是输入端多了一个控制端（又称使能端）EN。当 $EN = 0$ 时，VD_1 截止，与非门正常工作，实现与非逻辑功能，$L = \overline{AB}$，这种 $EN = 0$ 时为正常工作状态的三态门称为低电平有效的三态门，其逻辑符号如图 9-14b 所示。如果将图 9-14a 中的非门 G 去掉，则使能端 $EN = 1$ 时为正常工作状态，$EN = 0$ 时为高阻状态，这种三态门称为高电平有效的三态门，其逻辑符号如图 9-14c 所示。

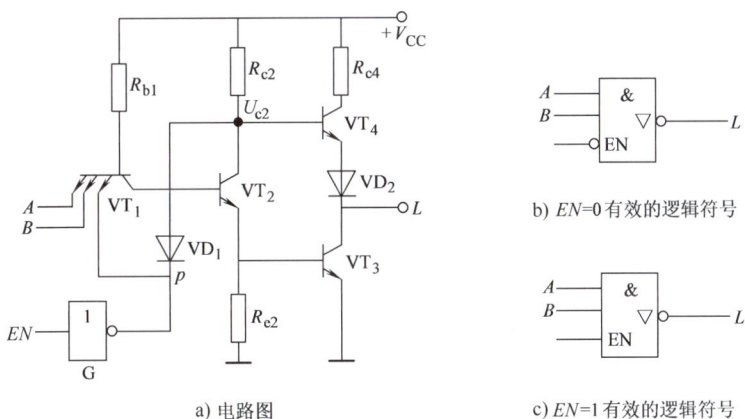

a) 电路图　　　　　c) $EN=1$ 有效的逻辑符号

图 9-14　三态输出门

三态门在计算机总线结构中有着广泛的应用。图 9-15a 所示为三态门组成的单向总线，可实现信号的分时传送。图 9-15b 所示为三态门组成的双向总线。当 EN 为高电平时，G_1 正常工作，G_2 为高阻态，输入数据 D_1 经 G_1 反相后送到总线上；当 EN 为低电平时，G_2 正常工作，G_1 为高阻态，总线上的数据 D_0 经 G_2 反相后输出 $\overline{D_0}$。这样就实现了信号的分时双向传送。

提　示

各类 TTL 集成电路若尾数相同（如 74LS00 与 7400），则逻辑功能完全相同。

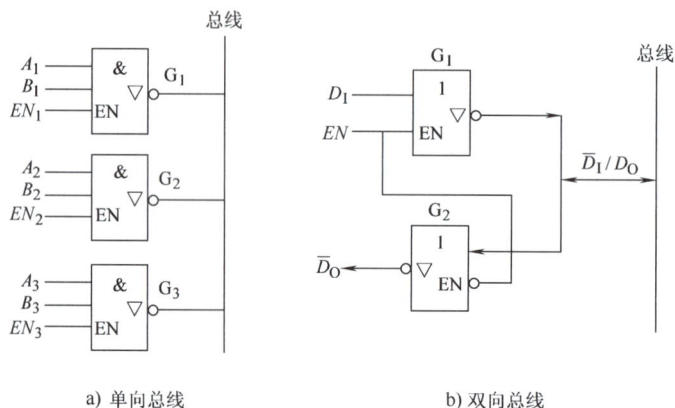

a) 单向总线　　　　　b) 双向总线

图 9-15　三态门组成的总线

9.2.2　CMOS 集成门电路

MOS 逻辑门电路是继 TTL 之后发展起来的另一种应用广泛的数字集成电路。由于它功耗低、抗干扰能力强和工艺简单，几乎所有的大规模、超大规模数字集成器件都采用 MOS 工艺。就其发展趋势看，MOS 电路特别是 CMOS 电路有可能超越 TTL 成为占统治地位的逻辑器件。

MOS 器件的基本结构有 N 沟道和 P 沟道两种，组成 NMOS 管和 PMOS 管。MOS 逻辑门就是以 MOS 管作为开关器件的门电路。MOS 集成门按所用 MOS 管的不同可分为三种类型：第一种是由 PMOS 管构成的 PMOS 门电路，其工作速度较低；第二种是由 NMOS 管构成的 NMOS 门电路，工作速度比 PMOS 电路要高，但比 TTL 电路要低；第三种是由 PMOS 管和 NMOS 管两种构成的互补型电路，称为 CMOS 电路，CMOS 电路特别适用于通用逻辑电路的设计。

1. CMOS 门电路

CMOS 门电路有非门（反相器）、与非门、或非门等多种电路，下面以非门为例说明。

（1）电路组成　如图 9-16 所示，要求电源 V_{DD} 大于两管开启电压绝对值之和，即 $V_{DD} > (U_{VFN} + |U_{VFP}|)$，且 $U_{VFN} = |U_{VFP}|$。

（2）逻辑关系　当输入为低电平，即 $U_i = 0V$ 时，VF_N 截止，VF_P 导通，VF_N 的截止电阻约为 500MΩ，VF_P 的导通电阻约为 750Ω，所以输出 $U_o \approx U_{DD}$，即 U_o 为高电平。

当输入为高电平，即 $U_i = V_{DD}$ 时，VF_N 导通，VF_P 截止，VF_N 的导通电阻约为 750Ω，VF_P 的截止电阻约为 500MΩ，所以输出 $U_o \approx 0V$，即 U_o 为低电平。

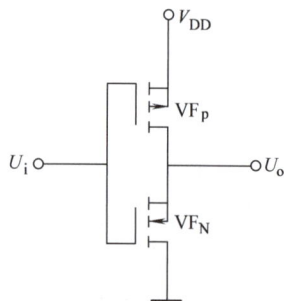

图 9-16　CMOS 非门电路

通过以上分析可以看出，在 CMOS 非门电路中，无论电路处于何种状态，VF_N、VF_P 中总有一个截止，所以它的静态功耗极低，有微功耗电路之称。

2. CMOS 逻辑门电路的系列及主要参数

（1）CMOS 逻辑门电路的系列　CMOS 集成电路诞生于 20 世纪 60 年代末，经过制造工艺的不断改进，在应用的广度上已与 TTL 平分秋色，它的技术参数从总体上说，已经达到或接近 TTL 的水平，其中功耗、噪声容限、扇出系数等参数优于 TTL。CMOS 集成电路主要有以下几个系列。

① 基本的 CMOS - 4000 系列。这是早期的 CMOS 集成逻辑门产品，工作电源电压范围为 3 ~ 18V，由于具有功耗低、噪声容限大、扇出系数大等优点，已得到普遍使用。缺点是工作速度较低，平均传输延迟时间为几十纳秒，最高工作频率小于 5MHz。

② 高速的 CMOS - HC(HCT) 系列。该系列电路主要从制造工艺上做了改进，使其大大提高了工作速度，平均传输延迟时间小于 10ns，最高工作频率可达 50MHz。HC 系列的电源电压范围为 2 ~ 6V。HCT 系列的主要特点是与 TTL 器件电压兼容，它的电源电压范围为 4.5 ~ 5.5V。它的输入电压参数为 $U_{IH(min)} = 2.0V$、$U_{IL(max)} = 0.8V$，与 TTL 完全相同。另外，74HC/HCT 系列与 74LS 系列的产品，只要最后 3 位数字相同，则两种器件的逻辑功能、外形尺寸和引脚排列顺序完全相同，这样就为以 CMOS 产品代替 TTL 产品提供了方便。

③ 先进的 CMOS - AC(ACT) 系列。该系列的工作频率得到了进一步的提高，同时保持了 CMOS 超低功耗的特点。其中 ACT 系列与 TTL 器件电压兼容，电源电压范围为 4.5 ~ 5.5V。AC 系列的电源电压范围为 1.5 ~ 5.5V。AC(ACT) 系列的逻辑功能、引脚排列顺序等都与同型号的 HC(HCT) 系列完全相同。

(2) CMOS 逻辑门电路的主要参数　CMOS 门电路主要参数的定义同 TTL 电路，下面说明 CMOS 电路主要参数的特点。

① 输出高电平 U_{OH} 与输出低电平 U_{OL}。CMOS 门电路 U_{OH} 的理论值为电源电压 V_{DD}，$U_{OH(min)} = 0.9V_{DD}$；U_{OL} 的理论值为 0V，$U_{OL(max)} = 0.01V_{DD}$。所以 CMOS 门电路的逻辑摆幅（即高低电平之差）较大，接近电源电压 V_{DD} 值。

② 阈值电压 U_{th}。阈值电压 U_{th} 约为 $V_{DD}/2$。

③ 噪声容限。CMOS 非门的关门电平 U_{OFF} 为 $0.45V_{DD}$，开门电平 U_{ON} 为 $0.55V_{DD}$。因此，其高、低电平噪声容限均达 $0.45V_{DD}$。其他 CMOS 门电路的噪声容限一般也大于 $0.3V_{DD}$，电源电压 V_{DD} 越大，其抗干扰能力越强。

④ 扇出系数。因 CMOS 电路有极高的输入阻抗，故其扇出系数很大，一般额定扇出系数可达 50。但必须指出的是，扇出系数是指驱动 CMOS 电路的个数，若就灌电流负载能力和拉电流负载能力而言，CMOS 电路远远低于 TTL 电路。

💡 想一想

OC 门和三态门各有什么特点和用途？

集成门电路有哪些重要的参数？

9.3　集成门电路的使用常识

1. TTL 门电路使用常识

(1) 多余输入端的处理　多余输入端不允许悬空，可按以下方法处理：

① 与其他输入端并联使用。

② 将不用的输入端按照电路功能要求接电源或接地。如将与门、与非门的多余输入端接电源，将或门、或非门的多余输入端接地。

（2）电路的安装应尽量避免干扰信号的侵入

① 在电源线上并接去耦电容以防止 TTL 电路的动态尖峰电流产生干扰。

② 整机装置应有良好的接地系统。

2. CMOS 门电路使用常识

（1）电源电压　CMOS 集成电路工作电压一般为 3～18V，当系统中有门电路的模拟应用时，如作为脉冲振荡和线性放大，则最低工作电压应不低于 4.5V。

（2）驱动能力　为了增加 CMOS 电路的驱动能力，除了选用驱动能力较大的缓冲器外，还可以将同一芯片上的几个同类电路的输入端和输出端分别并接在一起来提高驱动能力，这时驱动能力将增大 N 倍，N 是并接门电路的数量。

（3）多余输入端的处理　多余输入端不允许悬空，对多余的输入端可以按照电路功能要求接电源或接地，或与其他输入端并联使用。

（4）输入端接长线时的保护　可串接电阻以尽可能地消除较大的分布电容和分布电感。

3. TTL 门电路和 CMOS 门电路的相互连接

在数字系统中，往往由于工作速度或功耗指标的要求，需要采用多种逻辑器件混合使用，最常见的就是 TTL 和 CMOS 两种器件混合使用。由于 TTL 和 CMOS 电路的电压和电流参数各不相同，因此需要采用接口电路。

（1）TTL 门驱动 CMOS 门　常用的接口电路有两种：

① 若电源电压一致，可在 TTL 门电路输出端外接一个上拉电阻。

② 若电源电压不一致，可选用电平转换电路（如 CC40109）或者采用 TTL 的 OC 门实现电平转换。

（2）CMOS 门驱动 TTL 门　一般可选用缓冲器（如 CC4009）进行匹配。

想一想

TTL 和 CMOS 门电路在使用时有哪些注意事项？

9.4　技能训练：门电路逻辑功能测试

【实训目标】

1）熟悉门电路的逻辑功能。

2）掌握门电路逻辑功能测试方法。

【实训器材】

1）5V 直流电源、逻辑电平开关、逻辑电平显示器。

2）74LS00、74LS04、74LS32 各 1 只。

【实训要求】

1）训练过程中，严禁带电进行接线或拆线操作。

2）集成电路的电源正、负极不能接反，电压值不能超过规定范围。

3）门电路的输出端切勿与电源线或地线短路。

4）实训结束要进行整理、清理等7S活动。

【实训内容及步骤】

1）测试74LS00二输入四与非门的逻辑功能，将结果填入表9-8中，并判断集成电路的好坏。

表9-8　74LS00逻辑功能测试表

1A	1B	1Y	2A	2B	2Y	3A	3B	3Y	4A	4B	4Y
0	0		0	0		0	0		0	0	
0	1		0	1		0	1		0	1	
1	0		1	0		1	0		1	0	
1	1		1	1		1	1		1	1	

2）测试74LS04六非门的逻辑功能，将结果填入表9-9中，并判断集成电路的好坏。

表9-9　74LS04逻辑功能测试表

1A	1Y	2A	2Y	3A	3Y	4A	4Y	5A	5Y	6A	6Y
0		0		0		0		0		0	
1		0		1		1		1		1	

3）测试74LS32二输入四或门的逻辑功能，将结果填入表9-10中，并判断集成电路的好坏。

表9-10　74LS32逻辑功能测试表

1A	1B	1Y	2A	2B	2Y	3A	3B	3Y	4A	4B	4Y
0	0		0	0		0	0		0	0	
0	1		0	1		0	1		0	1	
1	0		1	0		1	0		1	0	
1	1		1	1		1	1		1	1	

【实训效果评价】

1）正确测试3种集成门电路逻辑电路的功能。（60分）

2）能根据测试结果判断集成门电路是否正常。（20分）

3）实训过程中安全文明操作。（20分）

【分析与思考】

1）用与门、或门和非门组成与非门、或非门应该怎么接线？

2）集成逻辑门电路闲置的引脚对输出结果是否有影响？

本章小结

（1）最简单的门电路是用二极管组成的与门、或门和晶体管组成的非门电路。它们是集成逻辑门电路的基础。

（2）目前普遍使用的数字集成电路主要有两大类：一类由 NPN 型晶体管组成，简称 TTL 集成电路；另一类由 MOS 管构成，简称 MOS 集成电路。

（3）TTL 集成逻辑门电路的输入级采用多发射极晶体管、输出级采用推拉式结构，这不仅提高了门电路的开关速度，也使电路有较强的驱动负载的能力。

（4）在 TTL 系列中，除了有实现各种基本逻辑功能的门电路以外，还有集电极开路门和三态门，它们能够实现线与，还可用来驱动需要一定功率的负载。三态门还可用来实现总线结构。

（5）MOS 集成电路常用的是由增强型 N 沟道和 P 沟道 MOS 管互补构成的 CMOS 门电路，这是 MOS 集成门电路的主要结构。与 TTL 门电路相比，它的优点是功耗低，扇出系数大（指带同类门负载），噪声容限大，开关速度与 TTL 接近，已成为数字集成电路的发展方向。

（6）为了更好地使用数字集成芯片，应熟悉 TTL 和 CMOS 各个系列产品的外部电气特性及主要参数，还应能正确处理多余输入端，能正确解决不同类型电路间的接口问题及抗干扰问题。

习 题 九

9-1　根据图 9-17 所给门电路写出逻辑表达式和真值表，并根据输入波形画出对应的输出波形。

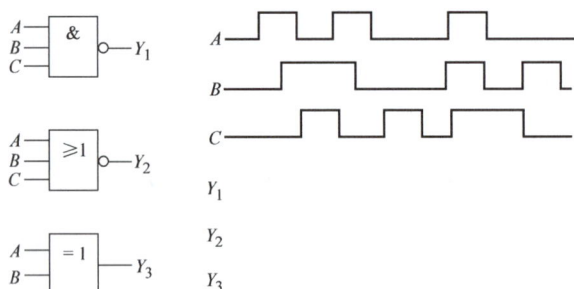

图 9-17　习题 9-1 图

9-2　试画出用与非门、或非门和异或门实现"非"门功能的等效电路图。

9-3　试画出用三个二输入的与非门实现 $L = A + B$ 的等效逻辑电路图。

9-4　试画出图 9-18a 所示电路输出端的电压波形。其中输入 A、B 的波形如图 9-18b 所示。

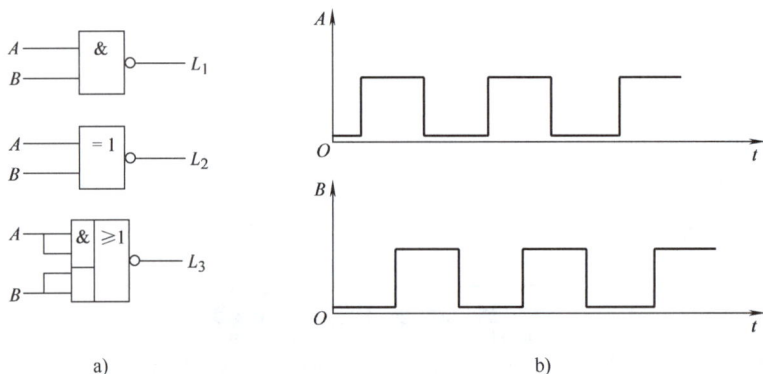

a)　　　　　　　　　　　　　　　　b)

图 9-18　习题 9-4 图

9-5　指出图 9-19 所示电路的输出逻辑电平是高电平、低电平还是高阻态。已知图 9-19a 中的门电路都是 74 系列的 TTL 门电路，图 9-19b 中的门电路都是 CC4000 系列的 CMOS 门电路。

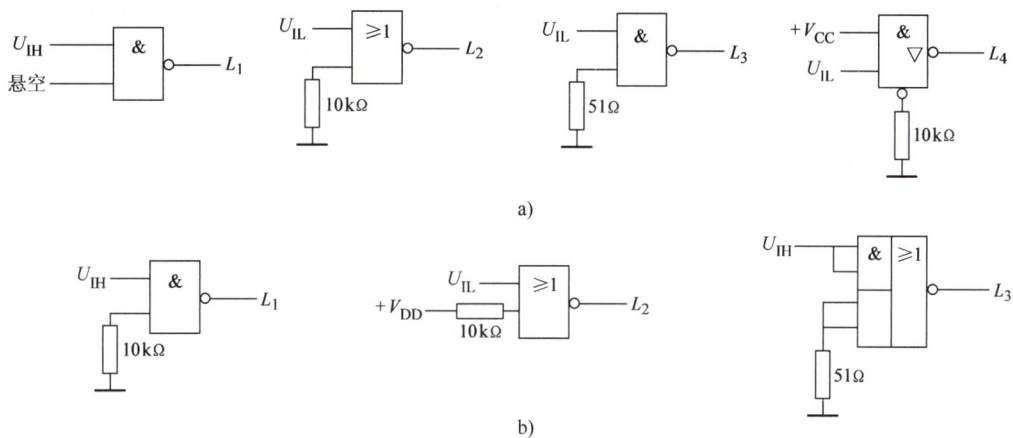

a)

b)

图 9-19　习题 9-5 图

第 10 章

组合逻辑电路

📋 本章导读

　　组合逻辑电路是指电路在任一时刻的输出状态只取决于那一时刻的输入，而与电路原来的状态无关。它在结构上是由各种门电路组成的，前面学过的门电路就属于最简单的组合逻辑电路。本章将首先介绍组合逻辑电路的分析方法和设计方法，然后对几种常用的组合逻辑电路：编码器、译码器、数码显示器和数据选择器的基本工作原理、逻辑功能以及使用方法进行分析和讨论，最后简要介绍用中规模集成电路实现组合逻辑函数的方法。

📋 学习目标

　　知识目标：掌握组合逻辑电路的基本分析方法；熟悉编码器和译码器的功能及使用方法；掌握用中规模集成组合电路实现逻辑函数的方法。

　　能力目标：能正确使用编码器、译码器和显示器。

　　素质目标：分析组合逻辑电路，培养学生的逻辑思维；设计组合逻辑电路，培养学生的创新能力，引导学生树立规则意识。

📋 课题引入

　　我们在使用计算机时，当从键盘上敲击某一个键时，计算机能够自动识别键的代号，你知道计算机是怎么知道你按下的是哪个键的呢？

📋 提　　示

　　其实键盘上的每个键都有自己唯一的二进制代码，例如 < Enter > 键的代码是 0001101，< Backspace > 键的代码是 0001000，当你敲击键盘，计算机实际上收到的就是这样一组二进制代码，根据代码的不同，计算机就知道你按下的是哪个键了，而将键盘按键转换成二进制代码的工作就是由编辑器完成的。编辑器是一种组合逻辑电路。

　　数字逻辑电路是由基本逻辑门按照要实现的逻辑功能拼装组合而成的，根据数字电路逻辑功能的不同特点，可以将数字电路分类成组合逻辑电路和时序逻辑电路。

10.1　组合逻辑电路的分析和设计方法

10.1.1　组合逻辑电路的定义

1. 定义

　　由若干个逻辑门组成的具有一组输入和一组输出的非记忆性逻辑电路，即为组合逻辑电路。其任意时刻的稳定输出，仅取决于该时刻各个输入信号的取值组合，而与电路原来的状态无关。其结构框图可用图 10-1 来描述。

2. 特点

1）输入、输出之间没有反馈延迟通路。

2）电路中不含记忆元器件。

3）电路任何时刻的输出仅取决于该时刻的输入，而与电路原来的状态无关。

图 10-1 组合逻辑电路的一般结构框图

3. 描述组合电路逻辑功能的方法

主要有：逻辑表达式、真值表、卡诺图、逻辑图和波形图。

10.1.2 组合逻辑电路的分析方法

1. 分析组合逻辑电路的目的

分析组合逻辑电路是为了确定已知电路的逻辑功能，或者检查电路设计是否合理。即根据给定的逻辑图，找出输出信号与输入信号之间的关系，从而确定它的逻辑功能，这就是组合逻辑电路的分析。

2. 分析组合电路的步骤

1）根据给定的逻辑图，写出逻辑函数表达式（从输入到输出逐级写出）。

2）利用公式法或卡诺图法化简逻辑函数表达式。

3）根据最简逻辑表达式列真值表。

4）由真值表分析电路的逻辑功能。

例 10-1 分析图 10-2 所示组合逻辑电路的功能。

解：（1）写出逻辑函数表达式

$$Y = \overline{\overline{AB} \cdot \overline{BC} \cdot \overline{AC}}$$

（2）化简

图 10-2 例 10-1 的组合逻辑电路

$$Y = AB + BC + AC$$

（3）列真值表，见表 10-1。

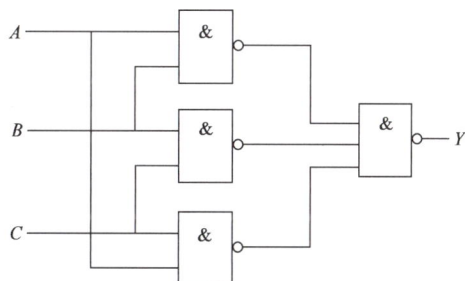

表 10-1 真值表

A	B	C	Y	A	B	C	Y
0	0	0	0	1	0	0	0
0	0	1	0	1	0	1	1
0	1	0	0	1	1	0	1
0	1	1	1	1	1	1	1

（4）确定逻辑功能：两个或两个以上为 1 时，输出 Y 为 1，此电路在实际应用中为多数表决电路。

10.1.3　组合逻辑电路的设计方法

1. 组合逻辑电路设计的目的

设计组合逻辑电路的目的是根据功能要求设计最佳电路。即根据给出的实际问题，求出能够实现这一逻辑要求的最简的逻辑电路，这就是组合逻辑电路的设计，它是分析的逆过程。

2. 设计组合逻辑电路的步骤

1）分析设计要求。根据题意，确定输入、输出变量的个数及它们的相互关系，并对它们进行逻辑赋值（即确定 0 和 1 代表的含义）。

2）根据功能要求列出真值表。

3）根据真值表利用卡诺图进行化简，得到最简逻辑表达式。

4）根据最简表达式画逻辑图。

例 10-2　设计一个表决电路，有 A、B、C 三人进行表决，当有两人或两人以上同意时决议才算通过，但同意的人中必须有 A 在内。

解：（1）确定输入、输出变量：设输入变量 A、B、C 分别代表三个人，1 表示同意，0表示不同意；输出变量 Y 表示决议是否通过，1 表示通过，0 表示没有通过。

（2）根据题目要求列真值表，见表 10-2。

表 10-2　真值表

A	B	C	Y	A	B	C	Y
0	0	0	0	1	0	0	0
0	0	1	0	1	0	1	1
0	1	0	0	1	1	0	1
0	1	1	0	1	1	1	1

（3）由真值表写出逻辑函数表达式并化简得

$$Y = A\overline{B}C + AB\overline{C} + ABC = AC + AB$$

（4）画出逻辑图：逻辑电路如图 10-3a 所示。若要求用与非门实现，则需要将化简后的与或表达式转换为与非形式，即 $Y = \overline{AC + AB} = \overline{\overline{AC} \cdot \overline{AB}}$，画出的逻辑电路如图 10-3b 所示。

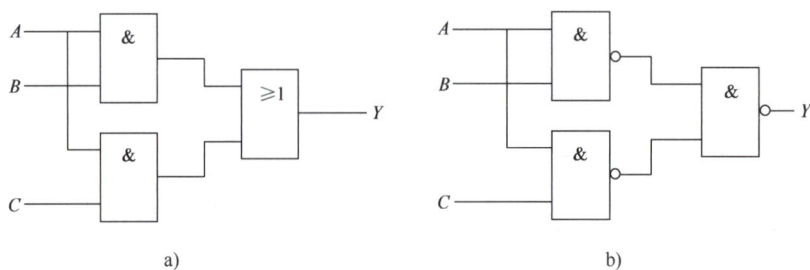

a)　　　　　　　　　　　　　b)

图 10-3　例 10-2 的逻辑电路

想一想

组合电路是怎样构成的？它有什么主要特点？

如何按步骤分析和设计组合电路？

10.2 常用组合逻辑电路

常用的组合逻辑电路有编码器、译码器、数码显示器和数据选择器等。

10.2.1 编码器

1. 编码及编码器的概念

所谓编码就是将特定含义的输入信号（文字、数码和符号）转换成二进制代码的过程。换句话说，在数字系统中，用多位二进制数码0和1按某种规律排列，组成不同的码字，用以表示某一特定的含义，称为编码。如电话号码、学生学号和邮政编码均属编码（它们都是利用十进制数码进行编码的）。而能实现编码操作的数字电路则称为编码器。编码器输入的是被编的信号，输出的是所使用的二进制代码。

2. 编码器的分类及框图

根据被编信号的不同特点和要求，编码器可分为二进制编码器、二-十进制编码器等。每一类又有输入变量互相排斥（每一时刻只能有一个输入端提出编码要求）的普通编码器和优先编码器（可以同时有几个输入端提出编码要求，电路按优先级别进行编码）之分。图10-4是编码器框图。

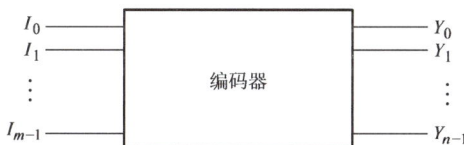

图 10-4 编码器框图

通常输入变量（信号）的个数 m 与输出变量的位数 n 之间应满足 $m \leqslant 2^n$。习惯上我们把有 m 个输入端、n 个输出端的编码器称为 m 线-n 线编码器。

用 n 位二进制代码对 2^n 个信号进行编码的电路称为二进制编码器。显然，二进制编码器输入信号的个数 N 与输出变量的位数 n 之间满足 $N = 2^n$ 的关系。

例10-3 试设计一个4线-2线的普通编码器。

解： ① 确定输入、输出变量个数：由题意知输入为 I_0、I_1、I_2、I_3 四个信息，输出为 Y_0、Y_1 两位二进制代码；当对 I_i 编码时为1，不编码时为0，并依此按 I_i 下角标的值与 Y_1、Y_0 二进制代码的值相对应进行编码。

② 列真值表（编码表），见表10-3。

显然此处的真值表与前面所讲过的真值表有所不同，因此我们称它为编码表更贴切些。还可以进一步简化得到表10-4所示的简化编码表。

表 10-3　编码表

I_0	I_1	I_2	I_3	Y_1	Y_0
1	0	0	0	0	0
0	1	0	0	0	1
0	0	1	0	1	0
0	0	0	1	1	1

表 10-4　简化编码表

I_i	Y_1	Y_0	I_i	Y_1	Y_0
I_0	0	0	I_2	1	0
I_1	0	1	I_3	1	1

③ 写出化简后的逻辑表达式，即

$$Y_0 = I_1 + I_3$$
$$Y_1 = I_2 + I_3$$

④ 画编码器电路，如图 10-5 所示。

以上所设计的是输入变量互相排斥的编码器，即任何时刻只能对其中一个输入信息（信号）进行编码，否则将在输出端发生混乱，也就是说，此种编码器的输入变量间具有一定的约束关系。

还有一种是优先编码器，它在同一时刻允许有多个输入端同时提出编码要求，但电路只对其中优先级别最高的信号进行编码。其优先级别是设计人员根据需要事先确定的。目前常用的都是优先编码器，如 74LS148 是 8 线-3 线集成优先编码器，图 10-6 是它的逻辑功能示意图。

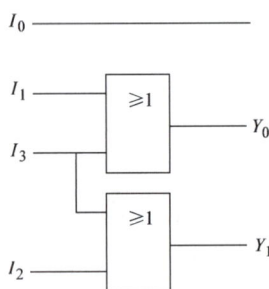

图 10-5　4 线-2 线编码器　　　　图 10-6　74LS148 逻辑功能示意图

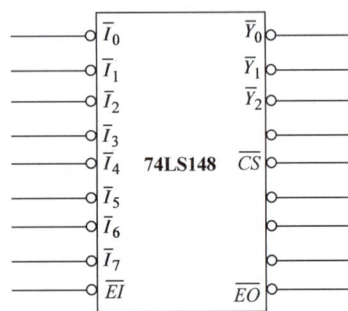

① $\overline{I_0} \sim \overline{I_7}$ 为信号输入端，低电平有效，$\overline{I_7}$ 为最高优先级，$\overline{I_0}$ 为最低优先级。即只要 $\overline{I_7} = 0$，不管其他输入端是 0 还是 1，输出只对 $\overline{I_7}$ 编码，且对应的输出为反码有效，$\overline{Y_2}\,\overline{Y_1}\,\overline{Y_0} = 000$。

② $\overline{EI}$ 为使能输入端，只有 $\overline{EI} = 0$ 时编码器才工作，$\overline{EI} = 1$ 时编码器不工作。输出都是 1。

③ $\overline{EO}$ 为使能输出端，当 $\overline{EI} = 0$ 允许工作时，如果 $\overline{I_0} \sim \overline{I_7}$ 端有信号输入，$\overline{EO} = 1$；若 $\overline{I_0} \sim \overline{I_7}$ 端无信号输入时，$\overline{EO} = 0$。

④ $\overline{CS}$ 为扩展输出端，用于标记输入信号是否有效。当 $\overline{EI}=0$ 时，只要有编码信号，$\overline{CS}$ 就是低电平，即 $\overline{CS}=0$。

74LS148 的功能表见表 10-5。

表 10-5　优先编码器 74LS148 的功能表

使能输入端	输入								输出			扩展输出	使能输出
$\overline{EI}$	$\overline{I_7}$	$\overline{I_6}$	$\overline{I_5}$	$\overline{I_4}$	$\overline{I_3}$	$\overline{I_2}$	$\overline{I_1}$	$\overline{I_0}$	$\overline{Y_2}$	$\overline{Y_1}$	$\overline{Y_0}$	$\overline{CS}$	$\overline{EO}$
1	×	×	×	×	×	×	×	×	1	1	1	1	1
0	1	1	1	1	1	1	1	1	1	1	1	1	0
0	0	×	×	×	×	×	×	×	0	0	0	0	1
0	1	0	×	×	×	×	×	×	0	0	1	0	1
0	1	1	0	×	×	×	×	×	0	1	0	0	1
0	1	1	1	0	×	×	×	×	0	1	1	0	1
0	1	1	1	1	0	×	×	×	1	0	0	0	1
0	1	1	1	1	1	0	×	×	1	0	1	0	1
0	1	1	1	1	1	1	0	×	1	1	0	0	1
0	1	1	1	1	1	1	1	0	1	1	1	0	1

想一想

一个班级有 50 名学生，若用二进制对每个学生进行编码，至少需要多少位二进制数码？

10.2.2　译码器

1. 译码及译码器的概念

译码是编码的逆过程，它是把二进制代码所表示的特定信息翻译出来的过程。如果将代码比作电话号码，那么译码就是按照电话号码找用户的过程。而能够实现译码功能（操作）的电路称为译码器。其功能与编码器正好相反。译码器的用处很多，有用于数字仪表中的显示译码器，计算机中普遍使用的地址译码器、指令译码器，数字通信设备中广泛使用的多路分配器等。

2. 译码器的分类及框图

根据译码信号的特点可把译码器分为二进制译码器、二-十进制译码器和显示译码器。其框图如图 10-7 所示。

它的功能是将 n 位并行输入的二进制代码，根据译码要求，选择 m 个输出中的一个或几个输出译码信息。显然，输入代码的位数 n 与输出的信号数 m 应满足 $m \leqslant 2^n$ 的关系。

（1）二进制译码器　把二进制代码的所有组合状态都翻译出来的电路即为二进制译码器，其输入输出端子数满足 $m=2^n$。图 10-8 所示为 2 线-4 线译码器的示意图。

图 10-7　译码器框图

图 10-8　2 线-4 线译码器示意图

图中 A、B 为两位二进制代码的输入端，Y_3、Y_2、Y_1、Y_0 是与代码状态相对应的四个信号输出端，其输出逻辑表达式为

$$Y_0 = \bar{A}\,\bar{B}$$

$$Y_1 = \bar{A}B \quad Y_2 = A\bar{B} \quad Y_3 = AB$$

当改变输入 A、B 的状态，可得出相应的结果，见表 10-6。

表 10-6　2 线-4 线译码器功能表

输	入	输		出		输	入	输		出	
A	B	Y_3	Y_2	Y_1	Y_0	A	B	Y_3	Y_2	Y_1	Y_0
0	0	0	0	0	1	1	0	0	1	0	0
0	1	0	0	1	0	1	1	1	0	0	0

可见，对于每一组输入代码，对应着一个确定的输出信号。反过来说，每一个输出都对应了输入变量的一个最小项。

实际中最常用的是集成电路译码器，如 74LS138，这是一个三位输入的二进制译码器（3 线-8 线译码器），图 10-9 是其逻辑功能示意图。

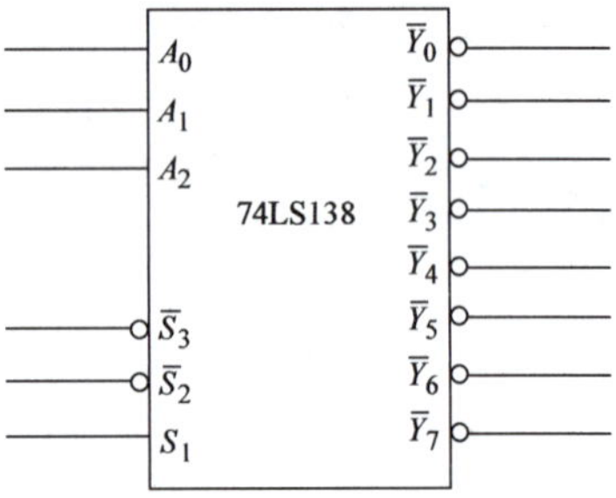

图中，①A_2、A_1、A_0 为二进制代码输入端，其输入为原码。②$\bar{Y}_0 \sim \bar{Y}_7$ 为输出端，低电平有效。③$\bar{S}_3$、$\bar{S}_2$、S_1 为

图 10-9　74LS138 逻辑功能示意图

使能端（选通端），其状态控制译码器的工作。当 $S_1 = 1$，$\bar{S}_2 = \bar{S}_3 = 0$ 时，译码器正常工作；当 $S_1 = 0$，$\bar{S}_2 = \bar{S}_3 = 1$ 时，译码器不工作，此时八个输出端均为高电平，即不译码。表 10-7 是该译码器的功能表。

表 10-7　74LS138 译码器功能表

	输		入				输		出			
S_1	$\bar{S}_2 + \bar{S}_3$	A_2	A_1	A_0	$\bar{Y}_7$	$\bar{Y}_6$	$\bar{Y}_5$	$\bar{Y}_4$	$\bar{Y}_3$	$\bar{Y}_2$	$\bar{Y}_1$	$\bar{Y}_0$
×	1	×	×	×	1	1	1	1	1	1	1	1
0	×	×	×	×	1	1	1	1	1	1	1	1
1	0	0	0	0	1	1	1	1	1	1	1	0
1	0	0	0	1	1	1	1	1	1	1	0	1

（续）

输　　入					输　　出							
S_1	$\bar{S}_2+\bar{S}_3$	A_2	A_1	A_0	$\bar{Y}_7$	$\bar{Y}_6$	$\bar{Y}_5$	$\bar{Y}_4$	$\bar{Y}_3$	$\bar{Y}_2$	$\bar{Y}_1$	$\bar{Y}_0$
1	0	0	1	0	1	1	1	1	1	0	1	1
1	0	0	1	1	1	1	1	1	0	1	1	1
1	0	1	0	0	1	1	1	0	1	1	1	1
1	0	1	0	1	1	1	0	1	1	1	1	1
1	0	1	1	0	1	0	1	1	1	1	1	1
1	0	1	1	1	0	1	1	1	1	1	1	1

由表可看出，译码器的每一个输出对应了输入变量的一个最小项，即译码器的输出提供了输入变量的所有最小项。

用两片 74LS138 可以扩展组成一个 4 线 - 16 线译码器，有兴趣的同学可以参看有关书籍。

（2）二-十进制译码器　将四位二进制代码（BCD 代码）翻译成一位十进制数字的电路，就是二-十进制译码器，又称为 BCD 码译码器。其中 8421BCD 码译码器应用较广泛。由于它有四个输入端，十个输出端 $Y_0 \sim Y_9$，因此又称 4 线 - 10 线译码器。表 10-8 是二-十进制译码器 74LS42 的功能表。

表 10-8　74LS42 译码器功能表

十进制数	输　　入				输　　出									
	A_3	A_2	A_1	A_0	Y_9	Y_8	Y_7	Y_6	Y_5	Y_4	Y_3	Y_2	Y_1	Y_0
0	0	0	0	0	1	1	1	1	1	1	1	1	1	0
1	0	0	0	1	1	1	1	1	1	1	1	1	0	1
2	0	0	1	0	1	1	1	1	1	1	1	0	1	1
3	0	0	1	1	1	1	1	1	1	1	0	1	1	1
4	0	1	0	0	1	1	1	1	1	0	1	1	1	1
5	0	1	0	1	1	1	1	1	0	1	1	1	1	1
6	0	1	1	0	1	1	1	0	1	1	1	1	1	1
7	0	1	1	1	1	1	0	1	1	1	1	1	1	1
8	1	0	0	0	1	0	1	1	1	1	1	1	1	1
9	1	0	0	1	0	1	1	1	1	1	1	1	1	1
无	1	0	1	0	1	1	1	1	1	1	1	1	1	1
	1	0	1	1	1	1	1	1	1	1	1	1	1	1
	1	1	0	0	1	1	1	1	1	1	1	1	1	1
	1	1	0	1	1	1	1	1	1	1	1	1	1	1
效	1	1	1	0	1	1	1	1	1	1	1	1	1	1
	1	1	1	1	1	1	1	1	1	1	1	1	1	1

由表可见，该译码器有四个输入端 $A_0 \sim A_3$，输入为 8421BCD 码；有十个输出端 $Y_0 \sim Y_9$，分别与十进制数 0~9 相对应，低电平有效。对于某个 8421BCD 码的输入，相应的输出端为低电平，其他输出端为高电平。当输入的二进制数超过 BCD 码时，所有输出端都输出无效的高电平状态，即代码 1010~1111 没有使用，称作伪码。

（3）显示译码器 在数字测量仪表和其他数字系统中，常常需要将测量和运算的结果用十进制数等直观地显示出来，供人们直接读取结果或监视数字系统的工作情况，为此需要用到显示电路。

显示电路通常由译码器、驱动器和显示器三部分组成。其中，把译码器和驱动器集中在一块芯片上，即构成显示译码器，它的输入一般为二-十进制代码（BCD代码），输出信号则用于驱动显示器件（数码显示器），显示出十进制数字来。

由于目前常用的显示器有由发光二极管（LED）组成的七段数码显示器和液晶（LCD）七段数码显示器，它们一般都由 a、b、c、d、e、f、g 七段发光段组成，因此能驱动它们发光的显示译码器必然就有七个输出端，它们按需要输出相应的高低电平，就能让七段显示器的某些段发光，从而显示出相应的字形来。如 74LS48 即为一显示译码器，有兴趣的同学可参看有关书籍。

10.2.3 数码显示器

显示器就是用来显示数码、文字或符号的器件。按显示方式分为分段式、字形重叠式和点阵式，其中，七段显示器应用最普遍。图 10-10a 所示的半导体发光二极管显示器是数字电路中使用最多的显示器，它有共阳极和共阴极两种接法。

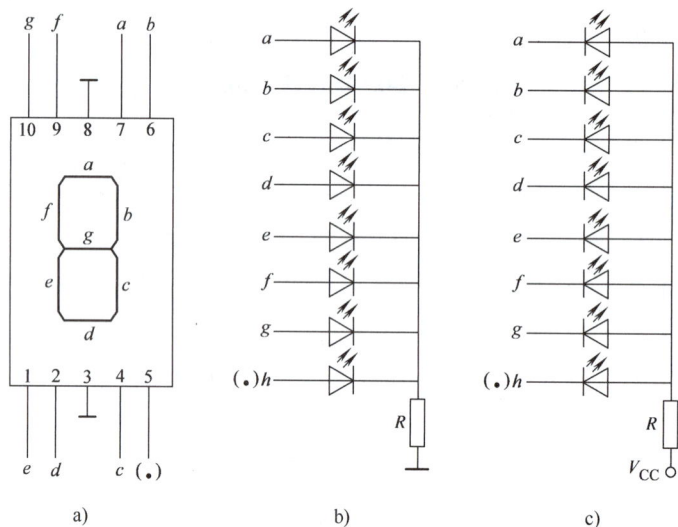

图 10-10 半导体发光二极管显示器

共阴极接法（见图 10-10b）是各发光二极管阴极相接，对应极接高电平时亮。图 10-10c 所示为发光二极管的共阳极接法，共阳极接法是各发光二极管的阳极相接，对应极接低电平时亮。因此，利用不同发光段组合能显示出 0~9 共 10 个数字。为了使数码管能将数码所代表的数显示出来，必须将数码经显示译码器译出，然后，经驱动器点亮对应的段，其中，输出高电平有效的显示译码器可驱动共阴极接法的数码管，低电平有效的显示译码器可驱动共阳极接法的数码管。即对应于一组数码，显示译码器应有确定的几个输出端有信号输出（高电平或低电平）。

想一想

生活中有哪些地方用到数码管？除了数码管，你还见到过哪些显示器件？

10.2.4 数据选择器

在数字系统中，常常需要将多路信号有选择地分别传送到公共数据线上去，或者说按要求从多路输入信号中选择一路进行传输（输出），这就需要用到数据选择器。

1. 数据选择器的概念及示意图

根据地址码的要求，从多路输入信号中选择其中一路输出的电路，即为数据选择器。它是一种多输入、单输出的组合逻辑电路。

数据选择器能对多路信息进行选择，逐个传输，其功能相当于图10-11所示的单刀多掷开关。

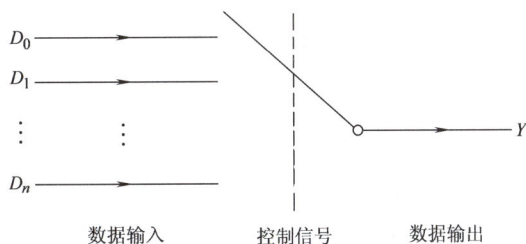

图 10-11 数据选择器示意图

2. 数据选择器的分类

常用的数据选择器根据输入端的个数分为四选一、八选一和十六选一等。

（1）四选一数据选择器

1）逻辑框图及逻辑符号。图10-12所示是四选一数据选择器的逻辑框图和逻辑符号。

其中，S_0、S_1为控制数据准确传送的地址输入信号；$D_0 \sim D_3$为供选择的四路数据输入端；$\overline{EN}$为使能端（选通端），低电平有效；Y为输出端。

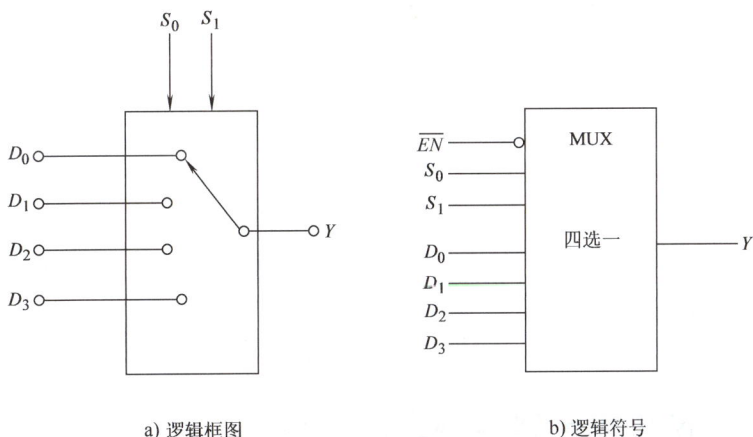

a) 逻辑框图   b) 逻辑符号

图 10-12 四选一数据选择器

2）逻辑功能及输出逻辑表达式。当使能端$\overline{EN} = 1$时，选择器不工作，禁止数据输入，此时无论控制端S_0、S_1为何种状态，输入数据$D_0 \sim D_3$都不能被传送到输出端，$Y = 0$。

$\overline{EN} = 0$时，选择器正常工作，允许数据选通，此时根据S_0、S_1的不同取值即可选择相应的输入信号输出。当 S_1S_0 分别取值为 00、01、10、11 时，输出 Y 分别选择 D_0、D_1、D_2、D_3。Y 的逻辑表达式为

$$Y = \overline{S_1}\,\overline{S_0}D_0 + \overline{S_1}S_0D_1 + S_1\overline{S_0}D_2 + S_1S_0D_3$$

（2）八选一数据选择器（集成数据选择器 74LS151） 74LS151 是一种典型的集成电路数据选择器，图 10-13 是其逻辑功能示意图。

它有三个地址端 $A_2A_1A_0$，可选择 $D_0 \sim D_7$ 八个数据，具有两个互补输出端 W 和 $\overline{W}$，其功能见表 10-9。

输出 W 的逻辑表达式为

$$W = \overline{A_2}\,\overline{A_1}\,\overline{A_0}D_0 + \overline{A_2}\,\overline{A_1}A_0D_1 + \overline{A_2}A_1\overline{A_0}D_2 + \overline{A_2}A_1A_0D_3 + A_2\overline{A_1}\,\overline{A_0}D_4 +$$

$$A_2\overline{A_1}A_0D_5 + A_2A_1\overline{A_0}D_6 + A_2A_1A_0D_7$$

图 10-13 74LS151 逻辑功能示意图

表 10-9 74LS151 数据选择器功能表

$\overline{EN}$	A_2	A_1	A_0	W	$\overline{W}$	说　　明
1	×	×	×	0	1	不输出
0	0	0	0	D_0	$\overline{D_0}$	$Y = D_0$
0	0	0	1	D_1	$\overline{D_1}$	$Y = D_1$
0	0	1	0	D_2	$\overline{D_2}$	$Y = D_2$
0	0	1	1	D_3	$\overline{D_3}$	$Y = D_3$
0	1	0	0	D_4	$\overline{D_4}$	$Y = D_4$
0	1	0	1	D_5	$\overline{D_5}$	$Y = D_5$
0	1	1	0	D_6	$\overline{D_6}$	$Y = D_6$
0	1	1	1	D_7	$\overline{D_7}$	$Y = D_7$

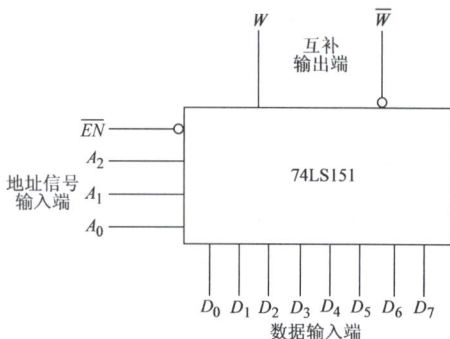

想一想

数据选择器的数据输入端个数与地址码控制端的个数有什么关系？

10.3 用中规模集成电路实现逻辑函数

1. 用数据选择器实现组合逻辑函数

数据选择器除了能够传送数据外，还能方便而有效地实现组合逻辑函数，是目前广泛使用的中规模集成逻辑器件之一。

如前所述，一个具有 n 个选择输入端（地址码控制端）的数据选择器 MUX 能对 2^n 个输

入数据进行选择。如当 $n=3$ 时，可实现八选一；当 $n=4$ 时，可实现十六选一等。因此，选用八选一的 MUX 可以实现任意三输入变量的组合逻辑函数；选用十六选一的 MUX 可以实现任意四输入变量的组合逻辑函数等。

具体方法是：①写出欲实现的逻辑函数 Y 的最小项表达式；②写出数据选择器的输出 W 的表达式；③比较 Y 与 W 两式中最小项的对应关系，首先把选择器地址输入端的变量用逻辑函数 Y 中的变量取代，然后在 W 中找到 Y 中所包含的全部最小项；④W 式中包含 Y 式中的最小项时，其对应数据值取 1，没有包含 Y 式中的最小项时，对应数据取 0，最后画出逻辑图（连线图）即可。

例 10-4 用八选一数据选择器 CT74LS151 实现逻辑函数 $Y = AB\overline{C} + \overline{A}BC + \overline{A}\,\overline{B}$。

解：① 把逻辑函数 Y 写成最小项表达式的形式

$$Y = AB\overline{C} + \overline{A}BC + \overline{A}\,\overline{B}$$
$$= AB\overline{C} + \overline{A}BC + \overline{A}\,\overline{B}C + \overline{A}\,\overline{B}\,\overline{C}$$
$$= m_0 + m_1 + m_3 + m_6$$

② 写出八选一数据选择器的输出逻辑函数表达式为

$$W = \overline{A}_2\,\overline{A}_1\,\overline{A}_0 D_0 + \overline{A}_2\,\overline{A}_1 A_0 D_1 + \overline{A}_2 A_1\,\overline{A}_0 D_2 + \overline{A}_2 A_1 A_0 D_3 + A_2\,\overline{A}_1\,\overline{A}_0 D_4 +$$
$$A_2\,\overline{A}_1 A_0 D_5 + A_2 A_1\,\overline{A}_0 D_6 + A_2 A_1 A_0 D_7$$
$$= m_0 D_0 + m_1 D_1 + m_2 D_2 + m_3 D_3 + m_4 D_4 + m_5 D_5 + m_6 D_6 + m_7 D_7$$

③ 将式中 A_2、A_1、A_0 用 A、B、C 来代替，并且在逻辑函数 W 中找到逻辑函数 Y 中所包含的最小项 m_0、m_1、m_3、m_6。

④ 令与最小项 m_0、m_1、m_3、m_6 对应的数据 $D_0 = D_1 = D_3 = D_6 = 1$；与其他最小项对应的数据 $D_2 = D_4 = D_5 = D_7 = 0$，画出该逻辑函数的逻辑图，如图 10-14 所示。

例 10-5 用数据选择器实现三变量多数表决电路。

解：三变量多数表决电路在例 10-1 中已分析过，其逻辑表达式为

$$Y = AB + BC + AC$$
$$= \overline{A}BC + A\overline{B}C + AB\overline{C} + ABC$$
$$= m_3 + m_5 + m_6 + m_7$$

按上题同样的方法，则有

$$D_0 = D_1 = D_2 = D_4 = 0$$
$$D_3 = D_5 = D_6 = D_7 = 1$$

画出的逻辑图如图 10-15 所示。

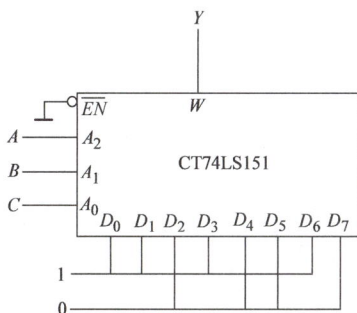

图 10-14 例 10-4 的逻辑图　　　　图 10-15 例 10-5 的逻辑图

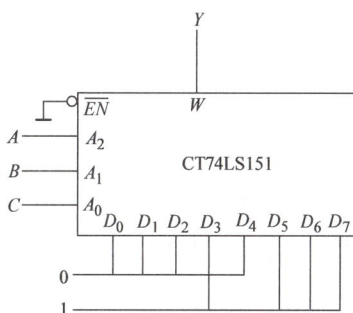

2. 用译码器实现组合逻辑函数

译码器的用途很广，除用于译码外，还可以用它实现任意逻辑函数。由于一个 n 变量的二进制译码器，共有 2^n 个输出，其每一个输出都对应了输入变量的一个最小项（或最小项之非），即 2^n 个输出均为 n 变量的最小项（或最小项之非），而任意逻辑函数总能写成若干个最小项之和的标准式，因此，用译码器再适当增加逻辑门（如与非门），就可以实现任何一个输入变量不大于 n 的组合逻辑函数。

当译码器输出低电平有效时，多选用译码器和与非门实现逻辑函数；当输出高电平有效时，多选用译码器和或门实现逻辑函数。

具体方法是：①根据逻辑函数的变量数选择译码器；②写出所给逻辑函数 Y 的最小项表达式；③将逻辑函数 Y 与所选用的译码器的输出表达式进行比较，并将两者的输入变量进行代换，最后写出逻辑函数 Y 与译码器各输出端关系的函数表达式；④画出连线图。

例 10-6　试用译码器和门电路实现逻辑函数

$$Y = \overline{A}\,BC + AB\overline{C} + C$$

解：① 根据逻辑函数选用译码器。由于逻辑函数 Y 中有 A、B、C 三个变量，故可选用 3 线-8 线译码器 74LS138，其输出为低电平有效。

② 写出所给函数 Y 的最小项表达式为

$$
\begin{aligned}
Y &= \overline{A}\,BC + AB\overline{C} + C \\
&= \overline{A}\,BC + AB\overline{C} + \overline{A}BC + A\overline{B}C + ABC \\
&= m_1 + m_3 + m_5 + m_6 + m_7 \\
&= \overline{\overline{m_1} \cdot \overline{m_3} \cdot \overline{m_5} \cdot \overline{m_6} \cdot \overline{m_7}}
\end{aligned}
$$

③ 将逻辑函数 Y 与 74LS138 的输出表达式进行比较。

已知 74LS138 的输出逻辑表达式为

$$\overline{Y}_0 = \overline{m_0};\overline{Y}_1 = \overline{m_1};\overline{Y}_2 = \overline{m_2};\overline{Y}_3 = \overline{m_3};\ \ \overline{Y}_4 = \overline{m_4};\overline{Y}_5 = \overline{m_5};\overline{Y}_6 = \overline{m_6};\ \ \overline{Y}_7 = \overline{m_7}$$

设 $A = A_2$，$B = A_1$，$C = A_0$，比较后得

$$Y = \overline{\overline{Y}_1 \cdot \overline{Y}_3 \cdot \overline{Y}_5 \cdot \overline{Y}_6 \cdot \overline{Y}_7}$$

④ 画出连线图。如图 10-16 所示。

例 10-7　用 3 线-8 线译码器实现函数

$$Y = \overline{A}\,\overline{B}\,\overline{C} + \overline{A}B\overline{C} + A\overline{B}\,\overline{C} + ABC$$

解：因为 $Y = \overline{A}\,\overline{B}\,\overline{C} + \overline{A}B\overline{C} + A\overline{B}\,\overline{C} + ABC$

$$
\begin{aligned}
&= m_0 + m_2 + m_4 + m_7 \\
&= \overline{\overline{m_0} \cdot \overline{m_2} \cdot \overline{m_4} \cdot \overline{m_7}}
\end{aligned}
$$

采用与上例相同的方法，将 Y 的表达式与 74LS138 的输出表达式进行比较，并设 $A = A_2$，$B = A_1$，$C = A_0$，比较后得

$$Y = \overline{\overline{m_0} \cdot \overline{m_2} \cdot \overline{m_4} \cdot \overline{m_7}} = \overline{\overline{Y}_0 \cdot \overline{Y}_2 \cdot \overline{Y}_4 \cdot \overline{Y}_7}$$

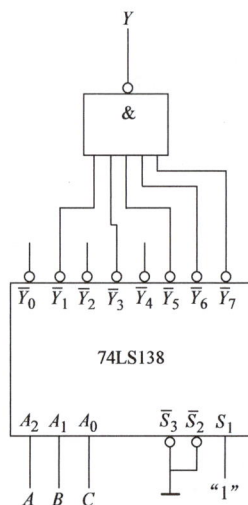

图 10-16　例 10-6 的连线图

画出的连线图如图 10-17 所示。

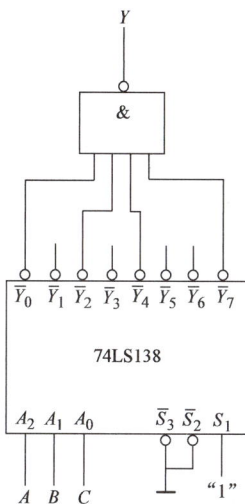

图 10-17 例 10-7 的连线图

想一想

用数据选择器和译码器实现逻辑函数有何不同？哪一种方法需要增加逻辑门？

10.4 技能训练：组合逻辑电路的设计与测试

【实训目标】

1）掌握组合逻辑电路的设计方法。

2）掌握组合逻辑电路的功能测试。

【实训器材】

1）5V 直流电源、逻辑电平开关、逻辑电平显示器。

2）74LS00、74LS20、74LS138 各 1 只。

【实训要求】

1）训练过程中，严禁带电进行接线或拆线操作。

2）集成电路的电源正、负极不能接反，电压值不能超过规定范围。

3）门电路的输出端切勿与电源线或地线短路。

4）实训结束要进行整理、清理等 7S 活动。

【实训内容及步骤】

设计一个表决电路，有 A、B、C 三人进行表决，当有两人或两人以上同意时决议才算通过，但同意的人中必须有 A 在内。

1. 用集成逻辑门设计组合逻辑电路

1）设计三人表决电路的步骤参见例 10-2，用与非门 74LS00 实现组合逻辑电路，如

图 10-3 所示。

2）用 74LS00 搭接电路并进行功能测试。

2. 用译码器实现组合逻辑电路

1）由例 10-2 可知，三人表决电路的最小项函数表达式为

$$Y = A\overline{B}C + AB\overline{C} + ABC = m_5 + m_6 + m_7 = \overline{\overline{m_5} \cdot \overline{m_6} \cdot \overline{m_7}}$$

2）将 Y 与 74LS138 译码器的输出表达式进行比较，并设 $A = A_2$，$B = A_1$，$C = A_0$，比较后得 $Y = \overline{\overline{Y_5} \cdot \overline{Y_6} \cdot \overline{Y_7}}$

3）参考例 10-6 画出连线图。

4）用译码器 74LS138 和与非门 74LS20 搭接电路并进行功能测试。

【实训效果评价】

1）正确测试用逻辑门实现的表决电路功能。（30 分）

2）正确画出用译码器实现表决电路。（20 分）

3）正确测试用译码器实现的表决电路功能。（30 分）

4）实训过程中安全文明操作。（20 分）

【分析与思考】

1）与非门 74LS20 多余输入引脚是否处理？

2）若有数据选择器 74LS151，如何实现表决电路？

本章小结

（1）组合逻辑电路的主要特点：由多个逻辑门构成；输入、输出间没有反馈延迟通路，因而无记忆性；电路任何时刻的稳定输出，仅仅取决于该时刻的输入，而与电路原来的状态无关。

（2）组合逻辑电路的分析方法：写出逻辑表达式；化简和变换逻辑表达式；列出真值表；确定逻辑功能。

（3）组合逻辑电路的设计方法：确定变量并赋值；根据实际问题列真值表；写出逻辑表达式；化简和变换；画最简逻辑图。

（4）常用的组合逻辑电路有编码器、译码器、数码显示器和数据选择器等，它们具有不同的工作原理、逻辑功能和特点。对于 MIS 中规模集成电路要注意它们的功能、使用方法和应用，其中编码器和译码器功能相反，都设有使能控制端，便于多片连接扩展；数据选择器和二进制译码器均可实现组合逻辑电路。

习题十

10-1 试分析图 10-18 所示各组合逻辑电路的逻辑功能。

10-2 设计一个表决电路，有 A、B、C 三人进行表决，当有两人或两人以上同意时决议才算通过，但同意的人中必须有 B 在内。

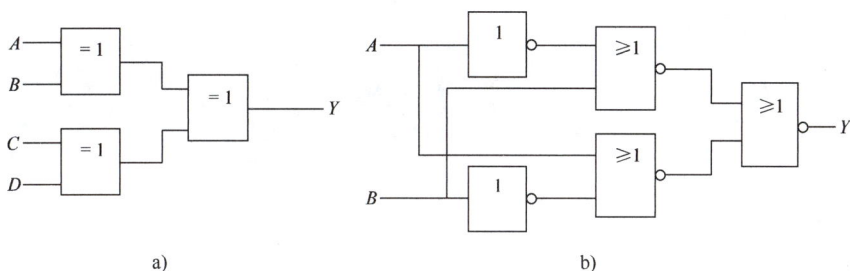

a)　　　　　　　　　　　　　b)

图 10-18　习题 10-1 图

10-3　采用与非门设计下列逻辑电路：

（1）三变量非一致电路（输入变量是否不相同）。

（2）三变量判奇电路（含 1 的个数是否为奇数）。

10-4　有三个班学生上自习，大教室能容纳两个班的学生，小教室能容纳一个班的学生。试设计两个教室是否开灯的逻辑控制电路，要求如下：

（1）一个班学生上自习，开小教室的灯。

（2）两个班学生上自习，开大教室的灯。

（3）三个班学生上自习，两教室均开灯。

10-5　试用八选一数据选择器实现下列逻辑函数。

（1）$Y = \overline{\overline{A}\,\overline{B}} + \overline{A}C + BC$

（2）$Y = F(A, B, C) = \sum m(1, 3, 5, 7)$

10-6　试用集成 3 线 - 8 线译码器 CT74LS138 和门电路实现下列逻辑函数，画出连线图。

（1）$Y_1 = \overline{A}\,\overline{B} + AB\overline{C}$

（2）$Y_2 = \sum m(3, 4, 5, 6)$

（3）$Y_3 = \sum m(1, 3, 5, 9, 11)$

（4）$Y_4 = ABC + \overline{A}(B + C)$

第 11 章

触发器

本章导读

　　任何具有两个稳定状态且可以通过适当的信号注入方式，使其输出状态从一个稳定状态转换到另一个稳定状态的电路都称为触发器。根据触发器状态转换条件的不同，就有了各种不同功能、不同触发方式以及不同结构的触发器。本章中，我们首先介绍基本 RS 触发器和同步 RS 触发器，然后讲授各种不同逻辑功能的触发器——JK、D、T 触发器等，并对它们各自的工作原理、逻辑功能等做一个比较详细的分析。

学习目标

　　知识目标：掌握触发器的状态、触发信号、现态和次态等概念；掌握各类触发器的逻辑符号及其功能描述方法。

　　能力目标：能正确使用 RS、JK、D 触发器。

　　素质目标：引导学生树立规则意识，培养辩证思维能力。

课题引入

　　在各种复杂的数字电路中，不但需要对二进制信号进行算数运算和逻辑运算，还经常需要将这些信号和运算结果保存起来。为此，需要使用具用记忆功能的基本逻辑单元。

提　　示

　　能够存储 1 位二进制信号的基本单元电路统称为触发器。

11.1　触发器概述

1. 触发器的两个基本特性

1）有两个稳态："0"状态和"1"状态，分别用来表示二进制数码 0 和 1。

2）具有记忆功能：在输入信号的作用下，触发器的两个稳定状态可以互相转换；输入信号消失后，已转换的稳定状态可长期保存。

2. 触发器的组成及电路模型

触发器由门电路组成，有一个或多个输入端，两个互补的输出端，分别用 Q 和 $\bar{Q}$ 表示，其电路模型如图 11-1 所示。

图中，A、B 是信号输入端，一般都有确定的名称，如 R、S、J、K 等，其名称由触发器的功能决定。Q 和 $\bar{Q}$ 是一对

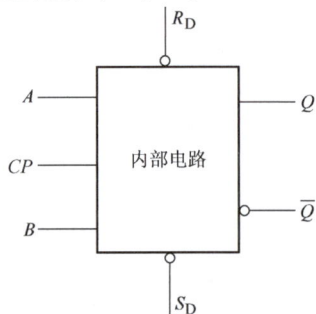

图 11-1　触发器电路模型

互补输出端，不允许出现 Q 和 $\overline{Q}$ 为同一电平的状态。S_D、R_D 是初始状态设置端，也叫直接置 0、置 1 端或者异步输入端，此处低电平有效。CP 是时钟控制端，它决定了触发器被触发的方式。

3. 触发器的状态

通常用 Q 端的状态来表示触发器的状态。

当 $Q=1$，$\overline{Q}=0$ 时，称为触发器的 1 状态，记为 $Q=1$；当 $Q=0$，$\overline{Q}=1$ 时，称为触发器的 0 状态，记为 $Q=0$。这两个状态与二进制数码的 1 和 0 相对应。

4. 触发器中的几个常用术语

1）触发信号：触发器输入端输入的信号。

2）现态：触发器接收触发信号之前的状态，用 Q^n 表示。

3）次态：触发器接收触发信号之后的状态，用 Q^{n+1} 表示。

5. 描述触发器逻辑功能的方法

描述触发器的逻辑功能，就是要找出触发器的次态与现态及触发信号三者之间的关系。通常可用以下几种方法描述：状态表（特性表）、特征方程式（特性方程）、逻辑符号图、状态转换图（状态图）和时序图（波形图）。

6. 触发器的分类

同一逻辑功能的触发器可以用不同的电路结构实现；而同一种电路结构的触发器也可以实现不同的逻辑功能，因此触发器通常有多种不同的分类方法。

根据逻辑功能不同，触发器可分为 RS 触发器、JK 触发器、D 触发器、T 触发器和 T′触发器等；根据电路结构不同，触发器可分为基本触发器、同步触发器、主从触发器和维持阻塞触发器等；根据触发方式不同，触发器可分为电平触发与边沿触发两种。

> **想一想**
>
> 　　什么叫触发器？它的 0 状态和 1 状态是怎样规定的？一个触发器能存放几位二进制数码？

11.2　RS 触发器

输入触发信号为 R、S 的触发器一般都称为 RS 触发器。

11.2.1　基本 RS 触发器

基本 RS 触发器是一种最简单的触发器，是构成各种触发器的基础。有"与非型"（两个与非门交叉耦合连接构成）和"或非型"（两个或非门交叉耦合连接构成）两种。

1. 电路组成及逻辑符号

图 11-2 所示为"与非型"基本 RS 触发器的电路逻辑图及逻辑符号。

2. 工作原理

1）当 $\overline{R}=0$，$\overline{S}=1$ 时，触发器置 0，即 $Q=0$，$\overline{Q}=1$。因为 $\overline{R}=0$，使 G_1 输出 $\overline{Q}=1$，$\overline{Q}$

a) 逻辑图   b) 逻辑符号

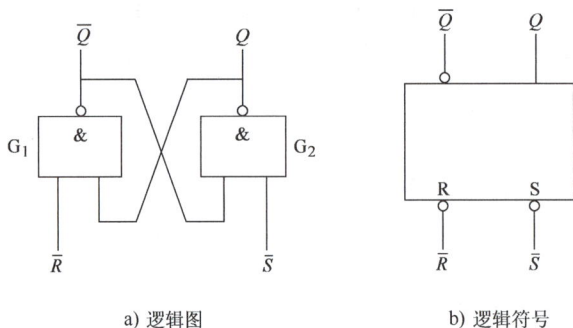

图 11-2   "与非型"基本 RS 触发器

又反馈到 G_2 的输入端，它与 $\bar{S}$ 都是高电平，结果使输出 $Q=0$。显然，此时无论 Q^n 为何种状态，都有 $Q^{n+1}=0$，触发器被置成 0 态，我们把使触发器处于 0 状态的输入端 $\bar{R}$ 称为置 0 端，也叫复位端。

2）当 $\bar{R}=1$，$\bar{S}=0$ 时，触发器置 1，即 $Q=1$，$\bar{Q}=0$。因为 $\bar{S}=0$，使 G_2 输出 $Q=1$，Q 又反馈到 G_1 的输入端，它与 $\bar{R}$ 都是高电平，结果使输出 $\bar{Q}=0$。显然，此时无论 Q^n 为何种状态，都有 $Q^{n+1}=1$，触发器被置成 1 态，我们把使触发器处于 1 状态的输入端 $\bar{S}$ 称为置 1 端，也叫置位端。

3）当 $\bar{R}=1$，$\bar{S}=1$ 时，触发器保持原状态不变，即 $Q^{n+1}=Q^n$。因为①假设触发器的现态为 0 态，则 $Q=0$ 反馈到 G_1 的输入端，G_1 因输入有 0，输出 $\bar{Q}=1$。$\bar{Q}=1$ 又反馈到 G_2 的输入端，G_2 输入都为高电平 1，使输出 $Q=0$，电路保持 0 状态不变。②若触发器现态为 1 态，则电路同样保持 1 状态不变。此时触发器原来的状态被存储起来，体现了它的记忆作用。

4）当 $\bar{R}=\bar{S}=0$ 时，触发器状态不定。此时触发器两个与非门的输出均变为高电平，即 $Q=\bar{Q}=1$，这破坏了 Q 与 $\bar{Q}$ 间的互补关系（逻辑关系），触发器处于不定状态（既不是 1 状态，也不是 0 状态）。这种情况是不允许出现的，称为非法状态或不定状态。

3. 逻辑功能描述

（1）状态转换真值表   简称状态表，也叫特性表。它是表示触发器的次态 Q^{n+1} 与其现态 Q^n 及触发信号之间关系的真值表。基本 RS 触发器的状态表见表 11-1。

表 11-1   与非门组成的基本 RS 触发器的状态表

$\bar{R}$	$\bar{S}$	Q^n	Q^{n+1}	说 明	$\bar{R}$	$\bar{S}$	Q^n	Q^{n+1}	说 明
0	0	0	×	触发器状态不定	1	0	0	1	触发器置 1
0	0	1	×		1	0	1	1	
0	1	0	0	触发器置 0	1	1	0	0	触发器保持原状态不变
0	1	1	0		1	1	1	1	

（2）特征方程（特性方程）   触发器的逻辑功能还可以用逻辑函数表达式来描述。描述触发器逻辑功能的次态函数表达式称为特征方程。

根据表11-1画出Q^{n+1}的卡诺图，如图11-3所示。

经卡诺图化简后可得基本RS触发器的特征方程为

$$\begin{cases} Q^{n+1} = S + \overline{R}Q^n \\ \overline{R} + \overline{S} = 1 \text{ 或 } RS = 0 \qquad \text{（约束条件）} \end{cases}$$

由特征方程可见，Q^{n+1}不仅与当前的输入状态$\overline{R}$、$\overline{S}$有关，而且还与Q^n有关，这再一次体现了触发器的记忆功能。

（3）状态转换图 描述触发器状态转换规律的图形称为状态转换图。基本RS触发器的状态转换图如图11-4所示。

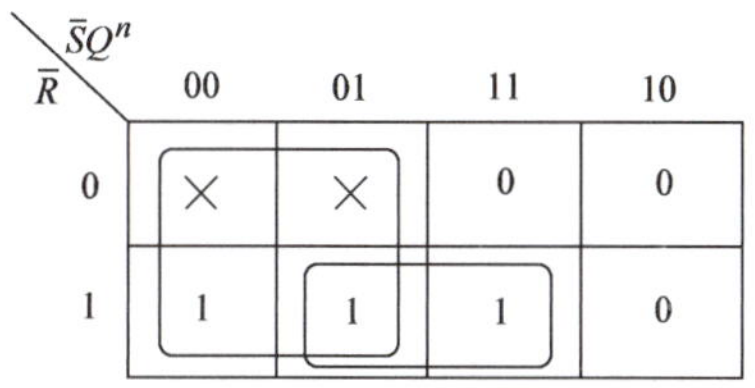

图11-3 基本RS触发器Q^{n+1}的卡诺图

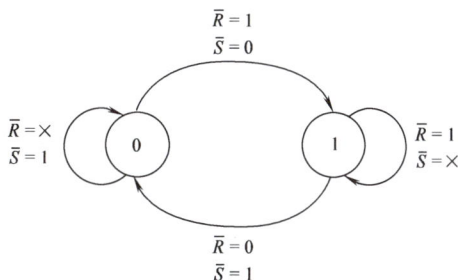

图11-4 基本RS触发器状态转换图

4. 基本RS触发器的主要特点

1）它具有两个稳定状态，分别为1态和0态，称双稳态触发器。如果没有外加触发信号的作用，它将保持原有状态不变，即触发器具有记忆作用。

2）只有在外加触发信号的作用下，触发器的输出状态才可能发生变化，输出状态直接受输入信号的控制，故称其为直接复位、置位触发器。

3）当$\overline{R}$、$\overline{S}$端输入均为低电平时，输出状态不定，即$\overline{R} = \overline{S} = 0$时，$Q = \overline{Q} = 1$，这违反了互补关系，状态不定。

4）与非门构成的基本RS触发器的简化功能见表11-2。

表11-2 基本RS触发器简化功能表

$\overline{R}$	$\overline{S}$	Q^{n+1}	功能	$\overline{R}$	$\overline{S}$	Q^{n+1}	功能
0	0	×	不定	1	0	1	置1
0	1	0	置0	1	1	Q^n	不变

由上表可知，"与非型"基本RS触发器的输入信号是低电平有效的，即当置0端（$\overline{R}$端）加有效的低电平0时，触发器置0；当置1端（$\overline{S}$端）加有效的低电平0时，触发器置1；当两端都不加有效的低电平时，状态保持不变；当两端均加有效的低电平时，则状态不定。低电平有效在逻辑符号中用输入端加小圆圈表示。

5）主要优点：与非门构成的基本RS触发器是触发器的基本形式，它的突出优点是结构简单，只要把两个与非门交叉连接起来即可。它也是构成各种不同功能集成触发器的基本单元。

6）主要缺点：基本 RS 触发器是电平直接控制方式，即输出状态直接（一直）受输入信号控制，当输入信号出现扰动时，输出状态将发生变化，因此抗干扰能力差。另外它还存在不确定状态，即输入信号 $\overline{R}$、$\overline{S}$ 间有约束。

11.2.2 同步 RS 触发器

基本 RS 触发器，其输入信号直接控制触发器输出端的状态，不能实现实时控制，即不能在要求的时间或时刻由输入信号控制输出状态。而在数字系统和实际工作中，触发器的工作状态往往不仅要由触发信号来决定，而且还要求触发器按一定的节拍动作（翻转），以取得系统的协调。

具有时钟脉冲控制的触发器称为时钟控制触发器（钟控触发器），它可以通过时钟脉冲控制触发器的翻转时刻，故又称可控触发器，还可以称为同步触发器，这是因为触发器状态的改变与时钟脉冲同步。

如果在基本 RS 触发器的基础上，增加两个由时钟脉冲 CP 控制的与非门，即可构成同步 RS 触发器。

1. 电路结构与逻辑符号

图 11-5 所示为同步 RS 触发器的电路逻辑图和逻辑符号。

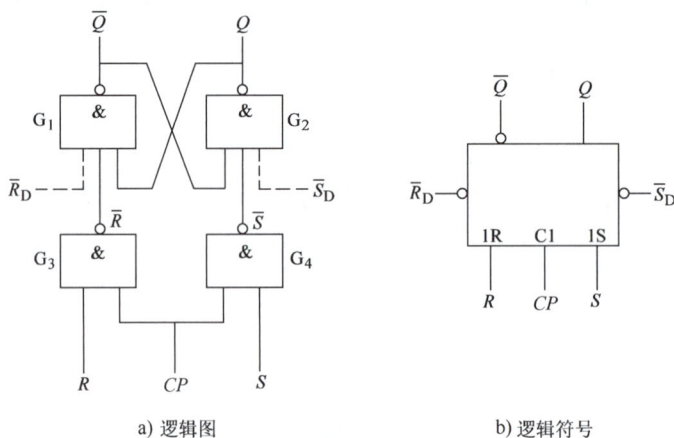

a) 逻辑图　　　　　　b) 逻辑符号

图 11-5　同步 RS 触发器

该电路由基本 RS 触发器和两个由时钟脉冲 CP 控制的门 G_3、G_4 组成，时钟脉冲从 CP 端输入；信号从 R（置 0 端）、S（置 1 端）端输入；虚线所示 $\overline{R}_D$、$\overline{S}_D$ 是直接置 0、置 1 端，用来设置触发器的初始状态。

2. 功能分析

1）当 $CP=0$ 时，G_3、G_4 门被封锁，其输出 $\overline{R}=\overline{S}=1$，此时无论 R、S 的信号如何变化，触发器的状态保持不变，即 $Q^{n+1}=Q^n$。

2）当 $CP=1$ 时，G_3、G_4 门解除封锁（被打开），触发器的次态输出取决于 R、S 的输入信号及电路的现态。

① 电路的逻辑功能见状态表 11-3。

表 11-3 同步 RS 触发器的状态表

R	S	Q^n	Q^{n+1}	说　明	R	S	Q^n	Q^{n+1}	说　明
0	0	0	0	触发器保持原状态	1	0	0	0	触发器置 0
0	0	1	1	不变	1	0	1	0	
0	1	0	1	触发器置 1	1	1	0	$\times$	触发器状态不定
0	1	1	1		1	1	1	$\times$	

由表 11-3 可知，在 $R=S=1$ 时，触发器的输出状态不确定，为避免出现这种情况，应使 $RS=0$。显然，同步 RS 触发器与基本 RS 触发器不同，其输入信号是高电平有效的。

② 特征方程：根据表 11-3 可画出同步 RS 触发器 Q^{n+1} 的卡诺图，如图 11-6 所示。

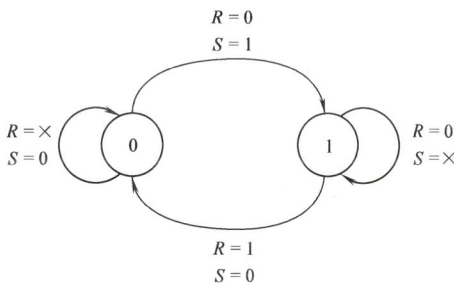

由此得到同步 RS 触发器的特征方程为

$$\begin{cases} Q^{n+1} = S + \overline{R}Q^n \\ RS = 0 \qquad （约束条件） \end{cases} \qquad CP=1\ 期间有效$$

为了获得确定的 Q^{n+1}，必须满足约束条件，即 RS 不能同时为有效的高电平 1。所谓 $CP=1$ 期间有效，指当 CP 端为高电平时，触发器按照特征方程改变状态；CP 端为低电平，即 $CP=0$ 时，触发器保持原状态不变。这说明在 $CP=1$ 的整个期间，R、S 信号均可被接收。这种钟控方式（或称触发方式）称为电位（电平）触发方式。

③ 状态转换图：由状态表可画出同步 RS 触发器的状态转换图，如图 11-7 所示。

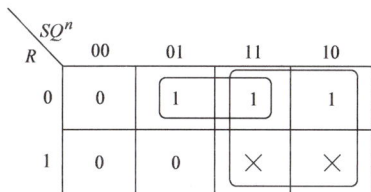

图 11-6 同步 RS 触发器 Q^{n+1} 的卡诺图　　图 11-7 同步 RS 触发器的状态转换图

3. 与基本 RS 触发器比较

1）基本 RS 触发器的输入信号 $\overline{R}$、$\overline{S}$ 是低电平有效的；而同步 RS 触发器的 CP、R、S 均为高电平有效。

2）基本 RS 触发器是电平直接控制方式，即输入信号一直会影响输出状态；而同步 RS 触发器增加了时钟控制端，只有在 $CP=1$ 时，才接收输入信号，触发器状态才能改变。

3）反映基本 RS 触发器和同步 RS 触发器逻辑功能的特征方程是相同的，但要特别注意同步 RS 触发器中特征方程有效的时钟条件。

4）同步 RS 触发器虽然增加了时钟控制端，但仍然存在不定状态，这将直接影响触发器的工作质量。

4. 同步 RS 触发器的触发方式和空翻现象

同步 RS 触发器属电平触发方式，在 $CP=1$ 的整个期间都接收输入信号的变化，若输入信号变化几次，则触发器的状态将随输入信号变化而翻转两次或多次。通常将这种同一个

CP 脉冲有效电平期间，触发器状态两次或更多次翻转的现象称为空翻。空翻现象会破坏整个电路系统中各触发器的工作节拍，在很多地方使用起来不能满足需要。为了克服空翻现象，引入了主从触发器。

想一想

基本 RS 触发器跟同步 RS 触发器最大的不同在哪里？它们都存在不定状态吗？

11.3 JK 触发器

JK 触发器是一种具有置 0、置 1、保持和翻转功能的触发器。比起前述的 RS 触发器，它的应用潜力更大，通用性更强，而且它克服了 RS 触发器存在不定状态的问题，即输入信号 J、K 间不再有约束。

11.3.1 同步 JK 触发器

1. 电路结构

将同步 RS 触发器的输出端 Q 和 $\overline{Q}$ 反馈到输入端，并将 S、R 端分别换成 J 端和 K 端，就构成了同步 JK 触发器，它克服了同步 RS 触发器在 $R = S = 1$ 时出现不确定状态的问题。其电路逻辑图和逻辑符号如图 11-8 所示。

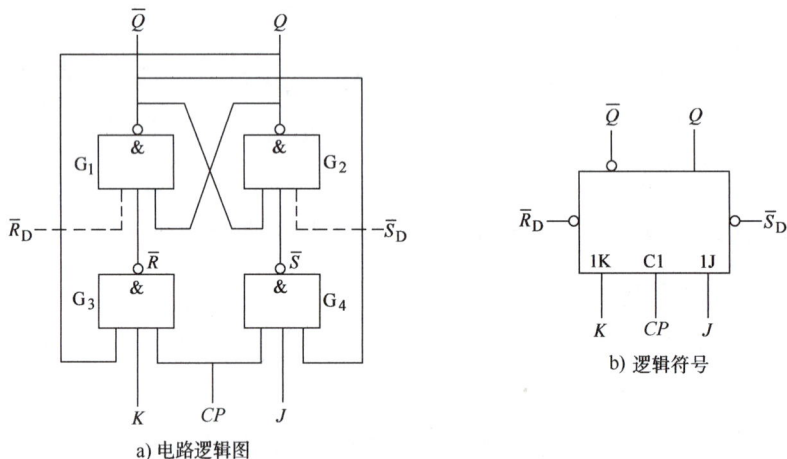

a) 电路逻辑图　　　b) 逻辑符号

图 11-8　同步 JK 触发器

图中 $\overline{R}_D$、$\overline{S}_D$ 为异步输入端或称直接置 0、置 1 端，因为它们的作用不受时钟信号 CP 的控制，低电平有效。即当 $\overline{R}_D = \overline{S}_D = 1$ 时，它们不影响触发器接收输入信号 J、K。

2. 逻辑功能分析

1）当 $CP = 0$ 时，G_3、G_4 门被封锁，其输出 $\overline{R} = \overline{S} = 1$，此时无论 J、K 的值如何变化，触发器的状态保持不变，即 $Q^{n+1} = Q^n$。

2）当 $CP = 1$ 时，G_3、G_4 门解除封锁（被打开），触发器的次态输出取决于 J、K 的输入信号及电路的现态。

① 电路的逻辑功能：见状态表 11-4。

表 11-4 同步 JK 触发器状态表

J	K	Q^n	Q^{n+1}	说　明	J	K	Q^n	Q^{n+1}	说　明
0	0	0	0	触发器状态不变	1	0	0	1	触发器置1
0	0	1	1		1	0	1	1	
0	1	0	0	触发器置0	1	1	0	1	触发器状态翻转
0	1	1	0		1	1	1	0	

从表 11-4 可知

当 $J = 0$，$K = 0$ 时，$Q^{n+1} = Q^n$，触发器保持原状态不变。

当 $J = 0$，$K = 1$ 时，$Q^{n+1} = 0$，触发器置0。

当 $J = 1$，$K = 0$ 时，$Q^{n+1} = 1$，触发器置1。

当 $J = 1$，$K = 1$ 时，$Q^{n+1} = \overline{Q^n}$，触发器状态翻转（计数）。

由此可得到同步 JK 触发器的简化状态表，见表 11-5。

表 11-5 同步 JK 触发器的简化状态表

J	K	Q^{n+1}	功能说明	J	K	Q^{n+1}	功能说明
0	0	Q^n	保持	1	0	1	置1
0	1	0	置0	1	1	$\overline{Q^n}$	翻转（计数）

显然，JK 触发器具有置0、置1、保持和翻转（计数）四种功能，其逻辑功能齐全，因此我们也称它为全功能触发器。

② 特征方程：由表 11-4 可画出同步 JK 触发器 Q^{n+1} 的卡诺图，如图 11-9 所示。

由此写出其特征方程 $Q^{n+1} = J\,\overline{Q^n} + \overline{K}Q^n$

③ 状态转换图：由状态表可画出同步 JK 触发器的状态转换图，如图 11-10 所示。

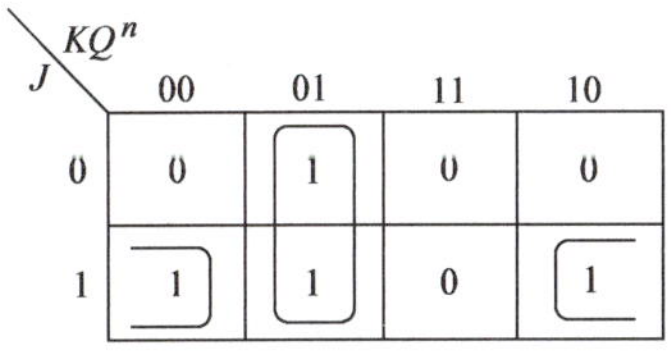

图 11-9 同步 JK 触发器 Q^{n+1} 的卡诺图

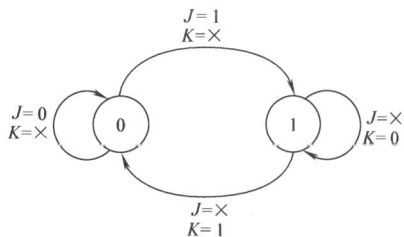

图 11-10 同步 JK 触发器的状态转换图

3. 存在的问题

同步 JK 触发器跟同步 RS 触发器一样，由于 CP 有效时间过长，因此会出现空翻现象，另外，在同步 JK 触发器中，还由于在输入端引入了互补输出，因此即使输入信号不发生变化，只要 CP 脉冲过宽，也会产生多次翻转，这称为振荡现象。空翻和振荡现象使触发器的应用受到了限制，为此引入后面的主从 JK 触发器和边沿 JK 触发器。

11.3.2　主从 JK 触发器

主从触发器由于采用了具有存储记忆功能的触发器导引电路,因而避免了空翻。

1. 电路组成及工作原理

它由两个钟控的(同步)JK 触发器和一个非门 G 构成,一个同步 JK 触发器作为主触发器,即是可以存储输入信号的触发导引电路;另一个同步 JK 触发器作为从触发器,它的输出就是整个主从触发器的输出。从触发器的状态就是整个主从触发器的状态。主从 JK 触发器如图 11-11 所示。图中 $\overline{R}_D$、$\overline{S}_D$ 为异步输入端,它们的作用不受时钟信号 CP 的控制。

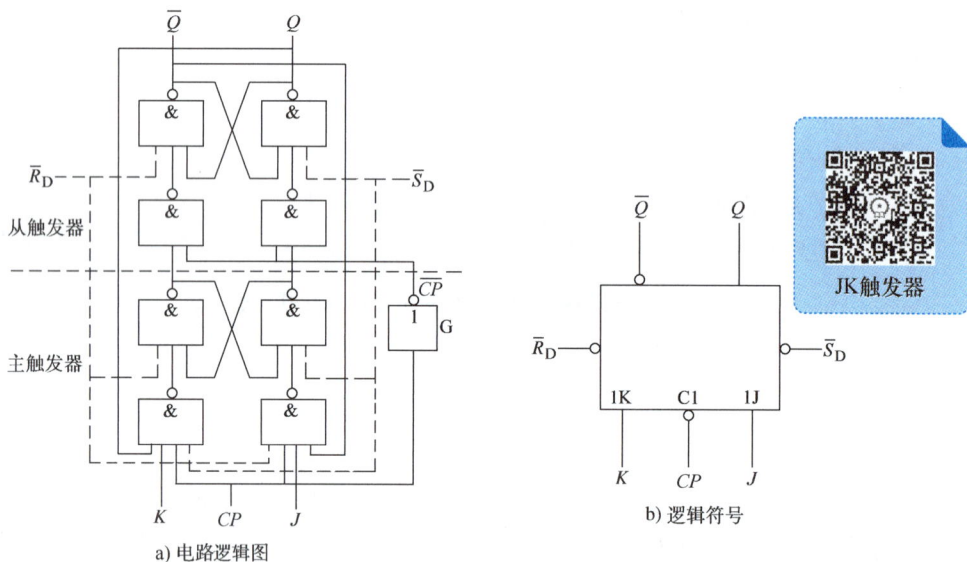

图 11-11　主从 JK 触发器

主从 JK 触发器的工作分两步进行:第一步,当 $CP=1$ 时主触发器接收输入信号 J、K,而从触发器状态不变。第二步,CP 下跳沿到来时,从触发器接收主触发器输出端的信号,按照主触发器锁存的内容更新状态。所以,主从 JK 触发器的触发方式也是负脉冲(下降沿)触发,逻辑符号中的"△"形和小圆圈即表示下降沿时刻有效。也就是说,主从 JK 触发器的状态变化发生在 CP 脉冲的下降沿到来时刻,但其逻辑功能(状态表、特征方程、状态图)与同步 JK 触发器完全相同。

2. 主从 JK 触发器的一次翻转现象

主从 JK 触发器跟同步 JK 触发器一样,其逻辑功能较强,它具有置0、置1、保持和翻转几种功能,并且输入信号 J、K 间不存在约束关系,因此用途十分广泛。但它也有缺点,由于在 $CP=1$ 期间,主触发器始终能接收输入信号而改变状态,这就要求在 $CP=1$ 期间,J、K 信号保持不变,否则有可能接收干扰信号而产生错误响应,使触发器的正常逻辑功能受到破坏。因此对于主从 JK 触发器,在 $CP=1$ 作用期间,主触发器的状态最多只能翻转一次,并在 CP 下降沿到来时传给从触发器,这种现象称为触发器的一次翻转现象。一次翻转现象使主从 JK 触发器的抗干扰能力较差,其应用受到一定的限制。

11.3.3　边沿 JK 触发器

前面讨论的同步触发器存在空翻现象，主从触发器虽无空翻但其一次翻转现象又使抗干扰能力降低。边沿触发器较好地解决了上述两个问题。这类触发器只在时钟信号 CP 的上升沿（正边沿）或下降沿（负边沿）到来时刻接收此刻的输入信号，进行状态转换，而在此之前和之后的输入信号变化对触发器没有影响，从而提高了触发器工作的可靠性和抗干扰能力。

边沿 JK 触发器的逻辑功能、状态表（特性表）和特征方程等都与同步触发器相同，不同的是在边沿触发器中，其状态转换只有在上升沿或下降沿到来时才有效。图 11-12 为边沿 JK 触发器的逻辑符号。图中 CP 信号端画"△"表示边沿触发器，画圈表示下降沿触发，不画圈表示上升沿触发。$\overline{S}_D$、$\overline{R}_D$ 为异步输入端或称直接置 1 端和直接置 0 端。

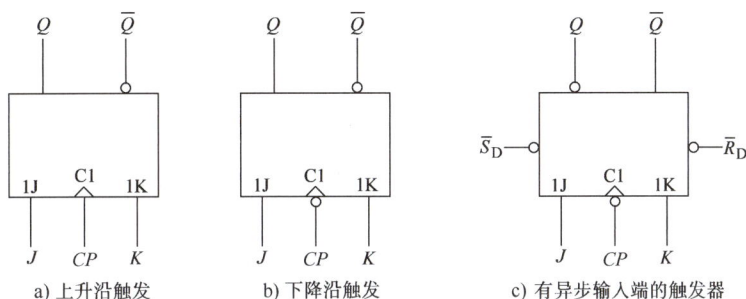

a) 上升沿触发　　　　　b) 下降沿触发　　　　　c) 有异步输入端的触发器

图 11-12　边沿 JK 触发器

想一想

主从 JK 触发器与边沿 JK 触发器都是在 CP 信号下降沿到来时发生状态转换，但两者有何差别？抗干扰能力相同吗？

11.4　D 触发器和 T 触发器

前面介绍了 RS 触发器和 JK 触发器，在实际应用中，还有另外两类触发器：一类是具有接收和存储数据功能的 D 触发器；另一类是仅仅具有保持和翻转功能的 T 触发器。

11.4.1　D 触发器

在各种触发器中，D 触发器是一种应用比较广泛的触发器。D 触发器又称 D 锁存器，是专门用来存放数据的。

1. 电路结构和逻辑符号

为避免同步 RS 触发器同时出现 R 和 S 都为 1 的情况，可在 1R 和 1S 之间接入非门 G，如图 11-13a 所示。此时将加到 1S 端的输入信号经非门取反后再加到 1R 输入端，即 1R 端不再由外部信号控制，这样构成的单输入触发器即为 D 触发器。图 11-13b 为其逻辑符号。

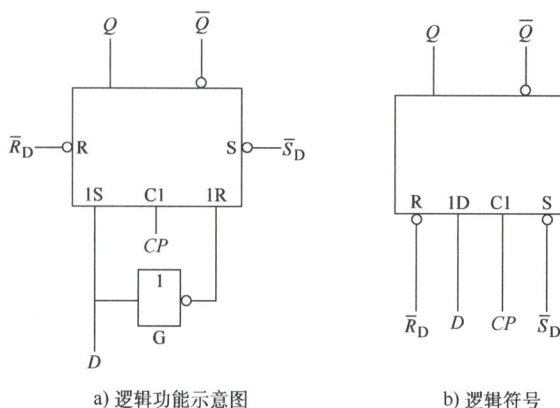

a) 逻辑功能示意图   b) 逻辑符号

图 11-13   D 触发器

2. 逻辑功能分析

1）当 $CP=0$ 时，电路与图 11-5 所示的同步 RS 触发器相同，其输出端保持原状态不变。

2）当 $CP=1$ 时，若 $D=1$，则触发器输入端 $S=1$，$R=0$，根据同步 RS 触发器的特性可知，触发器被置1，即 $Q=D=1$；若 $D=0$，则 $S=0$，$R=1$，触发器被置0，即 $Q=D=0$。

① 状态转换表（真值表）：D 触发器的状态表见表 11-6。

表 11-6   D 触发器的状态表

D	Q^n	Q^{n+1}	说　明	D	Q^n	Q^{n+1}	说　明
0	0	0	触发器状态和 D	1	0	1	触发器状态和 D
0	1	0	相同	1	1	1	相同

② 特征（特性）方程：根据表 11-6 可得同步 D 触发器的特征方程为

$$Q^{n+1}=D \quad CP=1 \text{ 期间有效}$$

③ 状态转换图：同步 D 触发器的状态转换图如图 11-14 所示。

3. 边沿 D 触发器简述

跟 JK 触发器一样，D 触发器也同样有状态变化发生在上升沿或下降沿到来时刻的边沿触发器。图 11-15 分别为上升沿或下降沿有效的边沿 D 触发器的逻辑符号，其中"△"和小圆圈的含义与 JK 触发器相同。

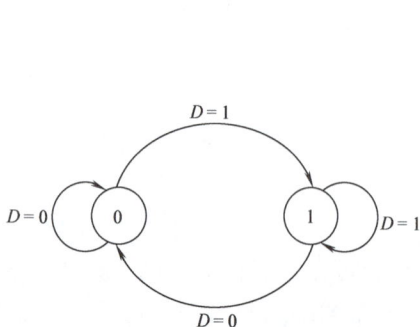

图 11-14   同步 D 触发器状态转换图

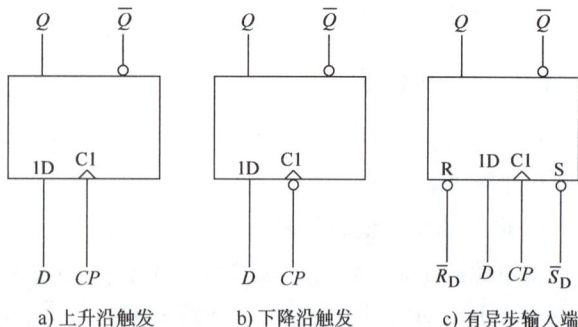

a) 上升沿触发   b) 下降沿触发   c) 有异步输入端

图 11-15   边沿 D 触发器

11.4.2 T触发器

在时钟脉冲 CP 作用下，具有保持和翻转功能的触发器，称为T触发器。

1. 电路结构和逻辑符号

将JK触发器的输入端 J 和 K 相连，引入一个新的输入信号，作为 T 输入端，就构成了T触发器。电路示意图及逻辑符号如图11-16所示。

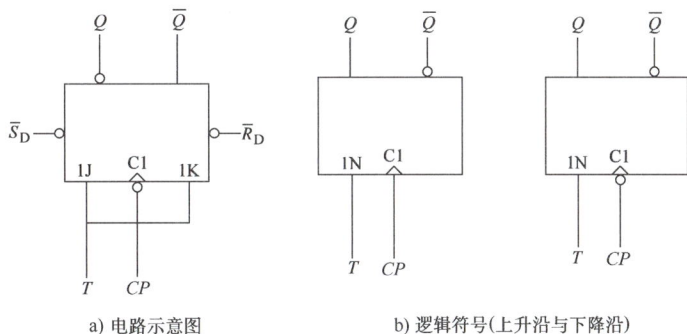

a) 电路示意图   b) 逻辑符号(上升沿与下降沿)

图 11-16　T触发器

2. 逻辑功能分析

1）$T=0$ 时，相当于JK触发器的 $J=K=0$，由JK触发器的功能知，触发器保持原状态不变，即 $Q^{n+1}=Q^n$。

2）$T=1$ 时，相当于 $J=K=1$，这时每输入一个时钟脉冲 CP，触发器状态便翻转一次，即 $Q^{n+1}=\overline{Q^n}$。

3）状态表：在 CP 脉冲的作用下，根据输入信号 T 的取值，T触发器具有保持和计数（翻转）功能。其状态表见表11-7。

表 11-7　T触发器的状态表

T	Q^n	Q^{n+1}	说　明	T	Q^n	Q^{n+1}	说　明
0	0	0	状态不变（保持）	1	0	1	状态翻转（计数）
0	1	1		1	1	0	

4）特征方程：将 T 代入JK触发器的特征方程，得到的T触发器的特征方程为

$$Q^{n+1}=JQ^n+KQ^n$$
$$=T\overline{Q^n}+\overline{T}Q^n$$
$$=T\oplus Q^n \qquad （CP下降沿到来有效）$$

5）状态转换图及波形图：如图11-17所示。

3. T′触发器简述

在时钟脉冲 CP 作用下，只具有翻转（计数）功能的触发器称为T′触发器。显然，只要将以上介绍的T触发器的 T 端接高电平1，即可构成T′触发器。不难理解，对于T′触发器，其时钟有效沿每到来一次，触发器的状态就会翻转一次。T′触发器的状态表见表11-8。其特征方程为 $Q^{n+1}=\overline{Q^n}$。

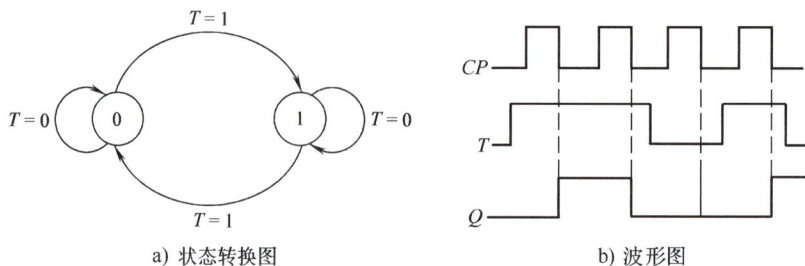

a）状态转换图　　　　　　　　　　b）波形图

图 11-17　T 触发器状态转换图和波形图

表 11-8　T′触发器的状态表

Q^n	Q^{n+1}	Q^n	Q^{n+1}
0	1	1	0

想一想

边沿 D 触发器的特征方程是怎样的？其状态与触发器的现态 Q^n 有关吗？

T 和 T′触发器有何功能？分别写出它们的特征方程，看看两者有什么联系？

11.5　技能训练：触发器逻辑功能测试

【实训目标】

1）掌握基本 RS、JK 触发器的逻辑功能。

2）掌握集成触发器的逻辑功能测试方法及应用。

【实训器材】

5V 直流电源、逻辑电平开关、逻辑电平显示器、连续脉冲源、双踪示波器、74LS00、74LS112。

【实训要求】

1）训练过程中，严禁带电进行接线或拆线操作。

2）集成电路的电源正、负极不能接反，电压值不能超过规定范围。

3）门电路的输出端切勿与电源线或地线短路。

4）实训结束要进行整理、清理等 7S 活动。

【实训内容及步骤】

1. 基本 RS 触发器的功能测试

选用 74LS00 与非门集成电路中的两个与非门构成基本 RS 触发器，电路如图 11-2 所示。

1）用 74LS00 搭接 RS 触发器，按表 11-9 中 $\overline{R}$、$\overline{S}$ 的信号顺序分别在图 11-2 的 $\overline{R}$、$\overline{S}$ 两

端加信号，观察并记录基本RS触发器的 Q 和 $\overline{Q}$ 端的状态，并说明对应状态时的逻辑功能。

表 11-9　基本 RS 触发器的逻辑功能测试表

$\overline{R}$	$\overline{S}$	Q	$\overline{Q}$	逻辑功能
0	1			
1	1			
1	0			
1	1			

2）$\overline{R}$ 端接高电平、$\overline{S}$ 端加脉冲信号，记录 Q 和 $\overline{Q}$ 端的状态。

根据1）、2）Q 和 $\overline{Q}$ 端的状态，总结基本 RS 触发器的 Q 和 $\overline{Q}$ 状态与输入端 $\overline{R}$、$\overline{S}$ 的关系。

3）当 $\overline{R}$、$\overline{S}$ 端同时由低电平变为高电平时，观察 Q 和 $\overline{Q}$ 端的状态。重复 3～5 次，观察 Q 和 $\overline{Q}$ 的状态是否相同，正确理解"状态不定"的含义。

2. 边沿 JK 触发器 74LS112 的功能测试

74LS112 触发器的逻辑电路如图 11-12c 所示。自拟实训步骤，测试 74LS112 的逻辑功能，并将结果填入表 11-10 中。

表 11-10　74LS112 逻辑功能测试表

$\overline{S}_D$	$\overline{R}_D$	CP	J	K	Q^n	Q^{n+1}	逻辑功能
0	1	×	×	×	×		
1	0	×	×	×	×		
1	1	↓	0	0	0		
1	1	↓	0	0	1		
1	1	↓	0	1	0		
1	1	↓	0	1	1		
1	1	↓	1	0	0		
1	1	↓	1	0	1		
1	1	↓	1	1	0		
1	1	↓	1	1	1		

【实训效果评价】

1）完成基本 RS 触发器的搭接及功能测试。（30 分）

2）完成边沿 JK 触发器 74LS112 的功能测试。（30 分）

3）正确表达 74LS112 触发器的逻辑功能。（20 分）

4）实训过程中安全文明操作。（20 分）

【分析与思考】

1）如何将 74LS112 边沿 JK 触发器转换成 D 触发器？

2）如何将 74LS112 边沿 JK 触发器转换成 T 触发器？

❖❖ 本章小结 ❖❖

（1）触发器是数字系统中极为重要的基本逻辑单元。它有两个稳定状态，在外加触发信号的作用下，可以从一种稳定状态转换到另一种稳定状态。当外加信号消失后，触发器能保持原状态不变，因此它具有记忆功能。

（2）触发器有多种不同的分类方法，根据逻辑功能的不同，可分为 RS 触发器、JK 触发器、D 触发器、T 触发器和 T′触发器。要描述触发器的逻辑功能通常用以下几种方法：状态表、特性（特征）方程、状态转换图和波形图等。

（3）从逻辑功能上讲，RS 触发器具有置 0、置 1 和保持记忆功能，但输入信号 R、S 间存在约束条件；JK 触发器具有置 0、置 1、保持记忆及翻转（计数）功能，无约束条件；D 触发器具有接收并记忆信号、存储数据的功能；T 触发器具有保持记忆和翻转（计数）功能；T′触发器是 T 触发器的特例，仅仅具有翻转（计数）功能，称为计数式触发器，每来一个时钟信号 CP，触发器的状态就翻转一次，可以累计 CP 脉冲的个数。

（4）从电路结构上讲，基本触发器状态受输入信号电平直接控制，无法实现实时控制，抗干扰能力差；同步（钟控）触发器受 CP 脉冲的电平控制，属于电平（电位）触发，但因存在空翻现象使其应用受到限制；主从触发器无空翻，但因存在一次翻转现象，故抗干扰能力较差；而各种边沿触发器，有正边沿（上升沿）触发和负边沿（下降沿）触发两种形式，其工作特性比前几种触发器好，抗干扰能力强，所以新产品大多采用边沿型触发器。尤其是边沿 JK 触发器（全功能触发器）和 D 触发器性能非常优越，是数字逻辑电路中使用最广泛的两种触发器，还可以根据需要用它们构成其他所需的各种触发器。

❖❖ 习题十一 ❖❖

11-1 基本 RS 触发器 $\overline{R}$、$\overline{S}$ 端波形如图 11-18 所示，试画出 Q、$\overline{Q}$ 端的波形（设触发器初始状态为 0）。

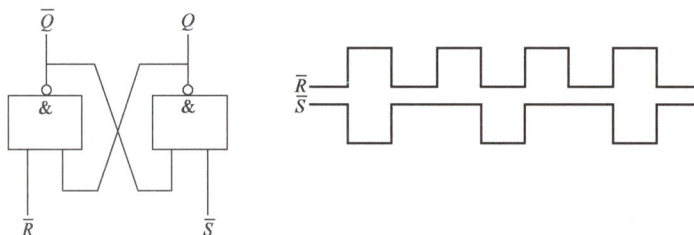

图 11-18 习题 11-1 图

11-2 已知由与非门组成的同步 RS 触发器的 CP、R、S 的输入波形，如图 11-19 所示，试画出 Q 端的输出波形（设触发器的初始状态为 0）。

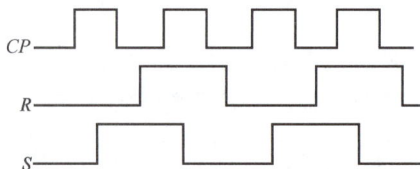

图 11-19 习题 11-2 图

11-3 同步 RS 触发器接成图 11-20a、b、c 所示形式，试根据图 11-20d 所示 CP 波形，画出 Q_a、Q_b、Q_c 的波形（设触发器初始状态为 0）。

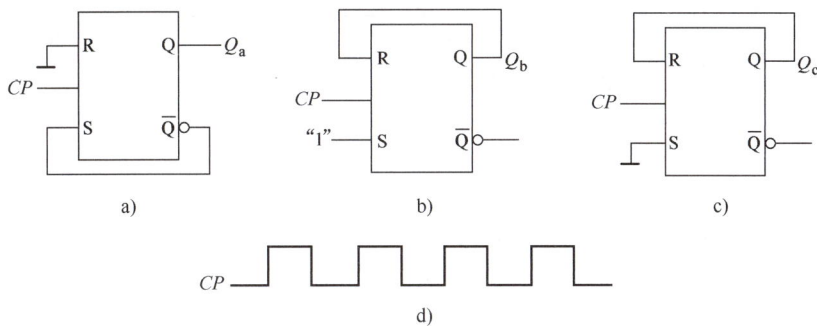

图 11-20 习题 11-3 图

11-4 在 CP 下降沿触发的边沿 JK 触发器中，输入的 CP、J、K 波形如图 11-21 所示，试画出 Q 和 $\overline{Q}$ 的波形（设触发器的初始状态为 0）。

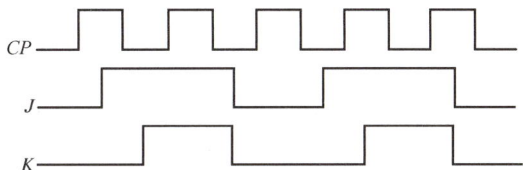

图 11-21 习题 11-4 图

11-5 如图 11-22a 所示电路，CP、A、B 的波形如图 11-22b 所示，画出 Q 端的输出波形（设触发器的初始状态为 0）。

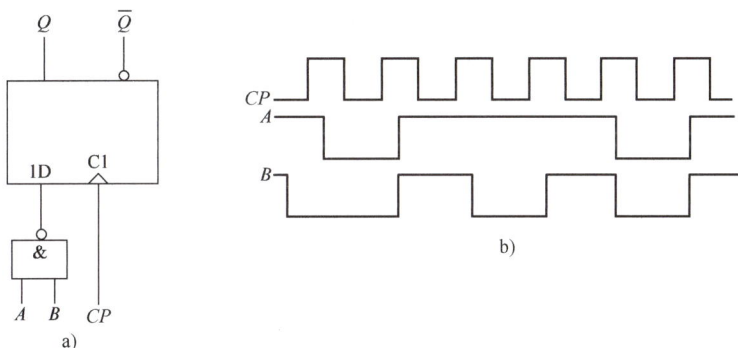

图 11-22 习题 11-5 图

11-6 上升沿触发的边沿 D 触发器接成图 11-23a、b、c、d 所示形式，试根据图 11-23e 所示的 CP 波形画出 Q_a、Q_b、Q_c、Q_d 的波形（设触发器初始状态为 0）。

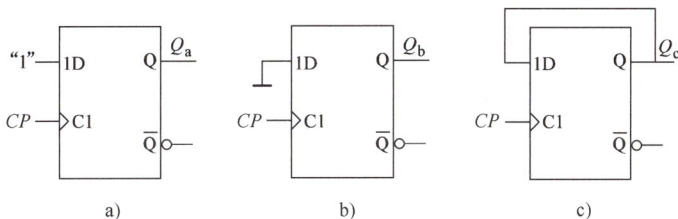

图 11-23 习题 11-6 图

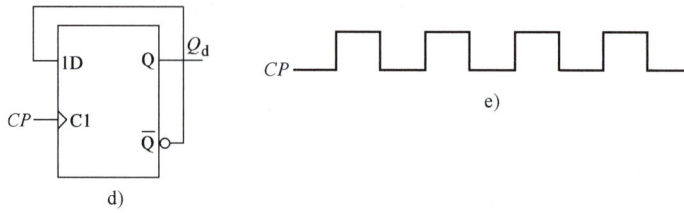

图 11-23 习题 11-6 图（续）

11-7 边沿 T 触发器电路如图 11-24 所示，试根据 CP 波形画出 Q_1、Q_2 的波形（设触发器初始状态为 0）。

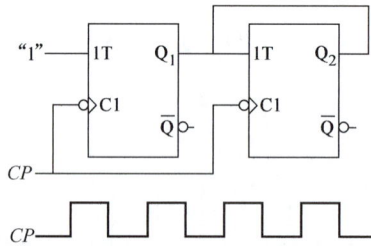

图 11-24 习题 11-7 图

第 12 章

时序逻辑电路

本章导读

时序逻辑电路简称时序电路，是数字系统中另一类重要的逻辑电路。上一章介绍的触发器是一种最简单的时序电路，另外常用的时序逻辑电路还有计数器和寄存器等。本章首先介绍时序逻辑电路的组成、特点和分类，然后介绍其功能描述方法和一般分析方法，最后就两种常用的时序电路——计数器和寄存器展开讨论。

学习目标

知识目标：掌握时序电路逻辑功能的表示方法；熟悉分析时序电路基本步骤；理解集成计数器、寄存器的工作原理。

能力目标：能正确使用集成计数器和寄存器。

素质目标：培养学无止境、追求真理的精神。

课题引入

组合逻辑电路没有记忆功能，但实际应用中，往往需要电路能够综合某时刻的输入信号和此前电路的输出状态进行判断，即具有记忆功能。这种有记忆功能的电路就是时序逻辑电路。在计算机系统中，寄存器和计数器都是这种电路。

12.1 时序逻辑电路概述

时序逻辑电路是数字电路的一个重要组成部分，是非常重要的一类逻辑电路，它与组合电路既有联系，又有区别。常见的时序电路有触发器、计数器、寄存器和顺序脉冲（序列信号）发生器等。

12.1.1 时序逻辑电路的基本特征

1. 时序电路的特点

1）组成：一般由组合电路和存储电路（反馈电路）两部分组成。存储电路可以由触发器构成，也可以由其他记忆器件构成。

2）结构框图：如图 12-1 所示，其中，$X_1 \sim X_i$ 代表时序电路输入信号，$Y_1 \sim Y_j$ 代表时序电路输出信号，$W_1 \sim W_m$ 代表存储电路输入信号，$Q_1 \sim Q_n$ 代表存储电路输出信号。$X_1 \sim X_i$ 和 $Q_1 \sim Q_n$ 共同决定时序电路的输出状态 $Y_1 \sim Y_j$。

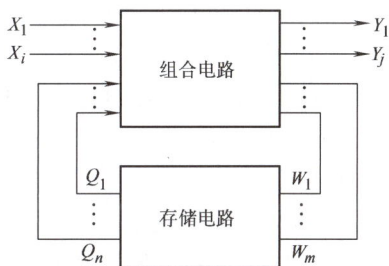

图 12-1 时序逻辑电路的结构框图

3）特点。

① 从结构上看：第一，包含组合电路和存储电路两部分。由于它要记忆以前的输入和输出信号，所以存储电路必不可少。第二，组合电路至少由一个输出反馈到存储电路的输入端，存储电路的输出至少有一个作为组合电路的输入，与其他输入信号共同决定时序电路的输出。

② 从功能上看：由于时序电路中含有存储电路，具有记忆功能，因此电路在任一时刻的稳定输出不仅取决于该时刻的输入，而且还与电路原来的状态有关。

2. 时序电路逻辑功能的表示方法

常用的表示方法有：逻辑方程式、状态表、状态图和时序图四种。

（1）逻辑方程式 表示时序电路各组成部分之间关系的代数表达式，包括时钟方程、驱动方程、输出方程和状态方程。

1）时钟方程：触发器的时钟信号表达式，反映各触发器 CP 脉冲的逻辑关系。

2）驱动方程：各触发器输入端的逻辑表达式。它反映了触发器输入端变量与时序电路的输入信号和电路状态之间的关系。一般有 n 个触发器就有 n 个驱动方程。

3）输出方程：时序电路的输出逻辑表达式，反映了时序电路的输出端变量与输入信号和电路状态之间的逻辑关系。它通常为现态的函数。

4）状态方程：将驱动方程代入相应触发器的特征方程中即可求得状态方程。它反映时序电路的次态与输入信号和现态之间的逻辑关系，因此状态方程又称次态方程。

（2）状态表 它是反映时序电路输出 Y、次态 Q^{n+1} 和输入信号 X、现态 Q^n 之间对应取值关系的表格。将电路输入信号和触发器现态的所有取值组合代入相应的状态方程和输出方程中进行计算，求出次态和输出，列表即可。

（3）状态图 是反映时序电路状态转换规律及相应输入、输出取值情况的几何图形。它以图形的方式表示时序电路状态的转换规律，是电路由现态转换到次态的示意图。

（4）时序图 即工作波形图，它反映输入信号、电路状态和输出信号等的取值在时间上的对应关系。

以上四种方法从不同侧面突出了时序电路逻辑功能的特点，但它们本质上是相通的，可以互相转换。

12.1.2 时序逻辑电路的种类

时序电路按触发信号（CP 脉冲）输入方式的不同，可分为同步时序电路和异步时序电路两大类。

1）同步时序电路：存储电路中所有触发器的时钟输入端 CP 都连在一起，在同一时钟脉冲 CP 作用下，凡是具备翻转条件的触发器在同一时刻状态翻转。也就是说，触发器状态的更新和时钟脉冲 CP 是同步的。正因为如此，在分析同步时序电路时，往往可以不考虑时钟条件，即不用写出时钟方程。

2）异步时序电路：各触发器状态的变化不受同一时钟脉冲控制。时钟脉冲只触发部分触发器，其余触发器则是由电路内部信号触发的。因此，凡具备翻转条件的触发器状态的翻转有先有后，并不都和时钟脉冲 CP 同步。也正因为如此，在分析异步时序电路时，必须要写出各个触发器的时钟方程，这是绝对不能省略的。

顺便说明一下，在后面讨论时序逻辑电路时，计数脉冲实际上就是时钟脉冲 CP，两者是一致的。

12.1.3 时序逻辑电路的分析方法

1. 时序电路分析的基本步骤

分析时序电路的目的，就是要求出已知时序电路的逻辑功能和工作特点。因此，时序电路的分析过程就是根据已知的时序电路，采用时序电路逻辑功能的表示方法，求出电路所实现的逻辑功能，从而了解它的用途的过程。其具体分析步骤如下：

1）分析时序逻辑电路组成：确定输入和输出，区分其两个组成部分，确定是同步还是异步时序电路。

2）写相关方程式：根据给定的逻辑电路图，写出存储电路的驱动方程和时序电路的输出方程；若为异步电路，还需要写出时钟方程。

3）求各个触发器的状态方程：把驱动方程代入相应触发器的特性方程中，即可求得状态方程，也就是各个触发器的次态方程。

4）列状态转换真值表（状态表）：首先列出输入信号和存储电路现态的所有可能取值组合，然后代入状态方程和输出方程中进行计算，但需注意有效的时钟条件，如果不满足条件，触发器状态保持不变。也就是说，只有触发器的时钟条件满足后，才需要代入状态方程和输出方程中进行计算求次态和输出。

5）画状态图或时序图：根据状态表可画出电路由现态转换到次态的示意图和在时钟脉冲 CP 作用下，各触发器状态变化的波形图。

6）描述（说明）电路的逻辑功能：归纳总结分析结果，确定电路功能。

2. 时序电路分析举例

例 12-1 分析图 12-2 所示时序逻辑电路。

解：1）分析电路组成。该电路由两个 JK 触发器 FF_0、FF_1 构成存储电路部分，组合器件是一个与门。无外加输入信号，输出信号为 C，是一个同步时序电路。

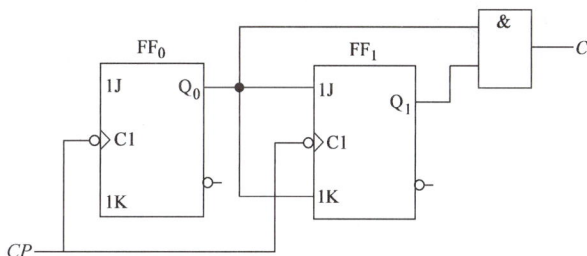

图 12-2 例 12-1 时序逻辑电路

2）写相关方程式。由于是同步时序电路，故时钟方程可省略。只需写出驱动方程和输出方程。

驱动方程：$J_0 = 1$，$K_0 = 1$；$J_1 = Q_0^n$，$K_1 = Q_0^n$

输出方程：$C = Q_1^n Q_0^n$

3）求各触发器的状态方程。将以上驱动方程代入 JK 触发器的特性方程 $Q^{n+1} = J\overline{Q}^n + \overline{K}Q^n$ 中，进行化简变换可得状态方程：

$$Q_0^{n+1} = J_0\overline{Q}_0^n + \overline{K}_0 Q_0^n = \overline{Q}_0^n$$

$$Q_1^{n+1} = J_1\overline{Q}_1^n + \overline{K}_1 Q_1^n = Q_0^n\overline{Q}_1^n + \overline{Q}_0^n Q_1^n = Q_0^n \oplus Q_1^n$$

4）列状态转换真值表。将现态的各种取值组合代入状态方程得到次态，代入输出方程得到输出，列成状态表见表 12-1。

表 12-1　状态表

CP	Q_1^n	Q_0^n	Q_1^{n+1}	Q_0^{n+1}	C
1	0	0	0	1	0
2	0	1	1	0	0
3	1	0	1	1	0
4	1	1	0	0	1

5）画状态转换图和时序图。根据表 12-1 可画出图 12-3a 所示的状态转换图，图 12-3b 所示的时序图。

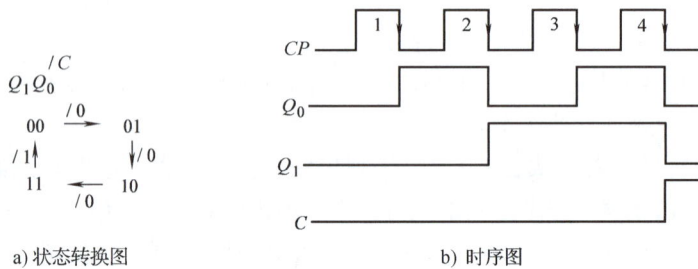

a) 状态转换图　　　　b) 时序图

图 12-3　例 12-1 的状态转换图和时序图

图中的 00、01、10、11 分别表示电路的四个状态，箭头表示电路状态的转换方向。箭头上方标注的 /C 为输出值。

6）归纳总结，确定逻辑功能。显然，随着 CP 脉冲的输入，电路在四个状态之间循环递增变化。若初始状态为 00，则当第 4 个 CP 脉冲下降沿到来之后，时序电路又返回初态 00，同时输出端 $C=1$。且在 Q_1Q_0 变化一个循环过程中，$C=1$ 只出现一次，故 C 为进位输出信号。因此得到结论：该电路为带进位输出的同步四进制加法计数器电路。

例 12-2　分析图 12-4 所示异步时序逻辑电路。

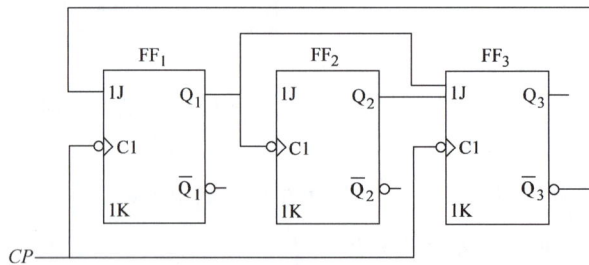

图 12-4　例 12-2 异步时序逻辑电路

解： 1）分析电路组成。该电路的存储器件是三个 JK 触发器，无组合电路部分，无输入信号，也无输出信号，是异步时序电路。

2）写相关方程式。由于是异步时序电路，故需要写出时钟方程和驱动方程。

时钟方程：$CP_1=CP_3=CP$；$CP_2=Q_1$

驱动方程：$J_1=\overline{Q_3^n}$，$K_1=1$；

$$J_2 = 1，K_2 = 1；$$
$$J_3 = Q_2^n Q_1^n，K_3 = 1$$

3）求状态方程。因为 JK 触发器的特性方程为 $Q^{n+1} = J\overline{Q^n} + \overline{K}Q^n$，将对应驱动方程分别代入特性方程中，进行化简变换可得状态方程：

$$Q_1^{n+1} = J_1\overline{Q_1^n} + \overline{K_1}Q_1^n = \overline{Q_3^n}\,\overline{Q_1^n} \qquad （CP\downarrow 有效）$$

$$Q_2^{n+1} = J_2\overline{Q_2^n} + \overline{K_2}Q_2^n = \overline{Q_2^n} \qquad （Q_1\downarrow 有效）$$

$$Q_3^{n+1} = J_3\overline{Q_3^n} + \overline{K_3}Q_3^n = Q_2^n Q_1^n \overline{Q_3^n} \qquad （CP\downarrow 有效）$$

4）列状态表。列出触发器现态的所有取值组合，代入以上相应的状态方程中进行计算，求得次态，见表 12-2。

表 12-2　状态表

Q_3^n	Q_2^n	Q_1^n	Q_3^{n+1}	Q_2^{n+1}	Q_1^{n+1}	时　钟　条　件	
0	0	0	0	0	1	CP_3	CP_1
0	0	1	0	1	0	$CP_3\,CP_2\,CP_1$	
0	1	0	0	1	1	CP_3	CP_1
0	1	1	1	0	0	$CP_3\,CP_2\,CP_1$	
1	0	0	0	0	0	CP_3	CP_1
1	0	1	0	1	0	$CP_3\,CP_2\,CP_1$	
1	1	0	0	1	0	CP_3	CP_1
1	1	1	0	0	0	$CP_3\,CP_2\,CP_1$	

5）画状态转换图和时序图。根据表 12-2 可画出图 12-5a 所示的状态转换图和图 12-5b 所示的时序图。

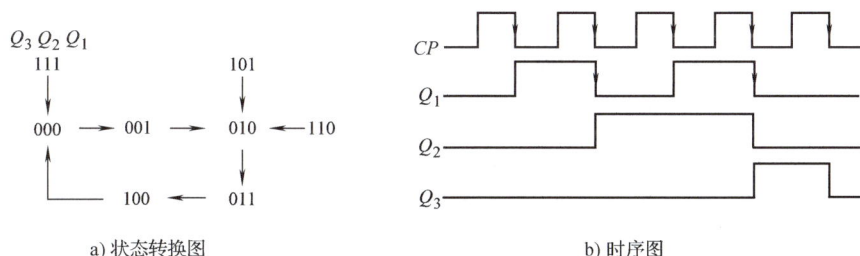

a) 状态转换图　　　　　　b) 时序图

图 12-5　例 12-2 的状态转换图和时序图

6）描述逻辑功能。从状态表 12-2 可知：电路输出 $Q_3 Q_2 Q_1$ 应有 $2^3 = 8$ 个工作状态 000 ～ 111。由图 12-5a 中可看出，它只有 5 个状态被利用了，这 5 个状态称为有效状态，还有 101、110、111 这 3 个状态没有被利用，称为无效状态。随着 CP 脉冲的递增，触发器输出 $Q_3 Q_2 Q_1$ 会进入包含五个有效状态的循环过程，如果从 000 开始计数，经过五个 CP 脉冲后会重新返回到初态 000。即使该电路由于某种原因进入无效工作状态，在 CP 脉冲的作用下，触发器输出的状态也能进入有效循环圈内，也就是说，随着 CP 脉冲的输入，电路能够从无效状态自动返回到有效状态中，称这种情况为"电路能够自起动"。反之，如果电路进入某一个无效状态，经过有限个 CP 脉冲后仍不能返回到有效循环内，则称电路不能自起动。综合以上分析，可得到结论：该电路是一个能够自起动的五进制加法计数器（关于计数器，后面将要详细讨论）。

想一想

时序逻辑电路的特点是什么？它与组合电路的主要区别在哪里？

时序电路分析的基本任务是什么？

12.2 寄存器

寄存器是存放数码、运算结果或指令的电路，移位寄存器不但可以存放数码，而且在移位脉冲的作用下，寄存器中的数码可以根据需要向左或向右移位。它们是数字系统和计算机中常用的基本逻辑器件，应用很广。

一个触发器可以存放一位二进制数码，n 个触发器可存放 n 位二进制数码。因此，触发器是寄存器的重要组成部分。寄存器电路中除触发器外，还有起控制作用的门电路，以保证电路在执行存数、移位等命令时完成相应的功能。

寄存器按功能可分为数码（数据）寄存器和移位寄存器两大类。

12.2.1 数码寄存器

用以存放二进制数码的电路称为数码寄存器。它又称数据缓冲器或数据锁存器，其功能是接收、存储和输出数据，主要由具有存储功能的触发器组合起来构成。

1. 电路组成

由 D 触发器组成的四位数码寄存器电路如图 12-6 所示。其中，$\overline{CR}$ 为置 0（清 0）输入端，CP 是控制时钟脉冲端，$D_0 \sim D_3$ 为并行数码输入端，$Q_0 \sim Q_3$ 为并行数码输出端。

2. 工作原理

1）清 0。当 $\overline{CR} = 0$ 时，异步清 0，触发器 $FF_0 \sim FF_3$ 同时被置 0，即 4 个边沿 D 触发器都复位到 0 状态。

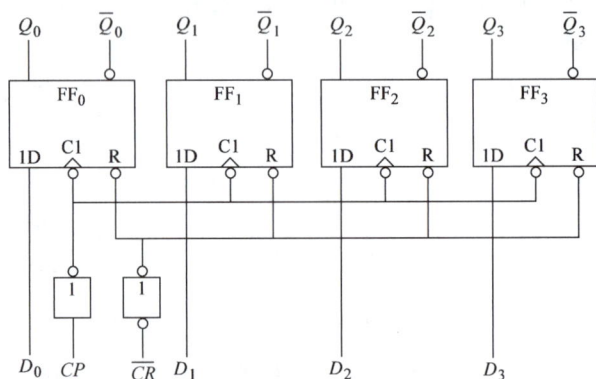

图 12-6 四位数码寄存器逻辑图

2）当 $\overline{CR} = 1$ 时，寄存器工作：

① 送数。CP 上升沿到来时，无论寄存器中原来存放的数码是什么，加在并行数据输入端的数码 $D_0 \sim D_3$ 被并行置入到 4 个触发器中，根据 D 触发器的特征方程 $Q^{n+1} = D$ 得 $Q_0^{n+1} = D_0$，$Q_1^{n+1} = D_1$，$Q_2^{n+1} = D_2$，$Q_3^{n+1} = D_3$，即数码 $D_0 \sim D_3$ 立刻被送入寄存器中，此时 $Q_3 Q_2 Q_1 Q_0 = D_3 D_2 D_1 D_0$。

② 保持。当 $CP = 0$ 时，寄存器中的数码保持不变。

12.2.2 移位寄存器

具有存放数码和使数码逐位右移或左移的电路称为移位寄存器。也就是说,移位寄存器除了存放数码的功能外,还具有移位功能,即寄存器所存放的数码能够在移位脉冲的作用下,依次左移或右移。

移位寄存器有单向和双向移位寄存器之分。

1. 单向移位寄存器

仅具有单向移位功能的寄存器称为单向移位寄存器,它只能将寄存的数据在相邻位之间单方向移动。按移动方向分为左移位寄存器和右移位寄存器两种类型。图 12-7 所示为由 4 个 D 触发器组成的四位右移位寄存器。这 4 个 D 触发器共用一个时钟脉冲信号,因此为同步时序逻辑电路。数码由 FF_0 的 D_i 端串行输入,由 FF_3 的 Q 端串行输出。

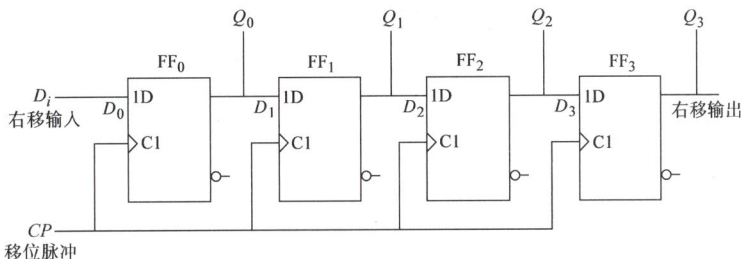

图 12-7 由 D 触发器组成的单向右移位寄存器

现按照时序电路的分析方法分析该电路的逻辑功能:

1)写相关方程式。驱动方程:

$$D_0 = D_i; \quad D_1 = Q_0^n; \quad D_2 = Q_1^n; \quad D_3 = Q_2^n$$

2)求状态方程。D 触发器的特征方程为 $Q^{n+1} = D$ ($CP\uparrow$),将各驱动方程分别代入 D 触发器的特征方程中,并进行化简变换可得状态方程:

$$Q_0^{n+1} = D_0 = D_i(CP\uparrow)$$
$$Q_1^{n+1} = D_1 = Q_0^n(CP\uparrow)$$
$$Q_2^{n+1} = D_2 = Q_1^n(CP\uparrow)$$
$$Q_3^{n+1} = D_3 = Q_2^n(CP\uparrow)$$

3)假设电路初始状态为零,现依次串行输入数码 $D_i = 1011$,即电路输入数据 D_i 在第 1、2、3、4 四个 CP 脉冲时依次为 1、0、1、1,由此可列出状态见表 12-3。

表 12-3 右移位寄存器状态表

CP	输入数据 D	右移位寄存器输出			
		Q_0	Q_1	Q_2	Q_3
0	0	0	0	0	0
1	1	1	0	0	0
2	0	0	1	0	0
3	1	1	0	1	0
4	1	1	1	0	1

4）画出时序图。根据表 12-3 可画出时序图，如图 12-8 所示。

5）确定电路逻辑功能。从表 12-3 和图 12-8 可知：在图 12-7 所示右移位寄存器电路中，随着 CP 脉冲的递增，触发器输入端依次输入数据 D_i，称为串行输入，输入一个 CP 脉冲，数据向右移动一位。这样，在 4 个移位脉冲的作用下，输入的四位串行数码 1011 将全部存入寄存器中。移位寄存器中的数码可由 $Q_3Q_2Q_1Q_0$ 端同时输出，称并行输出，也可以从最右端 Q_3 依次输出，称串行输出，但这时需要继续输入 4

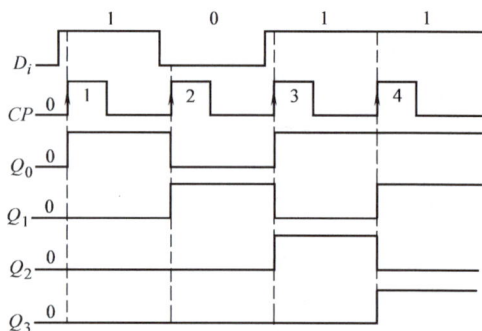

图 12-8　右移位寄存器时序图

个移位脉冲才能从寄存器中取出存放的 4 位数码 1011。也就是说，串行输出需要经过 8 个 CP 脉冲才能将输入的 4 个数据全部输出，而并行输出只需要 4 个 CP 脉冲。

由 4 个 D 触发器组成的四位左移位寄存器电路如图 12-9 所示。其工作原理跟右移位寄存器相似，请读者自行分析，这里就不再重复了。

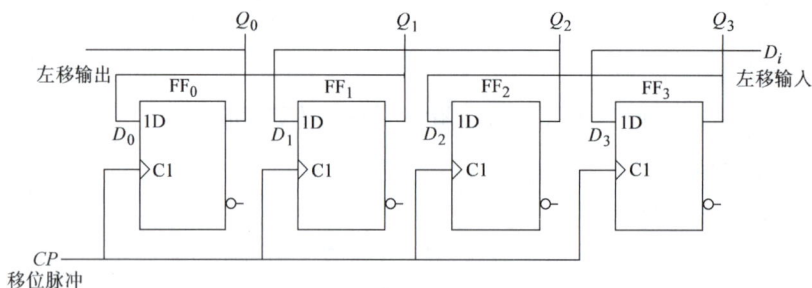

图 12-9　由 D 触发器组成的四位单向左移位寄存器

2. 双向移位寄存器

既可将数据左移又可右移的寄存器称为双向移位寄存器。由以上讨论的单向移位寄存器的工作原理可知，右移位和左移位寄存器的电路结构基本相同，若适当加入一些控制门和控制信号，就可将两者结合在一起，构成双向移位寄存器。图 12-10 是由 4 个 D 触发器和 4 个与或非门组成的四位双向移位寄存器。M 是工作方式控制端，也称左移、右移控制端，当 $M=1$ 时，实现数据右移寄存功能；当 $M=0$ 时，实现数据左移寄存功能。$\overline{S_L}$ 为左移串行输入端，$\overline{S_R}$ 为右移串行输入端。

注意：图中 $\overline{S_L}$、$\overline{S_R}$ 均采用了反码输入，如果在这两端分别接入一个非门，即可实现原码输入。

具体的双向移位功能，请读者根据前面讲过的单向移位寄存器的工作原理自行分析。

12.2.3　中规模集成移位寄存器

集成移位寄存器从结构上可分为 TTL 型和 CMOS 型；按寄存数据位数，可分为四位、八位和十六位等；按移位方向，可分为单向和双向两种。

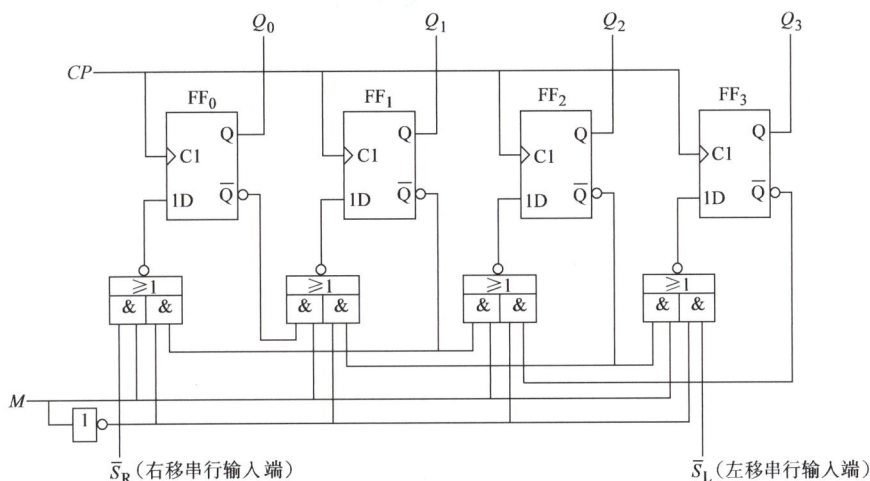

图 12-10 四位双向移位寄存器

74LS194 是四位双向 TTL 型集成移位寄存器，具有双向移位、并行输入、保持数据和清除数据等功能。其逻辑符号如图 12-11 所示。

图 12-11 中，$\overline{R}_D$ 为异步清 0 端，优先级别最高；S_0、S_1 为工作方式控制端，控制寄存器的功能；D_{SL} 为左移串行数据输入端；D_{SR} 为右移串行数据输入端；$D_0 \sim D_3$ 为并行数据输入端；$Q_0 \sim Q_3$ 为数据输出端。各引脚符号及所代表的意义见表 12-4，其功能见表 12-5。

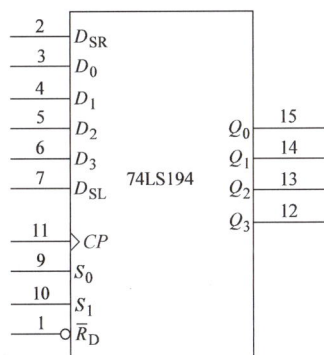

图 12-11 74LS194 的逻辑符号

1. 逻辑功能

1）置 0 功能：当 $\overline{R}_D = 0$ 时，双向移位寄存器置 0，$Q_0 \sim Q_3$ 都为 0 状态。

2）保持功能：当 $\overline{R}_D = 1$，$CP = 0$，或 $\overline{R}_D = 1$，$S_1 S_0 = 00$ 时，双向移位寄存器保持原状态不变。

3）并行送数功能：当 $\overline{R}_D = 1$，$S_1 S_0 = 11$ 时，在 CP 上升沿作用下，使 $D_0 \sim D_3$ 端输入的数码 $d_0 \sim d_3$ 并行送入寄存器，显然是同步并行送数。

4）右移串行送数功能：当 $\overline{R}_D = 1$，$S_1 S_0 = 01$ 时，在 CP 上升沿作用下，执行右移功能，D_{SR} 端输入的数码依次送入寄存器。

表 12-4 74LS194 的引脚符号及功能

引脚符号	引脚功能	引脚符号	引脚功能
CP	时钟输入端（上升沿有效）	D_{SL}	左移串行数据输入端
$\overline{R}_D$	异步清 0 端（低电平有效）	$Q_0 \sim Q_3$	数据输出端
$D_0 \sim D_3$	并行数据输入端	S_0、S_1	工作方式控制端
D_{SR}	右移串行数据输入端		

表 12-5 74LS194 的功能表

$\overline{R}_D$	S_1	S_0	CP	功　　能	$\overline{R}_D$	S_1	S_0	CP	功　　能
0	×	×	×	清0	1	1	0	↑	左移
1	0	0	×	保持	1	1	1	↑	并行输入
1	0	1	↑	右移					

5）左移串行送数功能：当 $\overline{R}_D = 1$，$S_1 S_0 = 10$ 时，在 CP 上升沿作用下，执行左移功能，D_{SL} 端输入的数码依次送入寄存器。

2. 移位寄存器的应用

作为一种重要的逻辑器件，寄存器的应用是多方面的，下面仅通过寄存器构成顺序脉冲发生器这一例，介绍寄存器在数字电路中的典型应用。

顺序脉冲是指在每个循环周期内，在时间上按一定先后顺序排列的脉冲信号。产生顺序脉冲信号的电路称为顺序脉冲发生器。在数字系统中常用来控制某些设备按照事先规定的顺序进行运算或操作。

图 12-12a 所示为由双向移位寄存器 CT74LS194 构成的顺序脉冲发生器。在时钟脉冲的作用下，其输出波形如图 12-12b 所示。

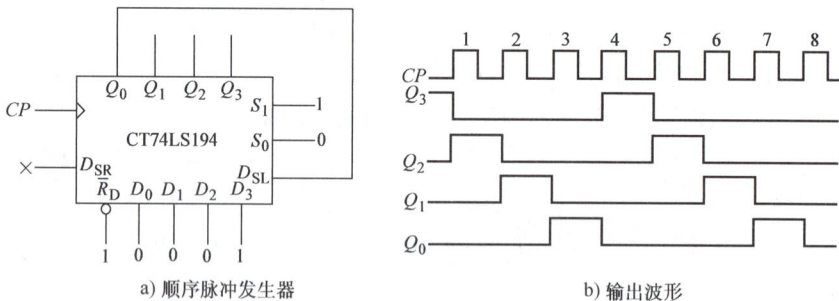

a) 顺序脉冲发生器　　　　b) 输出波形

图 12-12 由 CT74LS194 构成的顺序脉冲发生器和输出波形

1）电路构成：CT74LS194 接成左移方式，其左移串行输入信号取自 Q_0，异步清0端 $\overline{R}_D$ 接高电平1，使 $D_0 D_1 D_2 D_3 = 0001$，$S_1 S_0 = 11$。

2）工作原理：工作开始前，因为 $D_0 D_1 D_2 D_3 = 0001$，$S_1 S_0 = 11$，故当 $CP\uparrow$ 到来时，电路执行并行送数功能，使电路初始状态为 $Q_0 Q_1 Q_2 Q_3 = D_0 D_1 D_2 D_3 = 0001$。然后将 S_0 改接成低电平0，使 $S_1 S_0 = 10$，电路执行左移操作。此时，随着移位脉冲 CP 的输入，数据从 $Q_3 \to Q_2 \to Q_1 \to Q_0$ 左移，由 $Q_3 \sim Q_0$ 端依次输出顺序脉冲，如图 12-12b 所示。顺序脉冲的宽度为 CP 的一个周期。

💡**想一想**

基本 RS 触发器能构成移位寄存器吗？为什么？

12.3 计数器

12.3.1 计数器概述

1. 计数器的概念

计数器是数字系统中能累计输入脉冲个数的时序电路。它是由一系列具有存储信息功能的触发器和控制门组成的。

2. 计数器的功能

计数器的基本功能就是计算输入脉冲的个数。计数器是数字系统中应用最广泛的时序逻辑器件之一,它除了计数以外,还可以实现计时、定时、分频、自动控制和信号产生等功能,应用十分广泛。

3. 计数器的模

计数器累计输入脉冲的最大数目称为计数器的模,用 M 表示。如 $M=3$ 的计数器,称三进制计数器,又称模3计数器。因此,计数器的模实际上为电路的有效状态数。

4. 计数器的分类

计数器的种类很多,特点各异,通常有以下几种不同的分类方法。

1)按 CP 脉冲的输入方式,即计数器中触发器翻转是否同步可分为:

同步计数器——计数脉冲同时加到所有触发器的时钟信号输入端,使应翻转的触发器同时翻转的计数器。

异步计数器——计数脉冲只加到部分触发器的时钟输入端上,而其他触发器的触发信号则由电路内部提供,使应翻转的触发器状态更新有先有后的计数器。

2)按计数过程中计数器数值的增减可分为:

加法计数器——随着计数脉冲的输入作递增计数的电路。

减法计数器——随着计数脉冲的输入作递减计数的电路。

可逆计数器——又叫加/减计数器。在加/减控制信号的作用下,既可递增计数,也可递减计数的电路。

3)按计数进制可分为:

二进制计数器——按二进制运算规律进行计数的电路。由 n 个触发器组成的二进制计数器为 n 位二进制计数器,它可以累计 2^n 个脉冲数,即"模" $M=2^n$。若 $n=1,2,3,\cdots$,则 $M=2,4,8,\cdots$,相应的计数器称为模2计数器、模4计数器、模8计数器……。

十进制计数器——按十进制运算规律进行计数的电路,其 $M=10$。

任意进制计数器——二进制和十进制计数器之外的其他进制计数器。如三进制、六进制和五十进制计数器等。

12.3.2 异步二进制计数器

异步二进制计数器有加法计数器和减法计数器两种,一般均由 JK 触发器接成的 T' 触发器构成,电路结构简单。

1. 异步二进制加法计数器

图 12-13 所示为由 JK 触发器组成的三位异步二进制计数器的逻辑电路图。图中 JK 触发器都接成 T′ 触发器，即 $J = K = 1$，用计数脉冲 CP 的下降沿触发。

现按照时序电路的分析步骤，简单分析该电路的逻辑功能。

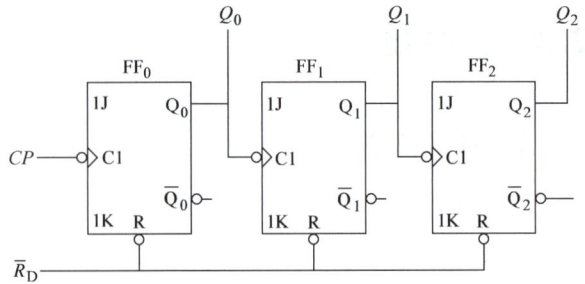

图 12-13　三位异步二进制加法计数器

1）分析电路组成（略）。

2）写相关方程式。

时钟方程：$CP_0 = CP$；$CP_1 = Q_0$；$CP_2 = Q_1$

驱动方程：$J_0 = K_0 = 1$；$J_1 = K_1 = 1$；$J_2 = K_2 = 1$

3）求各个触发器的状态方程。由于 $J = K = 1$ 的 JK 触发器实际上就是 T′ 触发器，而 T′ 触发器的特征方程为 $Q^{n+1} = \overline{Q^n}$，将对应驱动方程代入特征方程中得到状态方程：

$$Q_0^{n+1} = \overline{Q_0^n}(CP \downarrow)；\quad Q_1^{n+1} = \overline{Q_1^n}(Q_0 \downarrow)；\quad Q_2^{n+1} = \overline{Q_2^n}(Q_1 \downarrow)$$

4）列状态表。由于 T′ 触发器只具有翻转功能，因此当时钟脉冲 CP 的下降沿到来时，触发器状态将会在 0 和 1 之间变化。但应同时注意到，该计数器为异步时序电路，各触发器有效的时钟条件不同，故状态翻转是不同的，现列出状态表见表 12-6。

表 12-6　三位异步二进制加法计数器状态表

Q_2^n	Q_1^n	Q_0^n	Q_2^{n+1}	Q_1^{n+1}	Q_0^{n+1}	时 钟 条 件
0	0	0	0	0	1	CP_0
0	0	1	0	1	0	$CP_0 \, CP_1$
0	1	0	0	1	1	CP_0
0	1	1	1	0	0	$CP_0 \, CP_1 \, CP_2$
1	0	0	1	0	1	CP_0
1	0	1	1	1	0	$CP_0 \, CP_1$
1	1	0	1	1	1	CP_0
1	1	1	0	0	0	$CP_0 \, CP_1 \, CP_2$

5）画出状态转换图和时序图。由以上状态表画出状态转换图（见图 12-14a）和时序图（见图 12-14b）。

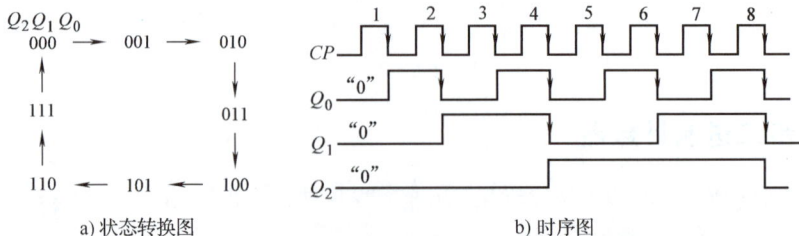

a) 状态转换图　　　　　　　　　　b) 时序图

图 12-14　三位异步二进制加法计数器状态转换图和时序图

6）归纳总结，确定该电路的逻辑功能。

从状态转换图可知，随着 CP 脉冲的输入，触发器输出 $Q_2Q_1Q_0$ 的值是递增计数的，经过八个 CP 脉冲完成一个循环过程，也就是说它的有效状态数是八个，因此该电路是一个三位异步二进制（八进制）加法计数器。

2. 异步二进制减法计数器

图 12-15 所示为由三个接成 T′功能的 JK 触发器构成的三位异步二进制减法计数器。与图 12-13 比较可知，只要将加法计数器中各触发器的输出由 Q 端改为 $\overline{Q}$ 端，则加法计数器便成为减法计数器了。此时，触发器 FF_1 状态的变化便发生在 $\overline{Q}_0\downarrow(Q_0\uparrow)$ 时刻，同理 FF_2 状态的变化发生在 $\overline{Q}_1\downarrow(Q_1\uparrow)$ 时刻。

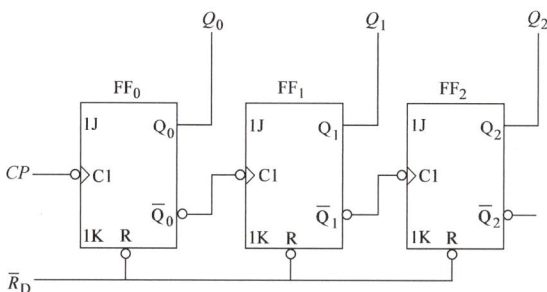

图 12-15　由 JK 触发器组成的三位异步二进制减法计数器

按照与加法计数器相同的分析方法即可得到状态表（见表 12-7）和时序图（见图 12-16）。

表 12-7　三位异步二进制减法计数器状态表

Q_2^n	Q_1^n	Q_0^n	Q_2^{n+1}	Q_1^{n+1}	Q_0^{n+1}	时 钟 条 件
0	0	0	1	1	1	$CP_0\ CP_1\ CP_2$
1	1	1	1	1	0	CP_0
1	1	0	1	0	1	$CP_0\ CP_1$
1	0	1	1	0	0	CP_0
1	0	0	0	1	1	$CP_0\ CP_1\ CP_2$
0	1	1	0	1	0	CP_0
0	1	0	0	0	1	$CP_0\ CP_1$
0	0	1	0	0	0	CP_0

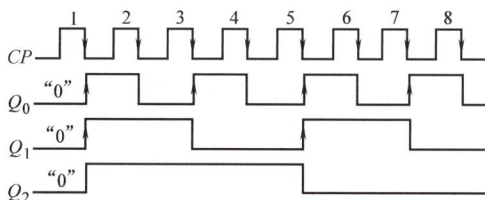

图 12-16　三位异步二进制减法计数器时序图

请读者根据状态表自行画出状态转换图。

12.3.3 同步二进制计数器

1. 同步二进制加法计数器

电路组成：三位同步二进制加法计数器的电路如图 12-17 所示。电路由三个接成 T 功能的 JK 触发器和门电路组成，CP 是计数脉冲输入端，$Q_0 \sim Q_2$ 是输出端，$\overline{R}_D$ 是异步清 0 端。

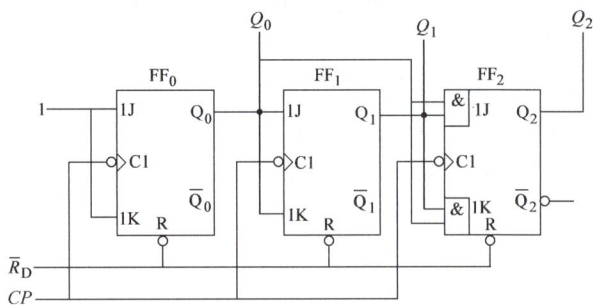

图 12-17　三位同步二进制加法计数器

功能分析：

1）写方程式。

驱动方程：$J_0 = K_0 = 1$；$J_1 = K_1 = Q_0^n$；$J_2 = K_2 = Q_1^n Q_0^n$

2）求状态方程。将驱动方程代入 JK 触发器的特征方程 $Q^{n+1} = J\overline{Q^n} + \overline{K}Q^n$ 中，经化简变换得到状态方程：

$$Q_0^{n+1} = J_0 \overline{Q_0^n} + \overline{K_0} Q_0^n = \overline{Q_0^n}$$

$$Q_1^{n+1} = J_1 \overline{Q_1^n} + \overline{K_1} Q_1^n = Q_0^n \overline{Q_1^n} + \overline{Q_0^n} Q_1^n$$

$$Q_2^{n+1} = J_2 \overline{Q_2^n} + \overline{K_2} Q_2^n = Q_1^n Q_0^n \overline{Q_2^n} + \overline{Q_1^n Q_0^n} Q_2^n$$

3）列状态表。三位二进制计数器共有 $2^3 = 8$ 种取值组合，将每一种取值代入以上各状态方程中计算，求出次态，列状态表见表 12-8。

表 12-8　三位同步二进制加法计数器状态表

计数脉冲 CP	Q_2^n	Q_1^n	Q_0^n	Q_2^{n+1}	Q_1^{n+1}	Q_0^{n+1}
1	0	0	0	0	0	1
2	0	0	1	0	1	0
3	0	1	0	0	1	1
4	0	1	1	1	0	0
5	1	0	0	1	0	1
6	1	0	1	1	1	0
7	1	1	0	1	1	1
8	1	1	1	0	0	0

4）画出状态图和时序图。根据表 12-8 画出状态转换图和时序图，如图 12-18 所示。

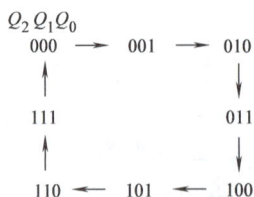

a）状态转换图

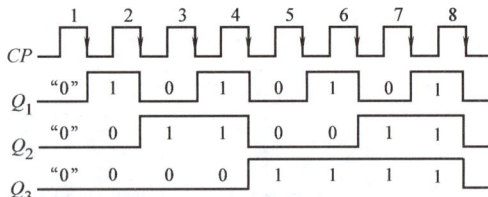

b）时序图

图 12-18　三位同步二进制加法计数器状态转换图和时序图

5）确定逻辑功能。

从以上状态表和状态转换图可以看出，计数器中的二进制数随 CP 脉冲个数递增而进行累加，并在计满 8 个脉冲（一个循环）之后，又从头开始计数，符合二进制累加计数规律，因此该电路是一个同步的二进制加法计数器，该计数器通常又称为模 8 计数器。

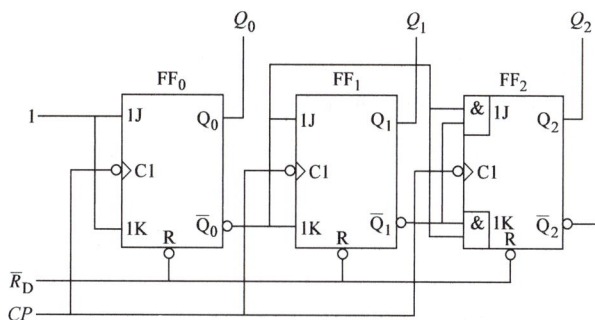

图 12-19　三位同步二进制减法计数器

2. 同步二进制减法计数器

图 12-19 所示为三位同步二进制减法计数器的逻辑电路。与图 12-17 比较可知，它是将触发器 FF_1 和 FF_2 的 J、K 端分别从 FF_0 和 FF_1 的 Q 端连线改接到 $\overline{Q}$ 端构成的。

逻辑功能简述：按照与上述加法计数器相同的分析方法，可得到此减法计数器的状态方程为

$$Q_0^{n+1} = J_0 \overline{Q_0^n} + \overline{K_0} Q_0^n = \overline{Q_0^n}$$

$$Q_1^{n+1} = J_1 \overline{Q_1^n} + \overline{K_1} Q_1^n = \overline{Q_0^n} \, \overline{Q_1^n} + \overline{\overline{Q_0^n}} Q_1^n = \overline{Q_0^n} \, \overline{Q_1^n} + Q_0^n Q_1^n$$

$$Q_2^{n+1} = J_2 \overline{Q_2^n} + \overline{K_2} Q_2^n = \overline{Q_1^n} \, \overline{Q_0^n} \, \overline{Q_2^n} + \overline{\overline{Q_1^n} \, \overline{Q_0^n}} Q_2^n$$

根据状态方程列状态表，见表 12-9。

表 12-9　三位同步二进制减法计数器状态表

计数脉冲 CP	Q_2^n	Q_1^n	Q_0^n	Q_2^{n+1}	Q_1^{n+1}	Q_0^{n+1}
1	0	0	0	1	1	1
2	1	1	1	1	1	0
3	1	1	0	1	0	1
4	1	0	1	1	0	0
5	1	0	0	0	1	1
6	0	1	1	0	1	0
7	0	1	0	0	0	1
8	0	0	1	0	0	0

画出状态转换图和时序图，如图 12-20 所示。

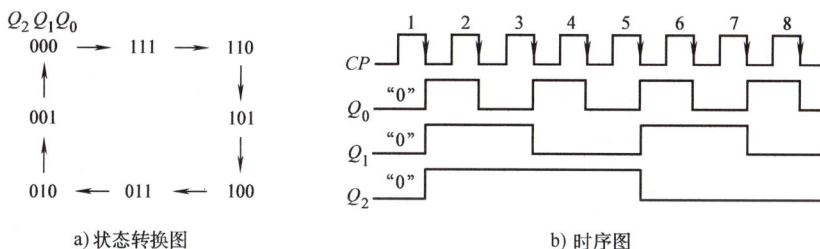

a) 状态转换图　　　　　　　　b) 时序图

图 12-20　三位同步二进制减法计数器状态转换图和时序图

归纳分析结果：从状态转换图可知，随着 CP 脉冲的递增，触发器输出 $Q_3Q_2Q_1$ 的值是递减的，且经过 8 个 CP 脉冲完成一个循环过程。因此，该电路是三位同步二进制减法计数器。

3. 中规模集成二进制计数器

常用的集成二进制计数器有 74LS191 和 74LS161，其中 74LS191 是一种功能比较强的集成四位二进制可逆计数器，而 74LS161 则是集成四位二进制同步加法计数器，这里仅以 74LS161 为例，讨论其芯片功能及使用方法。

（1）74LS161 的逻辑符号及功能　74LS161 的引脚图和逻辑符号如图 12-21a 和图 12-21b 所示，其功能及特点为：

① $\overline{R}_D$：复位端，也叫清 0 端，实现异步清 0 功能。当 $\overline{R}_D = 0$ 时，输出 $Q_3Q_2Q_1Q_0 = 0000$。

② $\overline{LD}$：预置控制端，实现预置数功能。当 $\overline{R}_D = 1$，$\overline{LD} = 0$，且 $CP\uparrow$ 到来时，$Q_3Q_2Q_1Q_0 = D_3D_2D_1D_0$。

③ ET、EP：使能端，也叫计数控制端。当 $\overline{R}_D = \overline{LD} = 1$，$ET \cdot EP = 1$ 时，计数器处于计数工作状态，即 $CP\uparrow$ 到来时，加法计数；当 $\overline{R}_D = \overline{LD} = 1$，$ET \cdot EP = 0$ 时，计数器保持原态，即输出 $Q_3Q_2Q_1Q_0$ 保持不变。

④ $D_0 \sim D_3$ 为并行数据输入端。

⑤ $Q_0 \sim Q_3$ 为数据输出端。

⑥ CP 为时钟输入端，上升沿有效。

⑦ C 为进位输出端，高电平有效。

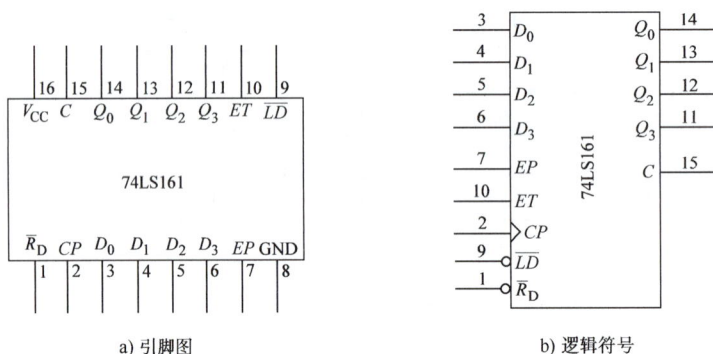

a) 引脚图　　　　b) 逻辑符号

图 12-21　74LS161 引脚图和逻辑符号

其功能表见表 12-10。

表 12-10　74LS161 功能表

输　　入									输　　出			
$\overline{R}_D$	$\overline{LD}$	ET	EP	CP	D_0	D_1	D_2	D_3	Q_3	Q_2	Q_1	Q_0
0	×	×	×	×	×	×	×	×	0	0	0	0
1	0	×	×	↑	d_0	d_1	d_2	d_3	d_3	d_2	d_1	d_0
1	1	1	1	↑	×	×	×	×	计数			
1	1	0	×	×	×	×	×	×	保持			
1	1	×	0	×	×	×	×	×	保持			

（2）74LS161 构成任意进制计数器　利用集成二进制计数器，采用不同方法，可方便地构成任意（N）进制计数器。

① 直接清 0 法（复位法）：利用复位端 $\overline{R}_D$ 和与非门实现。具体做法是：写出 N 所对应的二进制代码；将代码中等于 1 的输出端接至与非门的输入；将与非门的输出反馈至集成芯片的复位端 $\overline{R}_D$。

图 12-22a 即为采用复位法将 74LS161 构成十进制计数器的接线图。

② 预置数法：利用预置控制端 $\overline{LD}$ 和预置输入端 D_3、D_2、D_1、D_0 实现。具体做法是：写出 N-1 所对应的二进制代码；将代码中等于 1 的输出端接至与非门的输入；将与非门的输出接至 $\overline{LD}$，使 $\overline{LD}=0$。此时，当下一个 CP 脉冲的上升沿到来时，计数器状态进行同步预置，使 $Q_3Q_2Q_1Q_0=D_3D_2D_1D_0=0000$。随即 $\overline{LD}=1$，计数器又开始随 CP 脉冲的输入正常计数。图 12-22b 为采用预置数法将 74LS161 构成十进制计数器的接线图。

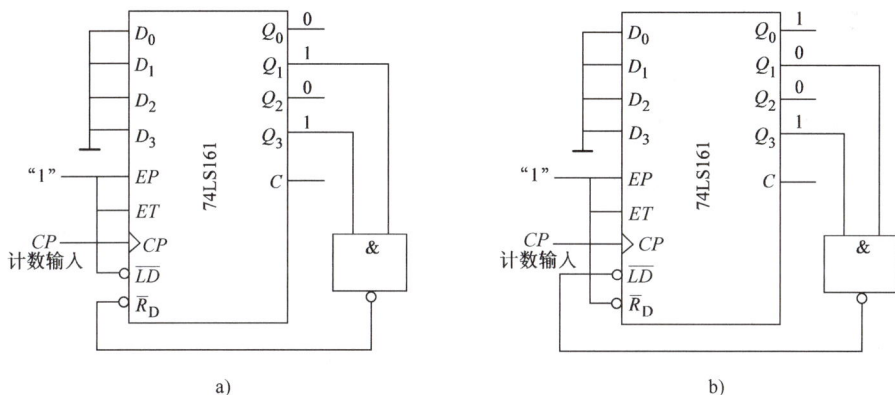

a)　　　　　　　　　　　　　　　　b)

图 12-22　74LS161 构成十进制计数器

③ 级联法：一片 74LS161 可构成从二进制到十六进制之间任意进制的计数器，利用两片 74LS161 就可构成从二进制到二百五十六进制之间任意进制的计数器。依次类推，可根据计数需要选取芯片数量，具体做法请读者参看有关书籍。

12.3.4　十进制计数器

十进制计数器就是逢十进位的计数器。十进制计数器的编码（BCD 码）形式较多，电路构成的种类也相应增多，而且比较复杂。因此分析十进制计数器不如分析二进制计数器那么简单、直观，需要严格按步骤进行，方能得出正确的结果。

1. 异步十进制加法计数器

异步十进制加法计数器是在四位异步二进制加法计数器的基础上经过适当修改获得的，它跳过了 1010 ~ 1111 六个状态，利用自然二进制数的前十个状态 0000 ~ 1001 实现十进制计数。图 12-23 是由四个 JK 触发器组成的 8421BCD 码异步十进制加法计数器的逻辑图。

逻辑功能分析：

1）写相关方程式。

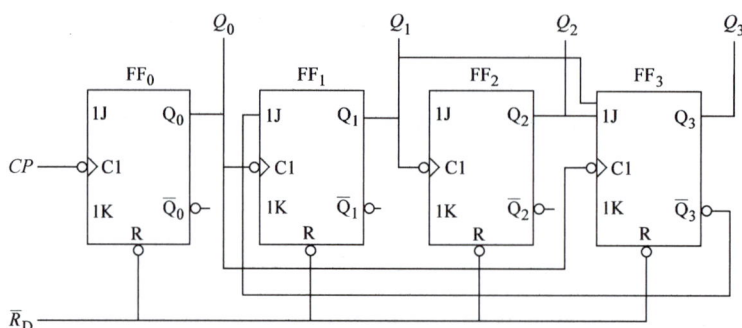

图 12-23 8421BCD 码异步十进制加法计数器

时钟方程：$CP_0 = CP$；$CP_1 = Q_0$；$CP_2 = Q_1$；$CP_3 = Q_0$

驱动方程：$J_0 = K_0 = 1$；$J_1 = \overline{Q}_3^n$，$K_1 = 1$；$J_2 = K_2 = 1$；$J_3 = Q_2^n Q_1^n$，$K_3 = 1$

2）求状态方程：

$$Q_0^{n+1} = \overline{Q}_0^n(CP\downarrow); Q_1^{n+1} = \overline{Q}_3^n\overline{Q}_1^n(Q_0\downarrow);$$

$$Q_2^{n+1} = \overline{Q}_2^n(Q_1\downarrow); Q_3^{n+1} = Q_2^n Q_1^n\overline{Q}_3^n(Q_0\downarrow)$$

3）列状态表（见表 12-11）。

表 12-11 异步十进制加法计数器状态表

Q_3^n	Q_2^n	Q_1^n	Q_0^n	Q_3^{n+1}	Q_2^{n+1}	Q_1^{n+1}	Q_0^{n+1}	时 钟 条 件
0	0	0	0	0	0	0	1	CP_0
0	0	0	1	0	0	1	0	$CP_0\ CP_1\ CP_3$
0	0	1	0	0	0	1	1	CP_0
0	0	1	1	0	1	0	0	$CP_0\ CP_1\ CP_2\ CP_3$
0	1	0	0	0	1	0	1	CP_0
0	1	0	1	0	1	1	0	$CP_0\ CP_1\ CP_3$
0	1	1	0	0	1	1	1	CP_0
0	1	1	1	1	0	0	0	$CP_0\ CP_1\ CP_2\ CP_3$
1	0	0	0	1	0	0	1	CP_0
1	0	0	1	0	0	0	0	$CP_0\ CP_1\ CP_3$
1	0	1	0	1	0	1	1	CP_0
1	0	1	1	0	1	0	0	$CP_0\ CP_1\ CP_2\ CP_3$
1	1	0	0	1	1	0	1	CP_0
1	1	0	1	0	1	0	0	$CP_0\ CP_1\ CP_3$
1	1	1	0	1	1	1	1	CP_0
1	1	1	1	0	0	0	0	$CP_0\ CP_1\ CP_2\ CP_3$

4）画状态转换图和时序图。根据以上状态表，可画出异步十进制加法计数器的状态转换图和时序图，如图 12-24 所示。

5）归纳总结，确定逻辑功能。

a) 状态转换图

b) 时序图

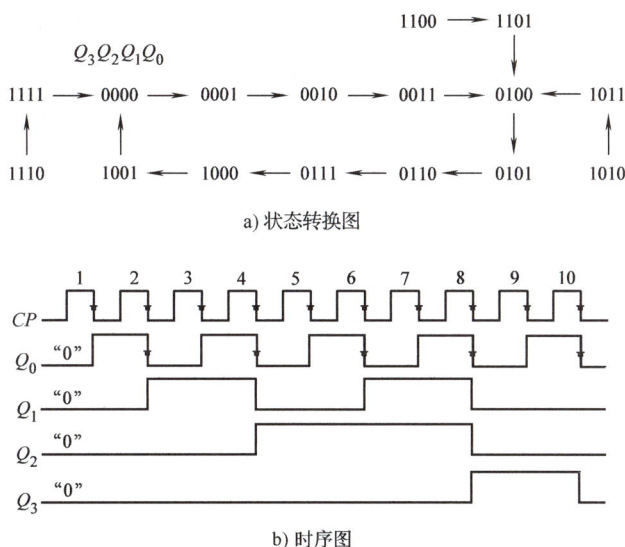

图 12-24　异步十进制加法计数器的状态转换图和时序图

根据以上分析可知，该电路是一个能自起动的 8421 编码的异步十进制加法计数器。

2. 集成十进制计数器

（1）中规模同步十进制可逆计数器 74LS192　74LS192 是一个同步十进制可逆计数器，其逻辑符号及外引线排列图如图 12-25a 和 b 所示。

其各端功能及作用简述如下：

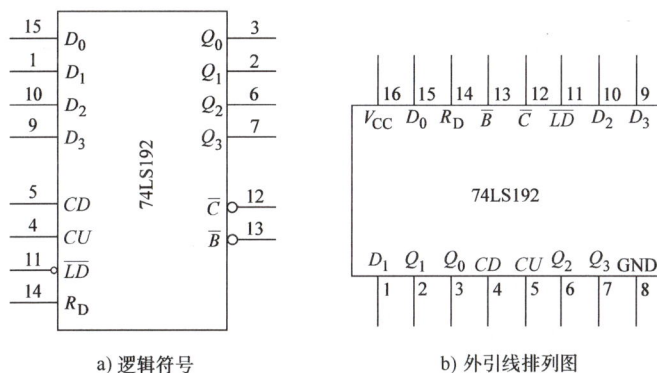

a) 逻辑符号　　　　　　b) 外引线排列图

图 12-25　74LS192 的逻辑符号和外引线排列图

1）R_D：异步置 0 端，高电平有效。即当 $R_D = 1$ 时，计数器复位。

2）$\overline{LD}$：预置控制端，低电平有效。即当 $\overline{LD} = 0$ 时，将数据 $D_3D_2D_1D_0$ 置入计数器中，此时 $Q_3Q_2Q_1Q_0 = D_3D_2D_1D_0$。

3）CD、CU：加、减计数脉冲输入端，即

当 $\overline{LD} = 1$，$CD = 1$ 时，计数脉冲从 CU 端输入，做加法计数。

当 $\overline{LD} = 1$，$CU = 1$ 时，计数脉冲从 CD 端输入，做减法计数。

4）$Q_3Q_2Q_1Q_0$：计数输出端。

5）$\overline{C}$：进位输出端。做加法计数时，在 CU 端第9个输入脉冲上升沿作用后，计数器状态为1001，当其下降沿到来时，$\overline{C}$ 产生一个负的进位脉冲。

6）$\overline{B}$：借位输出端。做十进制减法计数时，当一个计数循环结束后 $\overline{B}$ 端会产生一个负的借位脉冲。

其功能表见表12-12。

表 12-12　74LS192 功能表

输　　入								输　　出			
$\overline{LD}$	R_D	CU	CD	D_0	D_1	D_2	D_3	Q_0	Q_1	Q_2	Q_3
0	0	×	×	d_0	d_1	d_2	d_3	d_0	d_1	d_2	d_3
1	0	↑	1	×	×	×	×	加法计数			
1	0	1	↑	×	×	×	×	减法计数			
1	0	1	1	×	×	×	×	保持			
×	1	×	×	×	×	×	×	0	0	0	0

（2）集成异步十进制计数器 74LS290　74LS290 是集成异步二—五—十进制计数器，其结构框图和逻辑功能示意图分别如图12-26a 和图12-26b 所示。

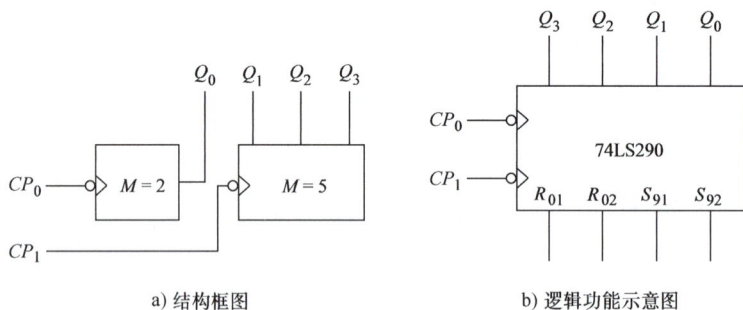

a) 结构框图　　　　　b) 逻辑功能示意图

图 12-26　74LS290 结构框图和逻辑功能示意图

其逻辑功能为

1）异步置0功能（复位功能）。当 $R_0 = R_{01} \cdot R_{02} = 1$，$S_9 = S_{91} \cdot S_{92} = 0$ 时，计数器置0，即 $Q_3 Q_2 Q_1 Q_0 = 0000$，因此 R_0 端也称异步置0端。

2）异步置9功能（异步置数功能）。当 $R_0 = R_{01} \cdot R_{02} = 0$，$S_9 = S_{91} \cdot S_{92} = 1$ 时，计数器置9，即 $Q_3 Q_2 Q_1 Q_0 = 1001$，因此 R_9 端也称异步置9端。

3）计数功能。当 $R_0 = 0$，$S_9 = 0$ 时，处于计数工作状态：

计数脉冲由 CP_0 端输入，从 Q_0 端输出时，则构成一位二进制计数器。

计数脉冲由 CP_1 端输入，输出为 $Q_3 Q_2 Q_1$ 时，则构成异步五进制计数器。

如将 Q_0 端与 CP_1 连接，计数脉冲由 CP_0 端输入，输出为 $Q_3 Q_2 Q_1 Q_0$ 时，构成 8421 码异步十进制计数器。

如将 Q_3 端与 CP_0 相连，计数脉冲由 CP_1 端输入，从高位到低位输出为 $Q_0 Q_3 Q_2 Q_1$ 时，则构成 5421 码的异步十进制加法计数器。

表12-13 为 74LS290 的功能表。

表 12-13　74LS290 功能表

输　　　入			输　　　出				说　　　明
$R_{01} \cdot R_{02}$	$S_{91} \cdot S_{92}$	CP	Q_3	Q_2	Q_1	Q_0	
1	0	×	0	0	0	0	置0
0	1	×	1	0	0	1	置9
0	0	↓	按不同的连接方式正常计数				计数

（3）利用集成计数器的异步置 0 功能获得任意 N 进制计数器

1）构成十进制以内任意计数器。利用一片 74LS290 集成计数器芯片，可构成从二进制到十进制之间任意进制的计数器。74LS290 构成二进制、五进制和十进制计数器如图 12-27 所示。若构成十进制以内其他进制，可以采用直接清 0 法（复位法），六进制计数器电路如图 12-28 所示。其余进制计数器请读者自行分析。

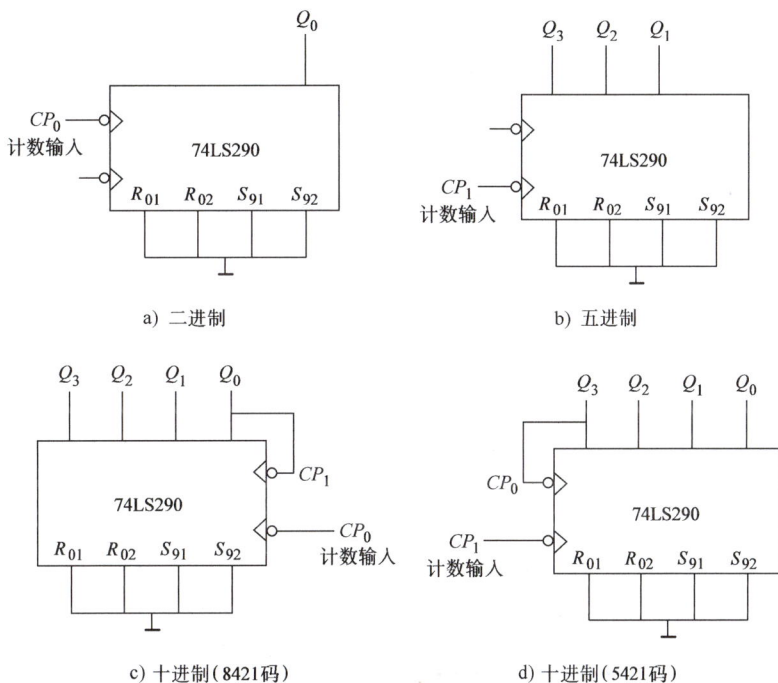

a) 二进制　　　　b) 五进制

c) 十进制(8421码)　　　　d) 十进制(5421码)

图 12-27　74LS290 构成二进制、五进制和十进制计数器

2）构成多位任意进制计数器。构成计数器的进制数与需要使用的芯片数要相适应。例如，用 74LS290 芯片构成二十四进制计数器，就需要两片 74LS290，此时应先将每块 74LS290 连接成 8421 码十进制计数器，再确定高位（十位）片和低位（个位）片，将低位片的输出端 Q_3 接至高位片的输入端 CP_0，然后将低位片的 Q_2 和高位片的 Q_1 共同接至与门的输入，这样，当第二十四个计数脉冲到来后，计数器复位，实现二十四进制计数。其电路如图 12-29 所示。

提　示

计数器同寄存器一样，主要组成部分都是触发器，一个触发器有两种状态，可以计两个数。n 个触发器组成的计数器就可以计 2^n 个数。

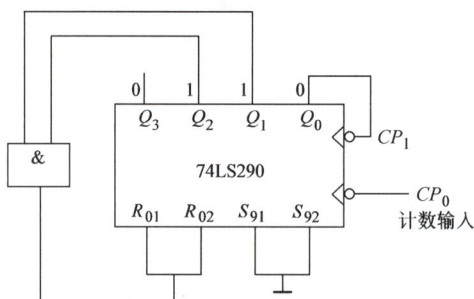

图 12-28   直接清 0 法用 74LS290 构成六进制计数器

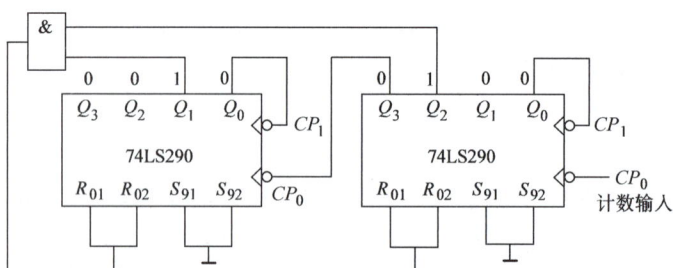

图 12-29   8421BCD 码二十四进制计数器

数字钟

想一想

一个触发器可计两个数，那么能计 100 个数的计数器至少需要多少个触发器？

练一练

试用集成计数器 74LS290 构成三进制和九进制计数器。

小知识

555 定时器

集成电路 555 定时器是一种数字、模拟混合型的中规模集成电路，由于内部使用了三个 $5k\Omega$ 电阻，故取名 555 定时器。555 定时器是基于 RC 电路和比较器的原理实现的。当电路的电压超过高电位触发电压（$2V_{CC}/3$）时，定时器输出为低电平；当电路的电压低于低电位触发电压（$V_{CC}/3$）时，定时器输出为高电平。555 电路还可以通过调整电位器来改变输出信号的频率和占空比。因其使用灵活、方便，被广泛应用于信号产生与变换、控制与检测、家用电器及电子玩具等领域，有兴趣的读者可以查阅相关书籍。

555定时器

12.4 技能训练：集成计数器逻辑功能测试

【实训目标】

1）掌握中规模集成计数器的使用及功能测试方法。

2）学会用集成计数器构成 N 进制计数器的方法。

【实训器材】

5V 直流电源、逻辑电平开关、逻辑电平显示器、连续脉冲源、单次脉冲、双踪示波器、74LS161、74LS00。

【实训要求】

1）训练过程中，严禁带电进行接线或拆线操作。

2）集成电路的电源正、负极不能接反，电压值不能超过规定范围。

3）门电路的输出端切勿与电源线或地线短路。

4）实训结束要进行整理、清理等 7S 活动。

【实训内容及步骤】

1. 集成计数器 74LS161 功能测试

1）按照图 12-21 所示的 74LS161 引脚图接好测试电路，V_{CC} 端接 5V 电源，GND 端接地，CP 端接单次脉冲源，$\overline{R_D}$、$\overline{LD}$、ET、EP 及 $D_0 \sim D_3$ 分别接逻辑开关，数据输出端 $Q_0 \sim Q_3$ 接逻辑电平显示器。

2）检查无误后，打开电源。

3）按表 12-10 所示逐项测试 74LS161 的功能并判断该集成电路是否正常工作。

2. 计数器 74LS161 应用测试

1）按照图 12-22 分别采用复位法和预置数法构成十进制计数器，并测试电路功能。

2）用 74LS161 设计一个十二进制计数器并测试功能。

要求：画出电路连接图和状态转换图。

【实训效果评价】

1）集成计数器 74LS161 功能测试。（30 分）

2）集成计数器 74LS161 构成十进制计数器测试。（20 分）

3）设计七进制计数器并进行验证功能。（30 分）

4）实训过程中安全文明操作。（20 分）

【分析与思考】

用 74LS161 构成 N 进制计数器时，分别采用复位法和预置数法从计数器的输出端反馈到复位端和预置数端的信号是否相同？

本章小结

（1）时序逻辑电路是数字系统中非常重要的逻辑电路，与组合逻辑电路既有联系又有区别。它在电路结构上的特点是：时序电路包含组合电路和存储电路两部分，其中存储电路必不可少。它在逻辑功能上的特点是：电路任意时刻的输出信号，不仅与该时刻的输入信号有关，还与电路原来所处的状态有关。

（2）时序电路的分析方法一般有五个步骤：①写相关方程式；②求状态方程；③列状态表；④画状态转换图和时序图；⑤描述逻辑功能。

（3）时序逻辑电路种类繁多，特点各异，本章仅就两种常用的时序逻辑电路——寄存器和计数器，对时序逻辑电路的共同特点和一般分析方法进行了较为详细的讨论。

（4）寄存器是数字电路系统中应用最多的逻辑器件之一。其基本原理是利用触发器来接收、存储和输出数据。一个触发器可以构成一个最基本的寄存一位数据的逻辑单元。

（5）寄存器按功能可分为数据寄存器和移位寄存器，移位寄存器除能接收、存储数据外，还能将寄存的数据按一定方向移动传输。移位寄存器有串行输入和并行输入及串行输出和并行输出两种不同的输入输出形式，具有加载数据、左移位和右移位等多种功能。其中，中规模集成双向移位寄存器74LS194应用较多。

（6）计数器种类繁多，但就其工作方式而言，只有同步和异步两种。它的功能是累计输入脉冲的个数。

（7）计数器根据计数进制不同又可以分为二进制、十进制和任意进制计数器。前两种有许多集成电路产品可供选择，而任意进制计数器则可由二进制或十进制计数器通过引入适当的反馈控制信号来实现。

（8）集成计数器的功能表较为全面地反映了计数器的功能，看懂功能表是正确使用计数器的第一步。应适当加强训练，不断提高学习能力。

习题十二

12-1 时序电路如图 12-30 所示。设初态 $Q_3Q_2Q_1 = 000$，画出电路的时序图。

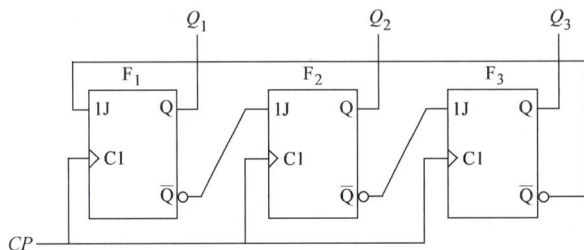

图 12-30 习题 12-1 图

12-2 分析图 12-31 所示时序电路的逻辑功能。

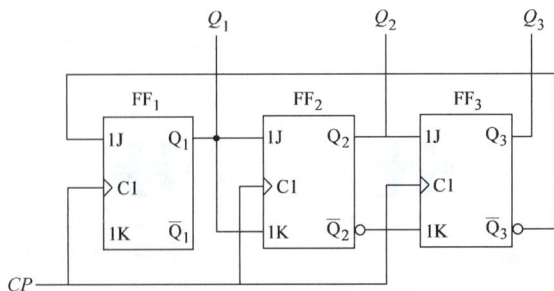

图 12-31 习题 12-2 图

12-3 时序电路如图 12-32，分析其逻辑功能，并画出状态转换图和时序图，说明能否自起动。

12-4 分析图 12-33 所示异步时序电路，画出状态转换图和时序图，指出其功能。

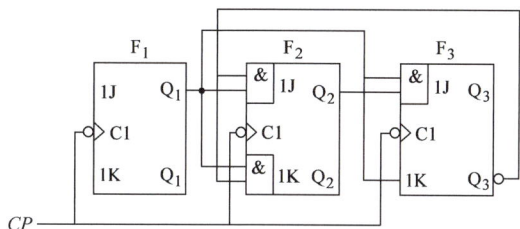

图 12-32 习题 12-3 图

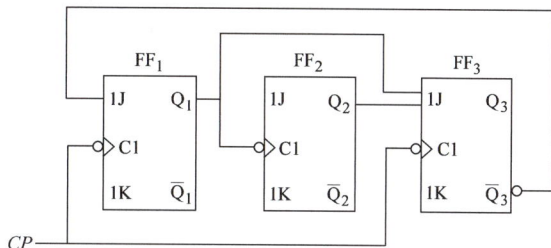

图 12-33 习题 12-4 图

12-5 如图 12-34 所示电路，先令 $S_1 = 0$，然后令 $S_1 = 1$。填写表 12-14 所示的状态表，画出输出波形，说明电路的功能。

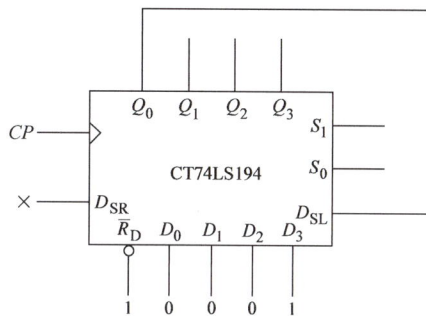

图 12-34 习题 12-5 图

表 12-14 状态表

CP	S_1	S_0	Q_0	Q_1	Q_2	Q_3
1	1	1				
1	0	1				
1	0	1				
1	0	1				
1	0	1				

12-6 如图 12-35 所示电路，先令 $S_1 = 0$，然后令 $S_1 = 1$。填写表 12-15 所示的状态表，画出输出波形，说明电路的功能。

表 12-15 状态表

CP	S_1	S_0	Q_0	Q_1	Q_2	Q_3
1	1	1				
1	0	1				
1	0	1				
1	0	1				
1	0	1				

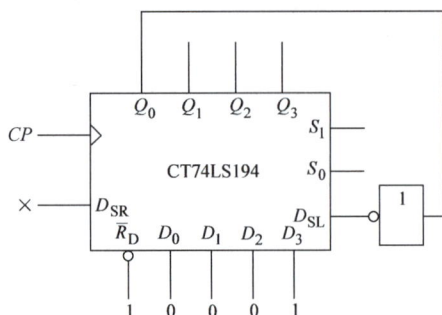

图 12-35 习题 12-6 图

12-7 表 12-10 是集成四位二进制同步计数器 74LS161 的功能表，试根据该功能表分析图 12-36 所示电路，指出是几进制计数器。

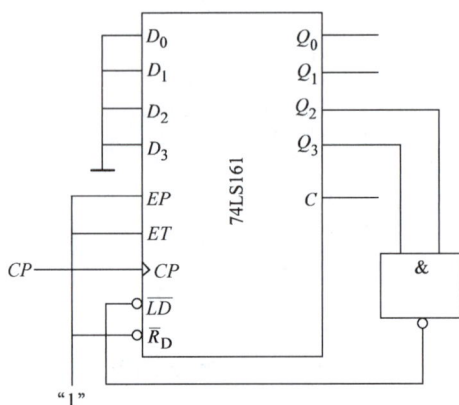

图 12-36 习题 12-7 图

12-8 分别用 74LS161 的异步置 0（$\overline{R}_\text{D}$ 端）和同步置数（$\overline{LD}$ 端）功能构成下列计数器，画出接线图。

（1）六进制计数器。

（2）十二进制计数器。

12-9 采用直接清 0 法（复位法），用集成计数器 74LS290 构成三进制计数器和九进制计数器，画出接线图。

第 13 章
数-模和模-数转换电路

本章导读

能将数字量转换为模拟量的电路称为数-模转换器，简称 D‐A 转换器或 DAC。能将模拟量转换为数字量的电路称为模-数转换器，简称 A‐D 转换器或 ADC。DAC 和 ADC 作为模拟量和数字量之间的转换电路，在信号检测、控制和信息处理等方面发挥着重要的作用。本章主要介绍 DAC 和 ADC 的基本原理、分类以及集成 DAC 和 ADC 电路。

学习目标

知识目标：熟悉 DAC 和 ADC 的主要技术指标；了解 DAC 和 ADC 的基本工作原理；了解典型 DAC 和 ADC 集成电路的引脚和功能。

能力目标：能根据要求合理选择 DAC 和 ADC 集成电路；会搭接 DAC 和 ADC 的典型应用电路。

素质目标：培养创新思维和团队合作意识。

课题引入

在现代化的智能工厂，计算机控制技术无处不在，因此也有很多需要将计算机的指令传送给执行机构来完成相应控制的场合，而这些执行机构通常是一些由模拟量控制的阀门、开关等，那么如何将计算机的指令及数字量转化为用于控制的模拟量呢？

提   示

数-模转换器（DAC）能够实现数字量向模拟量的转换。

13.1 数-模转换器

13.1.1 DAC 的基本原理与分类

DAC 是将输入的每一位二进制代码按其权的大小转换成相应的模拟量，然后将这些模拟量相加，得到与数字量成正比的总模拟量，这样便实现了数字量到模拟量的转换，这就是 DAC 的基本原理。

图 13-1 所示为 DAC 的基本结构，它由数码寄存器、模拟开关、解码网络、基准电压及求和放大器等部分组成。n 位二进制代码首先存入数码寄存器，通过控制相应模拟开关的通断，将解码网络的输出给求和放大器，最后求和放大器将所得各位的电压或电流求和放大，输出便是与上述数字量成正比的模拟量。

DAC 的种类很多，主要有：权电阻网络 DAC、倒 T 形电阻网络 DAC 和权电流 DAC。这

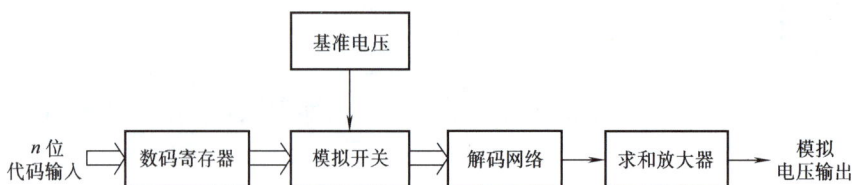

图 13-1   DAC 的基本结构

里仅对倒 T 形电阻网络 DAC 做简要介绍。

图 13-2 是 4 位倒 T 形电阻网络 DAC 原理图。

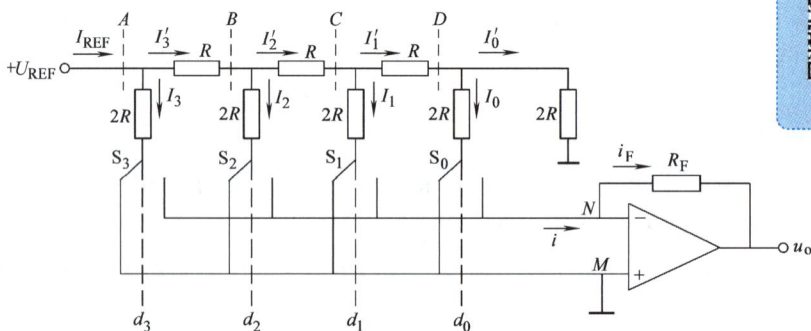

图 13-2   4 位倒 T 形电阻网络 DAC 原理图

图中主要有三部分：

1）模拟开关部分 $S_0 \sim S_3$，作用是在输入数码信号 $d_0 \sim d_3$ 的控制下，将基准电压 U_{REF} 或 0V 接到电阻网络中去，或者是将两种电源切换到电阻网络中去。

2）电阻解码网络 $R \sim 2R$，呈倒 T 形。

3）运算放大器构成求和电路，作用是将电阻网络的输出电流转换成与输入数字量成正比的模拟电压输出量。

模拟开关 S_i 由输入数码 d_i 控制，当 $d_i = 1$ 时，S_i 接运算放大器反相输入端，电流 I_i 流入求和电路；当 $d_i = 0$ 时，S_i 将电阻 $2R$ 接地。所以，无论 S_i 处于何种位置，与 S_i 相连的 $2R$ 电阻均接"地"（地或虚地）。

可算出基准电流 $I_{REF} = U_{REF}/R$，流过每个 $2R$ 电阻的电流依次为

$$I_3 = \frac{1}{2}I_{REF} = \frac{1}{2R}U_{REF}$$

$$I_2 = \frac{1}{4}I_{REF} = \frac{1}{4R}U_{REF}$$

$$I_1 = \frac{1}{8}I_{REF} = \frac{1}{8R}U_{REF}$$

$$I_0 = \frac{1}{16}I_{REF} = \frac{1}{16R}U_{REF}$$

由此可得输出电流为

$$i = I_0 d_0 + I_1 d_1 + I_2 d_2 + I_3 d_3$$
$$= \left(\frac{1}{16}d_0 + \frac{1}{8}d_1 + \frac{1}{4}d_2 + \frac{1}{2}d_3\right)U_{REF}/R$$

$$= \frac{1}{16R}(d_0 2^0 + d_1 2^1 + d_2 2^2 + d_3 2^3)U_{REF}$$

输出电压为

$$u_o = -R_F i_F = -R_F i = -\frac{1}{2^4 R}(d_0 2^0 + d_1 2^1 + d_2 2^2 + d_3 2^3)R_F U_{REF}$$

13.1.2 DAC 的主要技术指标

1. 转换速度

在 DAC 中，一般用建立时间和转换速率描述转换速度。

（1）建立时间　DAC 建立时间 t_s 是指数字量从输入到完成转换、输出达到相应稳定电压值所需的时间，是描述 DAC 速度快慢的一个重要参数，转换速度一般由建立时间决定。根据建立时间的长短，DAC 可分为以下几种类型：低速 $t_s \geqslant 100\mu s$；中速 t_s 为 $10 \sim 100\mu s$；高速 t_s 为 $1 \sim 10\mu s$；较高速 t_s 为 $100ns \sim 1\mu s$；超高速 $t_s < 100ns$。

（2）转换速率　DAC 转换速率是指在大信号工作状态下模拟电压的变化率。

2. 转换精度

在 DAC 中，一般用分辨率和转换误差描述转换精度。

（1）分辨率　DAC 分辨率是指最小输出电压与最大输出电压之比。例如 12 位 DAC 的分辨率为

$$\frac{1}{2^{12} - 1} = \frac{1}{4095} \approx 0.00024$$

分辨率与 DAC 的位数有关，位数越高，分辨率值越小，分辨能力越强。所以，在实际应用中，常用数字量的位数表示 DAC 的分辨率。例如 10 位 DAC，则说此 DAC 具有 10 位分辨率。

（2）转换误差　DAC 转换误差是指实际输出模拟电压值与理想值的最大偏差。显然，这个差值越小，电路的转换精度越高。

13.1.3 集成 DAC 及其应用

根据 DAC 的位数和速度不同，集成电路可以有多种型号。常用的集成 DAC 有 DAC0832、DAC0808、DAC1230、MC1408、AD7520 及 AD7524 等，这里仅对 DAC0832 做简要介绍。

DAC0832 是 NSC 公司（美国国家半导体公司）生产的 8 位 DAC 芯片，可直接与 8080、8085、Z80、8088 等多种 CPU 总线连接而不必增加任何附加逻辑器件。图 13-3 为 DAC0832 的组成框图，由框图可知：DAC0832 由两级数据缓冲器和 DAC 组成，第一级数据缓冲器称为输入寄存器，第二级称为 DAC 寄存器。

1. DAC0832 的引脚说明

$\overline{CS}$：片选信号，用于芯片寻址，低电平有效。

ILE：输入锁存允许信号，高电平有效。

$\overline{WR1}$：写信号 1；当 LE1（内部输入锁存信号 1）$= \overline{CS} \cdot \overline{WR1} \cdot ILE = 1$ 时，将数据锁存于输入锁存器。

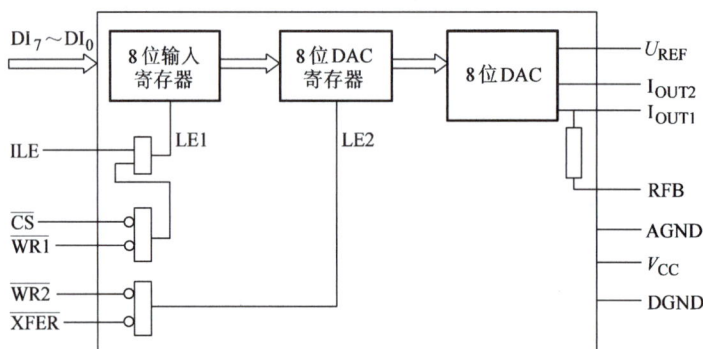

图 13-3 DAC0832 组成框图

$\overline{WR2}$：写信号 2。

$\overline{XFER}$：通道控制信号，当 LE2（内部输入锁存信号 2）$= \overline{WR2} \cdot \overline{XFER} = 1$ 时，8 位 DAC 寄存器可作为数据通道。

$DI_7 \sim DI_0$：8 位数据输入端。

I_{OUT1}：模拟电流输出 1，此输出信号一般作为运算放大器的一个差分输入信号（一般接反相端）。

I_{OUT2}：模拟电流输出 2，它作为运算放大器的另一个差分输入信号（一般接地）。

RFB：反馈电阻引出端。

U_{REF}：基准电压输入端，范围：$-10 \sim 10V$。

V_{CC}：芯片电源电压端，范围：$5 \sim 15V$，最佳 15V。

AGND：模拟电路地。

DGND：数字电路地。

2. 应用举例

DAC0832 的工作方式有双缓冲器方式、单缓冲器方式和直通方式三种。

在双缓冲器方式时，输入数据寄存器用于数据采集，DAC 寄存器用于 D - A 转换的数据锁存。它的优点是转换速度快，但控制电路复杂。当 DAC0832 为单缓冲器方式时，DAC 寄存器作为数据通道（LE2 = 1），输入数据寄存器完成数据采集和 D - A 转换的数据锁存。它的特点是转换速度慢，但控制电路简单，因此这种工作方式是 DAC0832 常用工作方式。在直通工作方式时，由于 8 位数字量一旦达到 $DI_7 \sim DI_0$ 输入端，便立即进行 D - A 转换，在此种方式下 DAC0832 不能直接和 CPU 的数据总线相连，故很少采用。

DAC0832 的输出方式有两种：一种是单极性输出，即输出的电压极性是单一的；另一种是双极性输出，即输出的电压极性有正有负。DAC0832 需要外接运算放大器进行电流、电压变换才能得到模拟电压输出。

图 13- 4 是 DAC0832 典型应用电路。

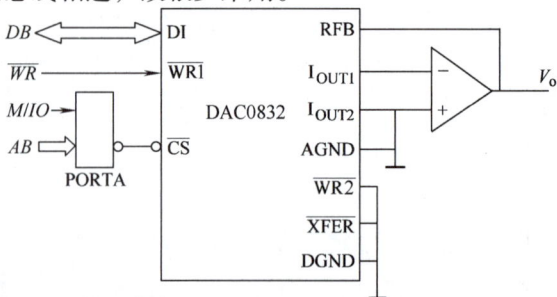

图 13-4 DAC0832 应用电路

想一想

什么是 DAC？DAC 的基本原理是什么？
DAC 的主要技术指标是什么？

13.2 模–数转换器

13.2.1 ADC 的基本原理与分类

课题引入

现在计算机广泛用于各种自动控制系统中，信号的采集主要是用传感器来实现的，但是大部分传感器产生的都是模拟信号，经模拟放大电路处理后，在进入计算机之前都要将模拟信号变换成计算机能接受的数字信号。这种实现模拟量转换成为数字量的电路称为 ADC。

ADC 的功能是把模拟信号转换成数字信号。因为输入的模拟信号在时间上是连续量，而输出的数字信号在时间上是离散量，所以转换时必须在一系列选定的瞬间对输入的模拟信号取样，然后再把这些取样值转换为输出的数字量。因此，一般的 ADC 转换过程是通过取样、保持、量化和编码这四个步骤完成的。

如图 13-5 所示，模拟电子开关 S 在采样脉冲 CP_S 的控制下重复接通、断开。S 接通时，$u_i(t)$ 对 C 充电，为采样过程；S 断开时，C 上的电压保持不变，为保持过程。在保持过程中，采样的模拟电压经数字化编码电路转换成一组 n 位的二进制数输出。

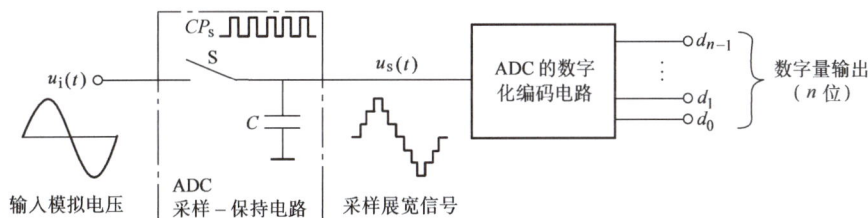

图 13-5 ADC 转换过程

A–D 转换的方法很多，主要有逐次逼近型、双积分型、并行比较型及计数式等。这里简要介绍逐次逼近型、双积分型 ADC 工作原理。

1. 逐次逼近型 ADC

逐次逼近型 ADC 是将大小不同的参考电压与输入模拟电压逐步进行比较，比较结果以相应的二进制代码表示，其工作原理可用图 13-6 来表示。

转换开始前先将所有寄存器清 0。开始转换以后，时钟脉冲先将寄存器最高位置成 1，这个数码被 DAC 转换成相应的模拟电压 u_o，送到电压比较器中与 u_i 进行比较。若 $u_i > u_o$，

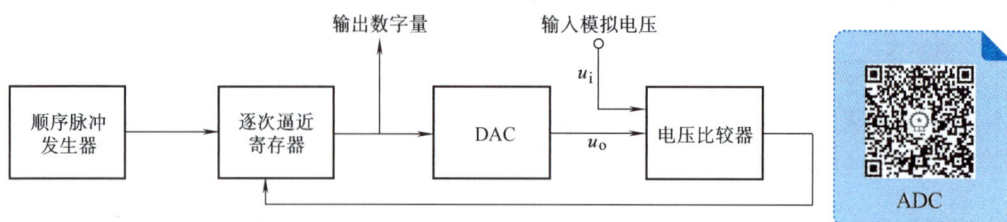

图 13-6　逐次逼近型 ADC 原理框图

则说明寄存器输出数码过大，故将最高位的 1 变成 0，同时将次高位置 1；若 $u_i < u_o$，则说明寄存器输出数码还不够大，应将这一位的 1 保留，依次类推将下一位置 1 进行比较，直到最低位为止。比较完毕后，寄存器中的状态就是所要求的数字量输出。逐次逼近 ADC 速度较快，精度较高，容易与计算机连接，应用广泛。

2. 双积分型 ADC

双积分型 ADC 是一种间接的 ADC，其基本原理是先对输入模拟电压和基准电压进行两次积分，将它们变换成与其输入量成正比的时间间隔，再利用计数器测出此时间间隔，计数器所计的数字量就正比于输入的模拟量。图 13-7 是双积分型 ADC 的原理图，它由积分器、检零比较器、时钟控制门和计数器等部分组成。其工作原理请读者参看有关书籍。

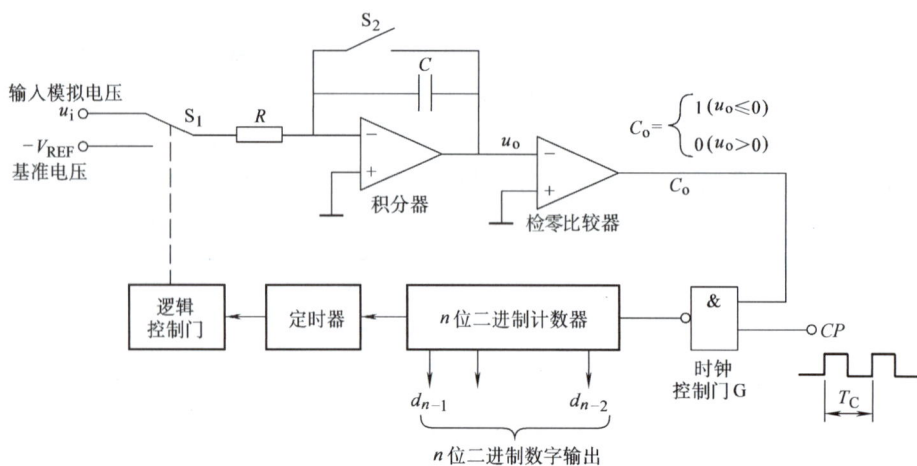

图 13-7　双积分型 ADC

13.2.2　ADC 的主要技术指标

1. 转换精度

（1）分辨率　分辨率常以输出二进制码的位数表示，说明 ADC 对输入信号的分辨能力，分辨率 $= \dfrac{1}{2^n}$ FSR。在最大输入电压一定时，输出位数愈多，量化误差愈小，分辨率愈高。例如，输入模拟电压的变化范围为 $0 \sim 5V$，8 位 ADC 可以分辨的最小模拟电压为 $5V/2^8 = 19.53mV$，12 位 ADC 可以分辨的最小电压为 $5V/2^{12} = 0.2mV$。

（2）转换误差　表示 ADC 实际输出的数字量和理论上的输出数字量之间的差别，常用最低有效位的倍数来表示。

2. 转换时间

它指从转换控制信号到来开始，到输出端得到稳定的数字信号所经过的时间。

13.2.3　集成 ADC 及其应用

集成 ADC 品种很多，常用的有 ADC0809、ADC0808、ADC0804 及 CC14433 等，这里仅对 ADC0809 做简要介绍。

ADC0809 的内部结构框图如图 13-8 所示。它由 8 路模拟开关、地址锁存与译码器、ADC、三态输出锁存缓冲器组成。

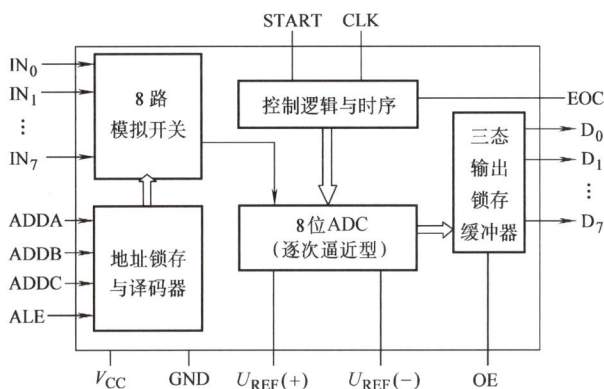

图 13-8　ADC0809 内部结构框图

1. 引脚功能

1）$IN_0 \sim IN_7$：8 通道模拟输入。

2）$D_0 \sim D_7$：8 位数字信号输出，可接于数据总线。

3）ALE：地址锁存信号。

4）ADDA，ADDB，ADDC：通道地址选择线。

5）CLK：时钟信号，典型值：640kHz，500kHz；最大值：1200kHz。

6）U_{REF}：基准电压，U_{REF}（+）接 V_{CC}，U_{REF}（−）接地。

7）START：转换起动信号。

8）EOC：转换结束信号。

9）OE：输出允许信号，1 允许，0 禁止，数据线高阻。

2. ADC0809 的工作过程

1）根据所选通道编号，输入 $ADDA$，$ADDB$，$ADDC$ 的值，并使 $ALE=1$（正脉冲），锁存通道地址。

2）使 $START=1$（正脉冲）起动 A−D 转换。

3）检测 EOC 信号是否为"1"，是则表示转换结束。

4）在 $EOC=1$ 时，使 $OE=1$ 将 A−D 转换后的数据取出。

图 13-9 是 ADC0809 的应用电路。

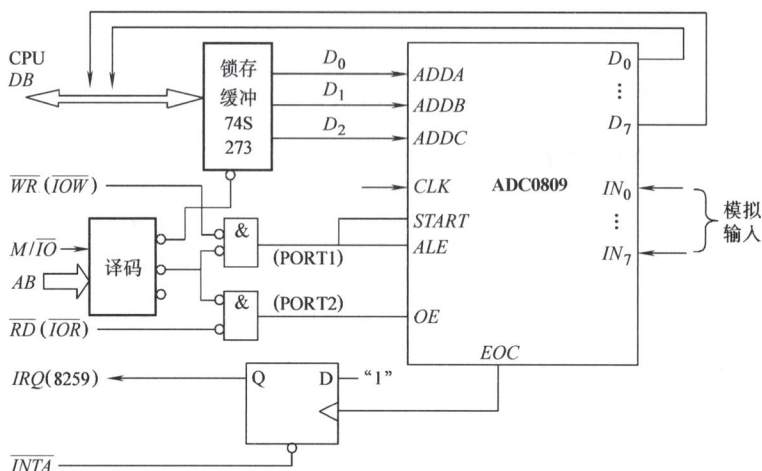

图 13-9 ADC0809 应用电路

想一想

什么是 ADC？ADC 的基本原理是什么？

ADC 的主要技术指标是什么？

本章小结

（1）DAC 的功能是将输入的数字量信号转换成相对应的模拟量输出。集成 DAC 普遍采用倒 T 形电阻网络，它具有较高的转换速度。

（2）ADC 的功能是将输入的模拟量信号转换成一组多位的二进制数字量输出。A－D 转换须经过采样、保持、量化和编码四个步骤才能完成。不同的 A－D 转换方式具有各自的特点，逐次逼近型 ADC 的分辨率较高、误差较低、转换速度较快，因此得到普遍应用。

（3）DAC 和 ADC 的主要技术参数是转换精度和转换速度。

习题十三

13-1 DAC 的功能是什么？

13-2 DAC 的位数有什么意义？它与分辨率、转换精度有什么关系？

13-3 说明倒 T 形电阻网络实现 D－A 转换的原理。

13-4 设 DAC 的输出电压为 0～5V，对于 12 位 DAC，试求它的分辨率。

13-5 ADC 的功能是什么？A－D 转换包括哪些过程？

13-6 逐次逼近型 ADC 有哪些优点？

附录　半导体分立器件型号命名方法

1. 国产半导体分立器件型号命名方法

（1）国产半导体分立器件型号的符号及其意义　根据国家标准 GB/T 249—2017，半导体分立器件的型号一般由第一部分到第五部分组成，也可以由第三部分到第五部分组成。

第一部分：用阿拉伯数字表示器件的电极数目，规定 2 代表二极管，3 代表三极管。

第二部分：用汉语拼音字母表示器件的材料和极性，规定 A、B 表示锗材料，C、D 表示硅材料，E 表示化合物或合金材料。

第三部分：用汉语拼音字母表示器件的类别，如 P 表示小信号管，Z 表示整流管等。

第四部分：用阿拉伯数字表示器件序号。

第五部分：用汉语拼音字母表示规格号，反映管子承受反向击穿电压的程度，如 A 表示承受的反向击穿电压最低，B 次之等。

第一部分到第五部分组成的器件型号的符号及意义见附表1。

附表1　第一部分到第五部分组成的器件型号的符号及意义

第一部分		第二部分		第三部分				第四部分	第五部分
用阿拉伯数字表示器件的电极数目		用汉语拼音字母表示器件的材料和极性		用汉语拼音字母表示器件的类别				用阿拉伯数字表示器件序号	用汉语拼音字母表示规格号
符号	意义	符号	意义	符号	意义	符号	意义	意义	意义
2	二极管	A B	N 型，锗材料 P 型，锗材料	P H V	小信号管 混频管 检波管	D	低频大功率晶体管 （$f_a < 3\text{MHz}$， $P_c \geqslant 1\text{W}$）		
		C	N 型，硅材料	W	电压调整管和电压基准管	A	高频大功率晶体管 （$f_a \geqslant 3\text{MHz}$， $P_c \geqslant 1\text{W}$）		
		D E	P 型，硅材料 化合物或合金材料	C	变容管				
3	三极管	A B C D	PNP 型，锗材料 NPN 型，锗材料 PNP 型，硅材料 NPN 型，硅材料	Z L S K N F	整流管 整流堆 隧道管 开关管 噪声管 限幅管	T Y R J	闸流管 体效应管 雪崩管 阶跃恢复管		
		E	化合物材料	X	低频小功率晶体管 （$f_a < 3\text{MHz}$， $P_c < 1\text{W}$）				
				G	高频小功率晶体管 （$f_a \geqslant 3\text{MHz}$， $P_c < 1\text{W}$）				

例如，2CZ56A 表示 N 型硅材料整流二极管，其中 56 表示器件顺序号，A 表示规格号；3DG6C 表示 NPN 型硅材料高频小功率晶体管，其中 6 表示器件顺序号，C 表示规格号；3CX202B 表示 PNP 型硅材料低频小功率晶体管，其中 202 表示器件顺序号，B 表示规格号。

第三到第五部分组成的器件型号的符号及意义见附表 2。

附表 2   第三到第五部分组成的器件型号的符号及意义

第三部分				第四部分	第五部分
用汉语拼音字母表示器件的类别				用阿拉伯数字表示登记顺序号	用汉语拼音字母表示规格号
符号	意义	符号	意义		
CS	场效应晶体管	SY	瞬态抑制二极管		
BT	特殊晶体管	GS	光电子显示器		
FH	复合管	GF	发光二极管		
JL	晶体管阵列	GR	红外发射二极管		
PIN	PIN 二极管	GJ	激光二极管		
ZL	二极管阵列	GD	光敏二极管		
QL	硅桥整流器	GT	光敏晶体管		
SX	双向三极管	GH	光耦合器		
XT	肖特基二极管	GK	光敏开关管		
CF	触发二极管	GL	成像线阵器件		
DH	电流调整二极管	GM	成像面阵器件		

例如，CS2B 表过滤器场效应晶体管，其中 CS 表示场效应晶体管，2 表示顺序号，B 表示规格号。

（2）国家标准 GB/T 249—2017 与 GB/T 249—1989 的主要技术变化   国家标准 GB/T 249—2017《半导体分立器件型号命名方法》与 GB/T 249—1989 相比其主要技术变化如下：

1）混频管和检波管分别命名（见附表 1，1989 年版的 3.1）。

2）二极管第二部分增加了符号 E，代表化合物或合金材料（见附表 1）。

3）增加了噪声管和限幅管的命名（见附表 1）。

4）增加了晶体管阵列的命名（见附表 2）。

5）"ZL" 由代表整流管阵列改为代表二极管阵列（见附表 2，1989 年版的 3.1）。

6）增加了肖特基二极管的命名（见附表 2）。

7）增加了触发二极管的命名（见附表 2）。

2. 日本半导体分立器件型号命名方法

日本半导体分立器件各组成部分及各部分的符号和意义见附表 3。

附表3　日本半导体分立器件各组成部分及各部分的符号和意义

第 一 部 分		第 二 部 分		第 三 部 分		第 四 部 分		第 五 部 分	
序号	意义	序号	意义	序号	意义	序号	意义	序号	意义
0	光敏二极管或三极管	S	已在日本电子工业协会注册登记的半导体器件	A	PNP 高频晶体管	多位数字	该器件在日本电子工业协会的注册登记号	A B C D	该器件为原型号产品的改进产品
				B	PNP 低频晶体管				
1	二极管			C	NPN 高频晶体管				
				D	NPN 低频晶体管				
2	三极管或有三个电极的其他器件			E	P 控制极晶闸管				
				G	N 控制极晶闸管				
				H	N 基极单结晶管				
				J	P 沟道场效应晶体管				
3	四个电极的器件			K	N 沟道场效应晶体管				
				M	双向晶体管				

例如，2SD568 表示登记序号为 568 的 NPN 低频晶体管。

3. 美国半导体分立器件型号命名方法

美国半导体分立器件各组成部分及各部分的符号和意义见附表 4。

附表4　美国半导体分立器件各组成部分及各部分的符号和意义

第 一 部 分		第 二 部 分		第 三 部 分		第 四 部 分		第 五 部 分	
用符号表示器件类别		用数字表示PN 结数目		美国电子工业协会注册标志		美国电子工业协会登记号		用字母表示器件分档	
序号	意义	序号	意义	序号	意义	序号	意义	序号	意义
JAN 或 J	军用品	1	二极管	N	是在美国电子工业协会注册登记的半导体器件	多位数字	该器件在美国电子工业协会的登记号	A B C D	同一型号器件的不同档别
		2	三极管						
无	非军用品	3	三个 PN 结器件						

例如，1N750 表示登记序号为 750 的二极管。

参 考 文 献

［1］郑应光. 模拟电子线路：一［M］. 南京：东南大学出版社，2005.

［2］谭中华. 模拟电子线路［M］. 北京：电子工业出版社，2004.

［3］苏士美. 模拟电子技术［M］. 北京：人民邮电出版社，2005.

［4］康华光，陈大钦. 电子技术基础：模拟部分［M］. 4 版. 北京：高等教育出版社，2003.

［5］童诗白，华成英. 模拟电子技术基础［M］. 3 版. 北京：高等教育出版社，2001.

［6］康华光. 电子技术基础：数字部分［M］. 4 版. 北京：高等教育出版社，2000.

［7］邱寄帆，唐程山. 数字电子技术［M］. 北京：人民邮电出版社，2005.

［8］杨志忠. 数字电子技术［M］. 北京：高等教育出版社，2000.

［9］阎石. 数字电子技术基础［M］. 4 版. 北京：高等教育出版社，1998.

［10］坚葆林. 电工电子技术与技能［M］. 2 版. 北京：机械工业出版社，2015.

［11］林平勇，高嵩. 电工电子技术：少学时［M］. 4 版. 北京：高等教育出版社，2016.

［12］余红娟. 模拟电子技术［M］. 北京：高等教育出版社，2013.